工业和信息化精品系列教材
——Python 技术

Graphical Programming
with Python

Python 图形化编程

微课版

高永梅 杨乃如 卢海军 ◉ 主编
李兴球 李新辉 胡韬 杨森 ◉ 副主编

人 民 邮 电 出 版 社
北 京

图书在版编目（CIP）数据

Python图形化编程 : 微课版 / 高永梅, 杨乃如, 卢海军主编. -- 北京 : 人民邮电出版社, 2024.6
工业和信息化精品系列教材. Python技术
ISBN 978-7-115-63554-9

Ⅰ. ①P… Ⅱ. ①高… ②杨… ③卢… Ⅲ. ①软件工具－程序设计－高等学校－教材 Ⅳ. ①TP311.561

中国国家版本馆CIP数据核字(2024)第016166号

内 容 提 要

Python 是近年来最流行的编程语言之一，其简洁的特点和卓越的可读性使其成为初学者编程入门的优先选择，并且深受编程人员的喜爱。很多职业院校都开设了与 Python 语言相关的课程，与 Python 语言相关的教材也应运而生。但纵观目前市场上的 Python 程序设计教材，始终逃不出传统、枯燥的案例化的束缚：提出要求，撰写代码，输出结果。学习者看到的始终是代码和文字，很容易造成视觉疲劳。

本书打破传统教材枯燥的编排模式，以海龟作图为主线，通过绘制绚丽多彩的图案、制作妙趣横生的动画等优秀案例，按照初识 Python、Python 基础、控制语句、组合数据类型、函数、面向对象、异常与文件、进程与线程、网络编程的顺序讲解相关知识内容。本书最后讲解了 Django 框架，通过项目式教学，提升学习者综合应用能力。本书自始至终从“趣味”入手，从感官上激发学习者的兴趣。

本书适合作为职业院校计算机相关专业的 Python 程序设计教材，也适合作为编程人员及自学者的辅助教材和自学参考书。

◆ 主　　编　高永梅　杨乃如　卢海军
副 主 编　李兴球　李新辉　胡　韬　杨　森
责任编辑　初美呈
责任印制　王　郁　焦志炜

◆ 人民邮电出版社出版发行　　北京市丰台区成寿寺路 11 号
邮编　100164　　电子邮件　315@ptpress.com.cn
网址　https://www.ptpress.com.cn
大厂回族自治县聚鑫印刷有限责任公司印刷

◆ 开本：787×1092　1/16
印张：17.25　　2024 年 6 月第 1 版
字数：446 千字　　2024 年11月河北第 2 次印刷

定价：69.80 元

读者服务热线：(010)81055256　印装质量热线：(010)81055316
反盗版热线：(010)81055315
广告经营许可证：京东市监广登字 20170147 号

前言
Preface

党的二十大报告首次提出“加强教材建设和管理”。《国家职业教育改革实施方案》《“十四五”职业教育规划教材建设实施方案》等文件中也明确提出，要突出权威性、前沿性、原创性教材建设，打造培根铸魂、启智增慧、适应时代要求的精品教材，以规划教材为引领，高起点、高标准建设中国特色高质量职业教育教材体系。本书在调研众多职业院校计算机相关专业及开设 Python 相关课程的其他专业的基础上，研究课程涵盖的知识目标和技能目标，既考虑知识的全面性，又关注学习的趣味性。本书的编排思路新颖，打破传统 Python 程序设计相关教材的设计模式，主要有以下特点。

（1）厘清知识目标，明确技能目标

结合职业院校学生的理论知识以适度、必需、够用为原则的特点，确定本书的知识目标和技能目标，将本书内容划分为 11 个单元。

（2）校企紧密协作，注重创新创意培养

与“风火轮编程”基地紧密合作，由该团队提供绚丽的海龟作图优秀创意案例，再由学校教师结合单元知识点，对案例进行改造，确保知识的全面性与趣味性。

（3）课内教学案例化，聚焦提升学习兴趣

本书采取案例化教学的形式，教学任务以海龟作图为主线，案例选取注重趣味性、可操作性，由简单到复杂，第 11 单元为综合项目，体现完整工作过程。

（4）综合实训项目化，着重训练综合技能

本书前 10 个单元设置多个综合实训，新型科学计算器实训项目覆盖第 1～3 单元的 Python 基础等知识，成绩管理系统覆盖第 4、5 单元的序列和函数等知识，员工管理系统覆盖第 6～8 单元的面向对象、文件等知识，文件读写操作项目覆盖第 9 单元进程与线程相关知识，班级聊天室项目覆盖第 10 单元的计算机网络与网络编程相关知识。

（5）课程思政浸润，落实立德树人根本任务

为贯彻党的二十大精神，落实立德树人的根本任务，本书采取思政案例融入、小贴士提

醒等方式，为“课程思政”的开展提供丰富资源和平台。

（6）运用现代信息技术，构建新形态立体化教材

注重运用现代信息技术，创新立体化教材呈现形式，本书配套微课视频、教学设计、课件、习题等教学资源，学习者可以通过人邮教育社区获取资源。

由于编者水平有限，书中难免存在不足之处，恳请广大专家、读者不吝赐教，给予宝贵意见。

编者

2024 年 5 月

目录
Contents

第1单元

初识 Python

学习导读

在机器学习以及大数据技术分析领域，Python 语言可谓是如日中天。Python 语言因其简洁的语法、出色的开发效率以及强大的功能，迅速在多个领域占有一席之地。本单元主要讲解如何搭建 Python 语言开发环境、简单的输入输出语句，以及有趣的海龟作图库。

学习目标

1. 知识目标

- 了解 Python 发展历程、特点和应用领域。
- 了解 Python 开发常用工具及其特点。
- 掌握 Python 语言中的变量、输入输出语句的使用方法。
- 了解海龟作图库的功能及导入方法。
- 掌握海龟作图库中常用函数的功能。

2. 技能目标

- 能下载及安装 Python 解释器，使用 IDLE 编写并运行简单代码。
- 能下载及安装 PyCharm，使用该工具编写并运行简单代码。
- 能下载及安装 Anaconda，使用该工具编写并运行简单代码。
- 能根据任务分析和实现步骤说明，理解海龟作图库绘图的代码并运行。
- 能使用海龟作图库中的函数绘制简单的图形。

3. 素质目标

- 培养学习者自主学习的能力。
- 培养学习者保护软件知识产权和自主创新意识。
- 培养学习者团队意识和沟通能力。

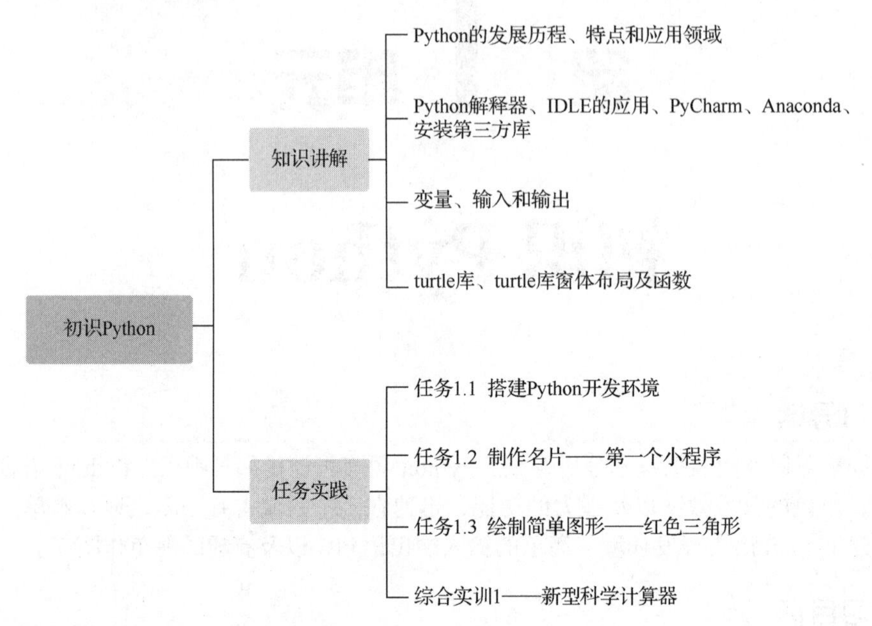

任务 1.1 搭建 Python 开发环境

一、任务描述

Python 可以安装在众多平台上，用户可以根据需要安装，但是在不同的平台上安装 Python 的方法是不一样的。本任务要求在 Windows 操作系统上安装 Python 解释器及常用的集成开发环境（Integrated Development Environment，IDE）。

二、相关知识

1. Python 的发展历程

Python 由荷兰国家数学和计算机科学研究学会的吉多·范罗苏姆（Guido van Rossum）于 20 世纪 90 年代初设计，并成为“ABC 语言”的替代品。Python 提供了高效的高级数据结构，能简单有效地进行面向对象编程。Python 优雅的语法和动态类型，以及其解释型语言的本质，使它成为在大多数平台上编写脚本和快速开发应用的理想编程语言。随着 Python 版本的不断更新及其新功能的上线，Python 逐渐用于独立的、大型项目的开发。

Python 已经成为最受欢迎的程序设计语言之一。Python 2 于 2000 年 10 月 16 日发布，其稳定版本是 Python 2.7。Python 3 于 2008 年 12 月 3 日发布，不完全兼容 Python 2。就目前来看，Python 3.x 的设计理念更人性化，其全面普及和应用已经是大趋势。

2. Python 的特点

Python 的特点如下。

（1）简单：Python 是一种代表简单主义思想的语言。它的语法清晰，代码易读、易维护，编程简单、直接。它能够使用户专注于解决问题而不是去弄明白语言本身的含义。

（2）易学：Python 上手非常快，学习难度非常低，可以通过命令行交互环境来学习 Python 编程。在众多计算机语言中，它是最容易读、最容易编写，也是最容易理解的语言之一。

（3）免费、开源：Python 是开源软件，这意味着可以免费获取 Python 源代码，并能自由复制、阅读、改动。Python 在被使用的同时也被许多优秀的人才改进，进而不断完善。

（4）解释型：大多数计算机编程语言都是编译型的，即在运行之前需要将源代码编译成操作系统可以运行的二进制格式，这导致大型项目的编译过程非常消耗时间。而用 Python 语言编写的程序不需要编译成二进制代码，可以直接使用源代码运行。Python 解释器把源代码转换为字节码的中间形式，然后把它翻译成计算机使用的机器语言并运行。

（5）可移植性：Python 作为一种解释型语言，可以在任何安装有 Python 解释器的开发环境中运行，因此 Python 程序具有良好的可移植性，在某个平台编写的程序无需或仅需少量修改便可以在其他平台上运行。

（6）面向对象：Python 既支持面向过程编程，又支持面向对象编程。在面向过程的语言中，程序是由过程或可重用代码的函数构建的。在面向对象的语言中，程序是由数据和功能组合而成的对象构建的。与其他主要的语言（如 C++和 Java）相比，Python 以一种非常强大且简单的方式实现面向对象编程。

（7）可扩展性：Python 程序除了使用 Python 语言本身编写外，还可以混合使用 C 语言、Java 语言等编写。比如，需要一段关键代码运行得更快或者希望某些算法不公开，就可以把这部分程序用 C 语言或 C++语言编写，然后在 Python 程序中调用它们。

（8）丰富的库：Python 不仅内置了庞大的标准库，而且支持丰富的第三方库以帮助开发人员快速、高效地处理各种工作。例如，Python 提供了与系统操作相关的 os 库、正则表达式库 re、图形用户界面库 tkinter 等标准库。Python 支持许多高质量的第三方库，例如图形处理库 Pillow、游戏开发库 Pygame、科学计算库 NumPy 等，这些第三方库可以在使用 pip 工具安装后使用。

3. Python 的应用领域

作为一门功能强大且简单易学的编程语言，Python 主要应用在下面几个领域。

（1）Web 开发：Python 是 Web 开发的主流语言。与 JavaScript、PHP 等广泛使用的语言相比，Python 的类库丰富、使用方便，能够为一个需求提供多种解决方案。此外，Python 支持最新的 XML（Extensible Markup Language，可扩展标记语言）技术，具有强大的数据处理能力，因此在 Web 开发中占有一席之地。Python 为 Web 开发提供的框架有 Django、Flask、Tornado、web2py 等。

（2）科学计算与数据分析：随着 NumPy、SciPy、Matplotlib 等众多库的引入和完善，Python 越来越适合用于科学计算与数据分析。Python 不仅支持各种数学运算，还支持绘制高质量的二维和三维图像。与科学计算领域流行的商业软件 MATLAB 相比，Python 的应用范围更广泛，可以处理的文件和数据类型更丰富。

（3）自动化运维：早期的运维工程师大多使用 Shell 编写脚本，如今，Python 几乎可以说是大多数运维工程师的首选编程语言之一。在很多操作系统中，Python 是标准的系统组件，大多数 Linux 发行版和 Mac OS X 都集成了 Python 开发环境，可以在终端设备上直接运行 Python。Python 标准库包含多个调用操作系统功能的库，如通过第三方库 PyWin32，Python 能够访问 Windows 的 COM 服务及其他 Windows API（Application Program Interface，应用程序接口）；通过 IronPython，Python 能够直接调用.NET Framework。一般来说，用 Python 编写的系统管理脚本在可读性、性能、代码重用度、可扩展性这几方面都优于 Shell 脚本。

（4）网络爬虫：网络爬虫可以在很短的时间内获取互联网上有用的数据，能够节省大量的人力资源。Python 自带的 urllib 库、第三方库 Requests、Scrapy 框架、Pyspider 框架等让网络爬虫的实现变得非常简单。

（5）游戏开发：很多游戏开发者先利用 Python 或 Lua 编写游戏的逻辑代码，再使用 C++ 编写如图形显示等对性能要求较高的模块。Python 标准库提供了 PyGame 库，用户可以使用该库制作二维游戏。

（6）人工智能：Python 是人工智能领域的主流编程语言。人工智能领域中流行的神经网络框架 TensorFlow 就可以兼容使用 Python 语言。

三、任务分析

Python 的开发工具较多，可以根据不同的开发需求选择。本任务主要介绍 Python 解释器的下载与安装、PyCharm 的下载与安装、Anaconda 的下载与安装以及第三方库的下载与安装。

四、任务实现

1. 下载与安装 Python 解释器

Python 解释器是解释 Python 脚本运行的程序。编写 Python 代码并保存后，我们会得到一个以.py 为扩展名的文件。要运行此文件，就需要 Python 解释器。访问 Python 官网，下载 Python 解释器并安装，以搭建 Python 开发环境。具体操作步骤如下。

（1）访问 Python 官网，选择“Downloads”→“Windows”，如图 1-1 所示。

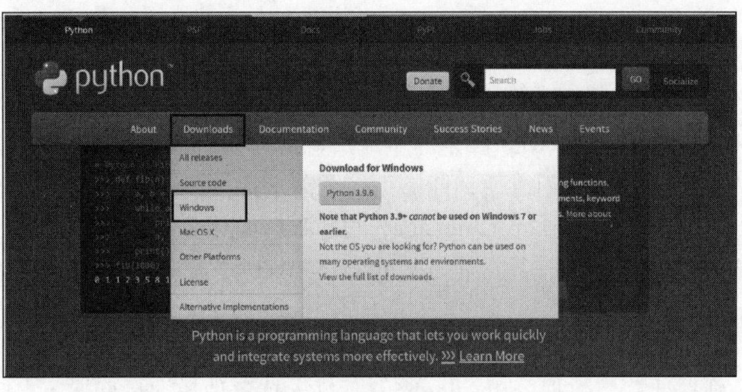

图 1–1 Python 官网首页

（2）页面跳转到下载页面，其中有很多版本的安装包，学习者可以根据自身需求下载相应的版本。图 1-2 所示为 Python 3.9.6 的 32 位和 64 位离线安装包。

注：“x86”表示 32 位操作系统，“x86-64”表示 64 位操作系统。

（3）根据操作系统的类型选择相应的版本。以下载并安装 64 位离线安装包为例，选择“Windows installer（64-bit）”进行下载。下载成功后，双击安装包开始安装。在 Python 3.9.6 安装界面中有默认安装与自定义安装两种方式，如图 1-3 所示。

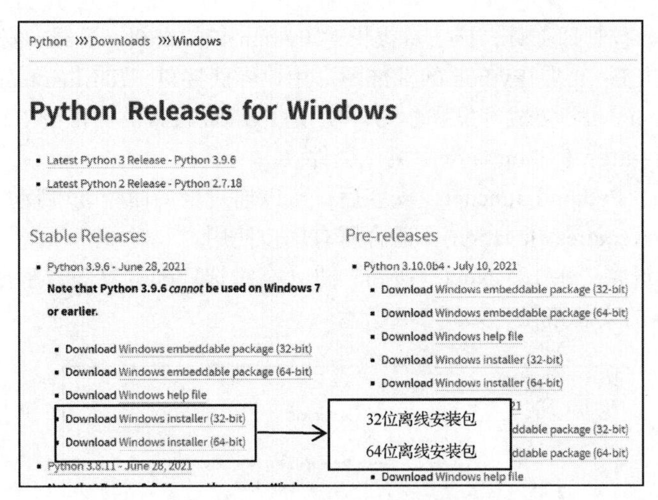

图 1–2　Python 下载列表

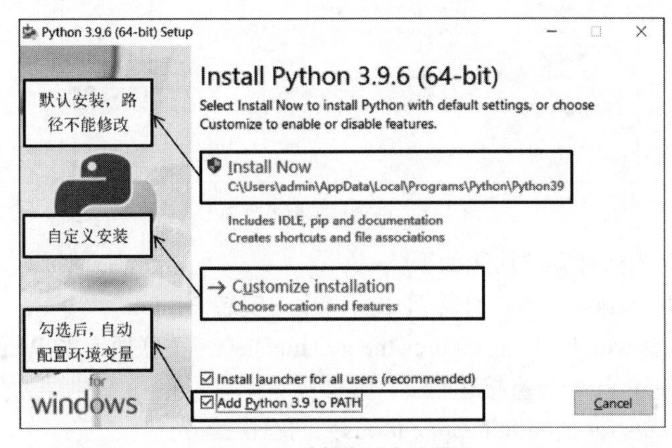

图 1–3　选择安装方式界面

（4）勾选“Add Python 3.9 to Path”复选框，选择“Customize installation”，进入设置可选功能界面，如图 1-4 所示。

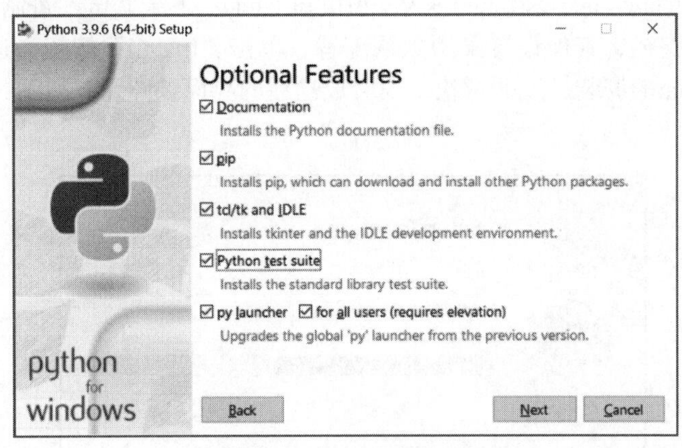

图 1–4　设置可选功能界面

如图 1-4 所示，默认勾选所有复选框，这些复选框对应的功能如下。

- Documentation：Python 帮助文档，其目的是帮助开发者查看 API 以及相关说明。

- pip：Python 包管理工具，该工具提供对 Python 包的查找、下载、安装、卸载等功能。
- td/tk and IDLE：tk 是 Python 的标准图形用户界面接口，IDLE(Integrated Development and Learning Environment，集成开发和学习环境)是 Python 自带的简洁的 IDE。
- Python test suite：Python 标准库测试套件。
- py launcher：Python Launcher，安装后，可以通过全局命令 py 启动 Python。
- for all users(requires elevation)：适合所有用户使用。

（5）保持默认设置，单击“Next”按钮，进入高级选项配置界面，根据自身需要勾选复选框，设置 Python 的安装路径，如图 1-5 所示。

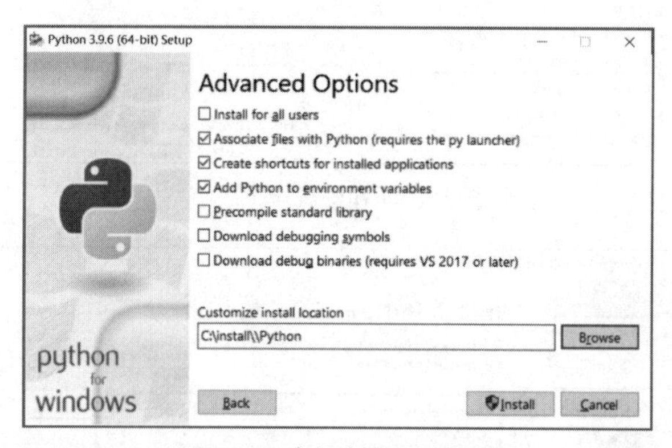

图 1-5 高级选项配置界面

图 1-5 所示的复选框对应的功能如下。

- Install for all users：为当前计算机中所有用户安装 Python。
- Associate files with Python(requires the py launcher)：关联所有的 Python 文件，.py\.pyc 等文件打开时默认使用 Python 直接运行。
- Create shortcuts for installed applications：创建快捷方式。
- Add Python to environment variables：将 Python 添加至环境变量。
- Precompile standard library：预编译标准库。
- Download debugging symbols：下载调试符号。
- Download debug binaries(requires VS 2017 or later)：下载调试二进制文件。

（6）选择安装路径，其他设置采用默认配置，单击“Install”按钮，进入安装界面，如图 1-6 所示。Python 的安装进度非常快，安装成功后的界面如图 1-7 所示，单击“Close”按钮，关闭界面。

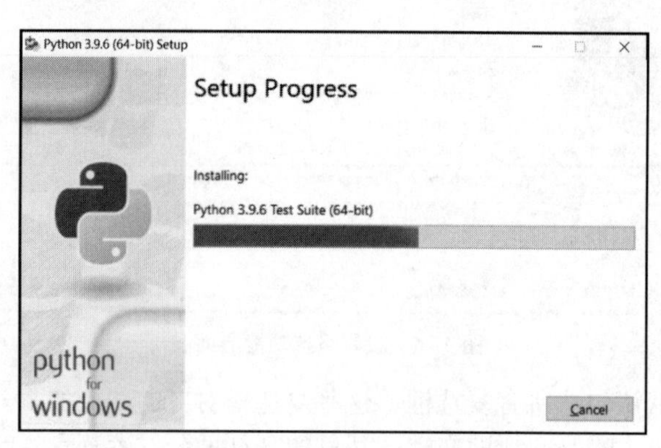

图 1-6 Python 安装界面

图 1-7　Python 安装成功界面

（7）验证是否安装成功。进入计算机的命令提示符窗口，输入“python”并按“Enter”键，若显示 Python 的版本信息，如图 1-8 所示，则表示安装成功。

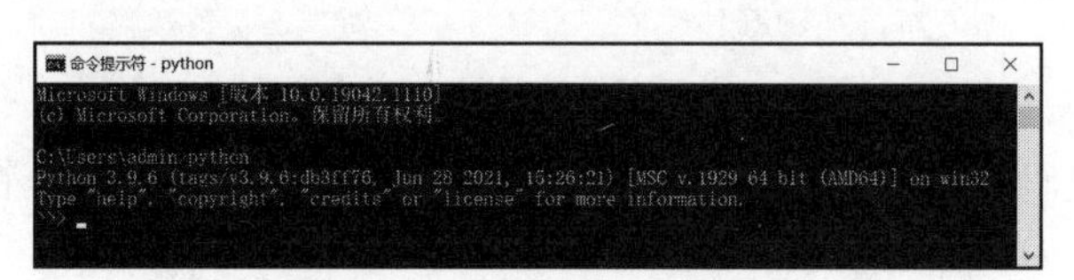

图 1-8　显示 Python 的版本信息

2. IDLE 的应用

在安装 Python 时，会自动安装 IDLE 工具。IDLE 是 Python 的 IDE，是一个 Python Shell（可以在打开的 IDLE 窗口的标题栏上看到），程序开发人员可以利用 Python Shell 与 Python 进行交互。下面以 Windows 10 系统中的 IDLE 为例，详细介绍如何使用 IDLE 开发 Python 程序。

（1）单击系统的开始菜单，然后依次选择“Python 3.9.6”→“IDLE(Python 3.9.6 64-bit)”，即可打开 IDLE 窗口，如图 1-9 所示。

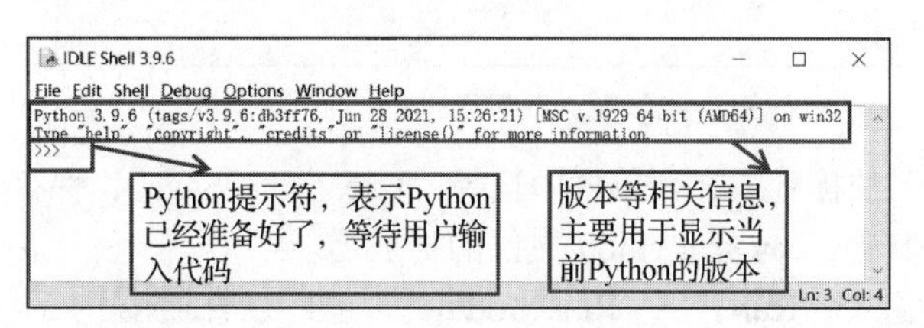

图 1-9　IDLE 窗口

（2）在 Python 提示符后输入 Python 代码，并按“Enter”键。例如，使用 print()函数输出文字、进行算术运算等，如图 1-10 所示。

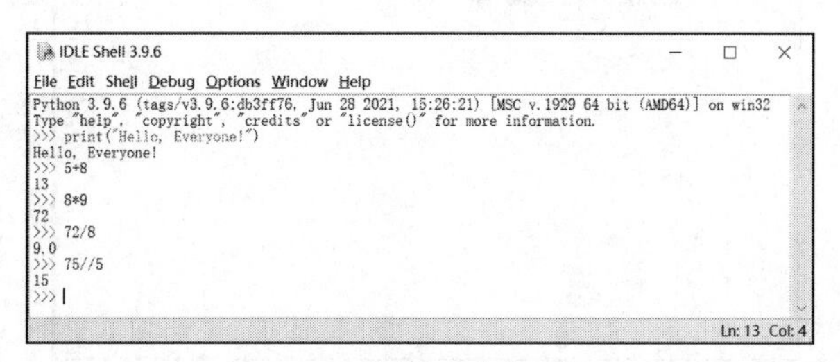

图 1-10　在 IDLE 中编写代码

（3）图 1-10 中只输入了简单的语句。在实际开发中，Python 程序通常不只包含一行代码。当需要编写多行代码时，可以单独创建一个文件来保存这些代码，全部编写完成后一起运行。具体方法为：在 IDLE 窗口的菜单栏上，选择“File”→“New File”，打开一个新窗口，如图 1-11 所示。在该窗口中，直接编写 Python 代码。

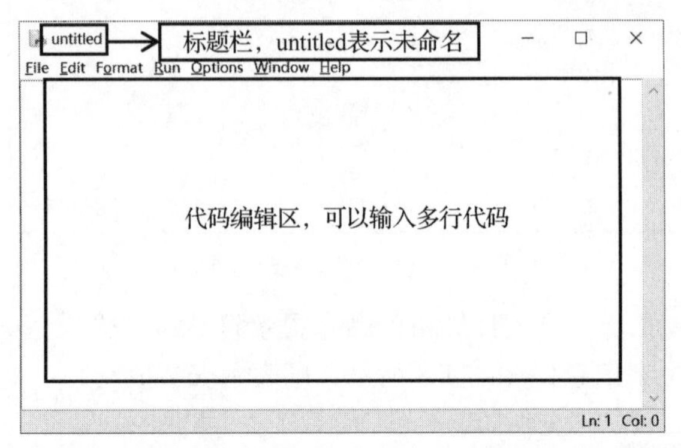

图 1-11　新打开的 Python 文件窗口

（4）输入一行代码后按“Enter”键，将自动换行，等待继续输入。在代码编辑区中，可以编写多行代码。例如，输出宋词《如梦令》，如图 1-12 所示。

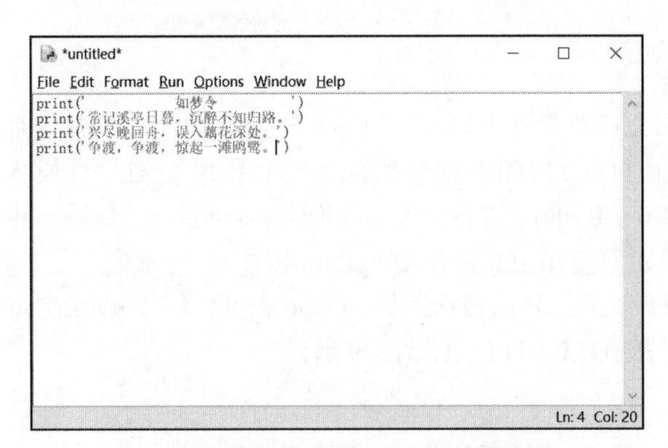

图 1-12　输入代码后的 Python 文件窗口

（5）按“Ctrl+S”快捷键或在菜单栏中选择“File”→“Save”，保存文件，这里将文件名称设置为 demo.py。其中，.py 是 Python 文件的扩展名。

（6）在菜单栏中选择“Run”→“Run Module”（也可以直接按“F5”快捷键），运行代码，如图 1-13 所示。

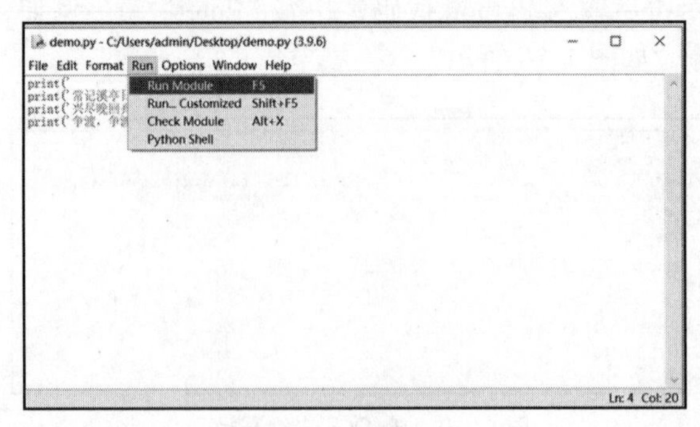

图 1-13　运行代码

（7）运行程序后，回到 IDLE 窗口，显示运行结果，如图 1-14 所示。

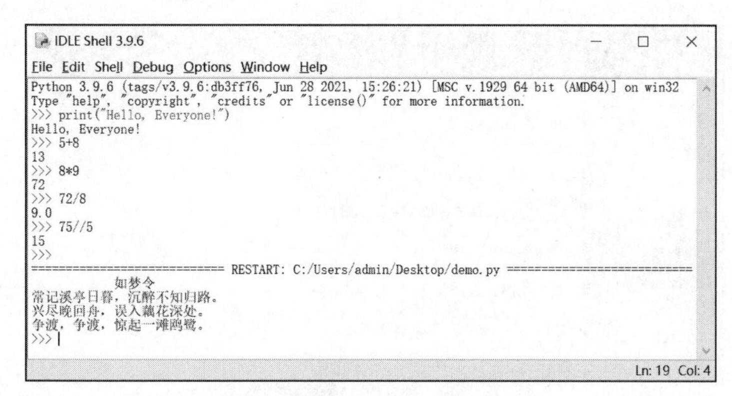

图 1-14　运行结果

（8）在程序开发过程中，正确使用快捷键不但可以降低代码的错误率，而且可以提高开发效率。在 IDLE 中，选择“Options”→“Configure IDLE”，在打开的“Settings”对话框的“Keys”选项卡中可以查看快捷键，但是该对话框中显示的是英文，不便于查看。为方便学习，表 1-1 列出了 IDLE 常用的快捷键。

表 1-1　IDLE 常用快捷键

快捷键	说明	适用范围
F1	打开 Python 帮助文档	Python 文件窗口和 IDLE 均可用
Alt+P	浏览历史命令（上一条）	仅 IDLE 窗口可用
Alt+N	浏览历史命令（下一条）	仅 IDLE 窗口可用
Alt+/	自动补全前面曾经出现过的单词，如果之前有多个单词具有相同前缀，可以连续按该快捷键，在多个单词中循环选择	Python 文件窗口和 IDLE 窗口均可用
Alt+3	注释代码块	仅 Python 文件窗口可用
Alt+4	取消代码块注释	仅 Python 文件窗口可用
Alt+G	转到某一行	仅 Python 文件窗口可用
Ctrl+Z	撤销上一步操作	Python 文件窗口和 IDLE 窗口均可用
Ctrl+Shift+Z	恢复上一次的撤销操作	Python 文件窗口和 IDLE 窗口均可用
Ctrl+S	保存文件	Python 文件窗口和 IDLE 窗口均可用
Ctrl+]	缩进代码块	仅 Python 文件窗口可用
Ctrl+[	取消代码块缩进	仅 Python 文件窗口可用
Ctrl+F6	重新启动 IDLE	仅 IDLE 窗口可用

3. 下载与安装 PyCharm

PyCharm 是一种 Python IDE，带有一整套可以帮助用户在使用 Python 语言开发时提高效率的工具，如调试、语法高亮、项目管理、代码跳转、智能提示、自动完成、单元测试、版本控制等。此外，PyCharm 提供了一些高级功能，用于支持 Django 框架下的专业 Web 开发。目前，PyCharm 已经成为 Python 专业开发人员和初学者广泛使用的 Python IDE。下面对 PyCharm 的下载和安装进行介绍。

（1）访问 PyCharm 官网，进入 PyCharm 的下载页面，如图 1-15 所示。

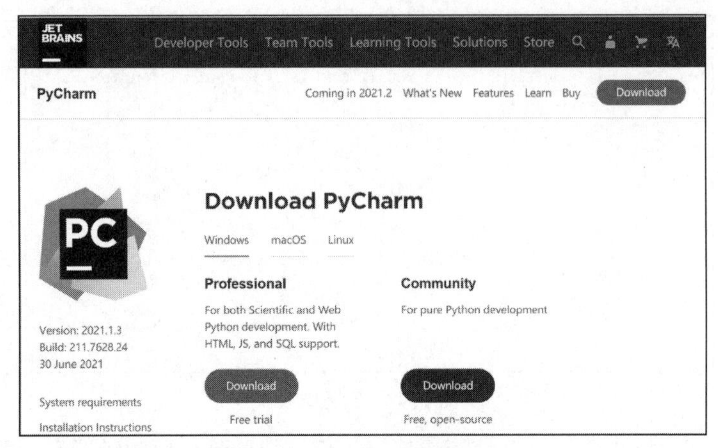

图 1–15　PyCharm 官网首页

用户可以根据不同的平台类型选择要下载的 PyCharm，每个平台均可以选择下载 Professional 和 Community 两个版本。

① Professional 版本的特性如下。

- 提供 Python IDE 的所有功能，支持 Web 开发。
- 支持 Django、Flask、Google App 引擎、Pyramid 和 web2py 等。
- 支持 JavaScript、CoffeeScript、TypeScript、CSS 和 Cython 等。
- 支持远程开发、Python 分析器、数据库和 SQL 语句使用等。

② Community 版本的特性如下。

- 作为轻量级的 Python IDE，只支持 Python 开发。
- 具有免费、开源、集成的 Apache 2 许可证。
- 提供智能编辑器、调试器，支持重构和错误检查，集成 VCS（Version Control System，版本控制系统）。

（2）单击“Download”按钮，这里选择下载 Windows 平台下的 Community 版本。下载成功后，双击安装包进入安装界面，如图 1-16 所示。

（3）单击“Next”按钮，进入安装路径选择界面，如图 1-17 所示。单击“Browse”按钮，选择 PyCharm 安装路径。

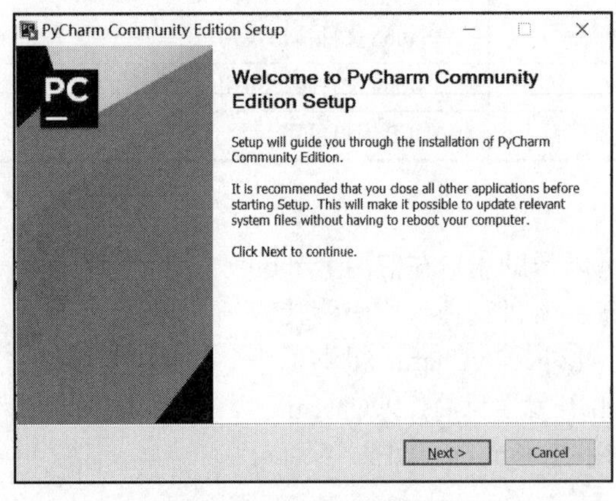

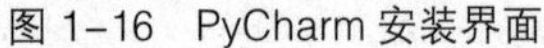
图 1–16　PyCharm 安装界面

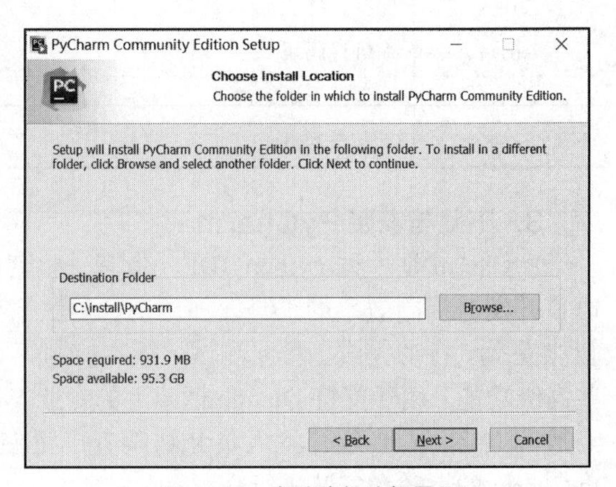

图 1–17　安装路径选择界面

（4）单击“Next”按钮，进入安装选项配置界面，如图 1-18 所示。

图 1-18 中功能选项介绍如下。

- Create Desktop Shortcut：创建桌面快捷方式，操作系统是 64 位的选择 64-bit launcher。
- Update PATH variable(restart needed)：更新路径变量（需要重新启动），Add launchers dir to the PATH 表示将启动器目录添加到路径中。
- Update context menu：更新上下文菜单，Add "Open Folder as Project"表示添加“打开文件夹作为项目”。
- Create Associations：创建关联，关联.py 文件，即双击.py 文件时用 PyCharm 打开。

（5）单击“Next”按钮，进入选择启动菜单界面，如图 1-19 所示，该界面保持默认设置。

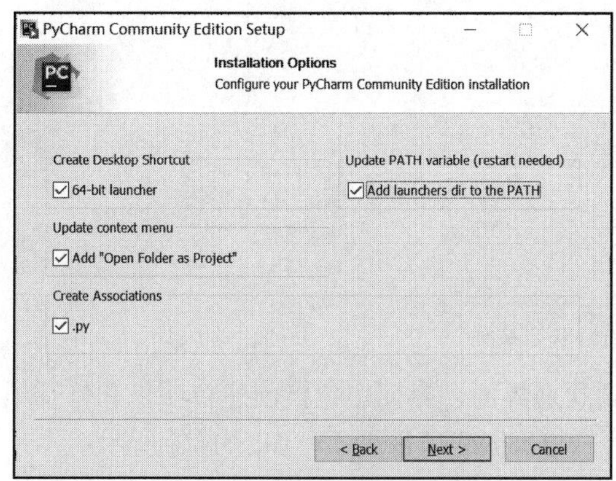

图 1-18　安装选项配置界面

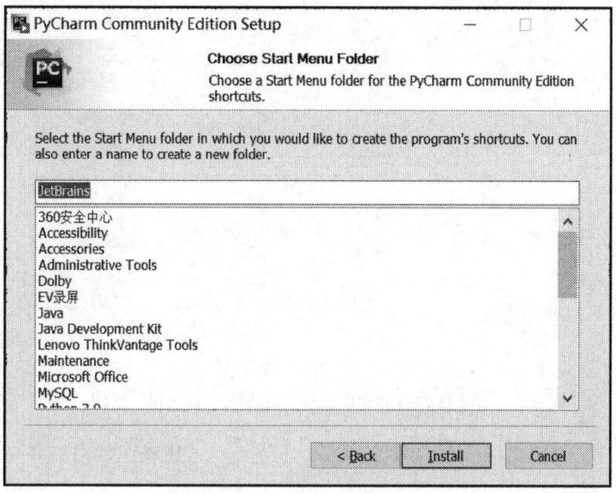

图 1-19　选择启动菜单界面

（6）单击“Install”按钮，PyCharm 进入安装界面，如图 1-20 所示。安装完成后提示 Completing PyCharm Community Edition Setup 信息，如图 1-21 所示，单击“Finish”按钮，完成安装。

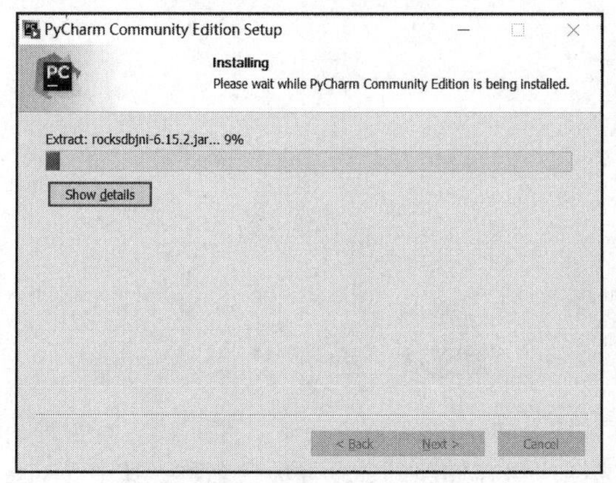

图 1-20　PyCharm 安装界面

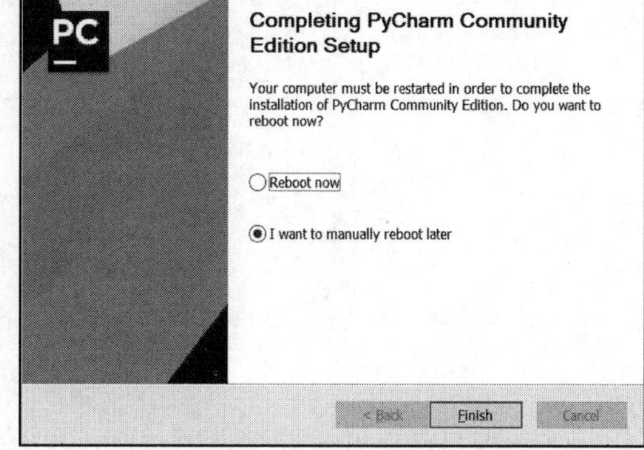

图 1-21　PyCharm 安装完成界面

4. PyCharm 的使用

PyCharm安装完成后，我们来创建一个 Python 程序，创建步骤如下。

（1）PyCharm 安装完成后，会在桌面上创建一个快捷方式，双击该快捷方式图标进入导入配置文件界面，如图 1-22 所示。图中有两个选项，分别表示配置或安装路径和不导入配置。

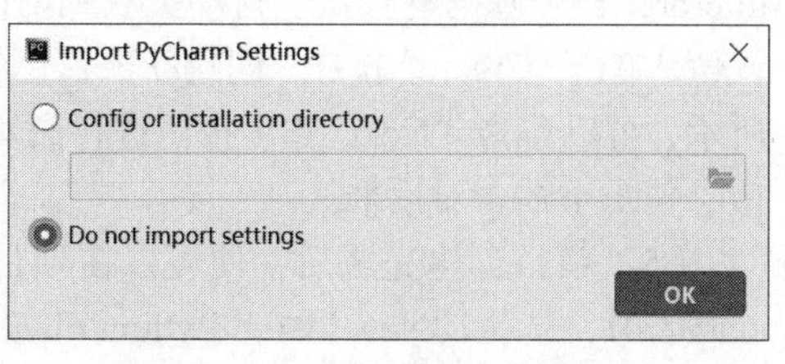

图 1-22　导入配置文件界面

（2）选择不导入配置，单击“OK”按钮，进入欢迎界面，选择左侧列表中的“Customize”选项，设置“Color theme”（颜色主题）为“IntelliJ Light”，如图 1-23 所示。

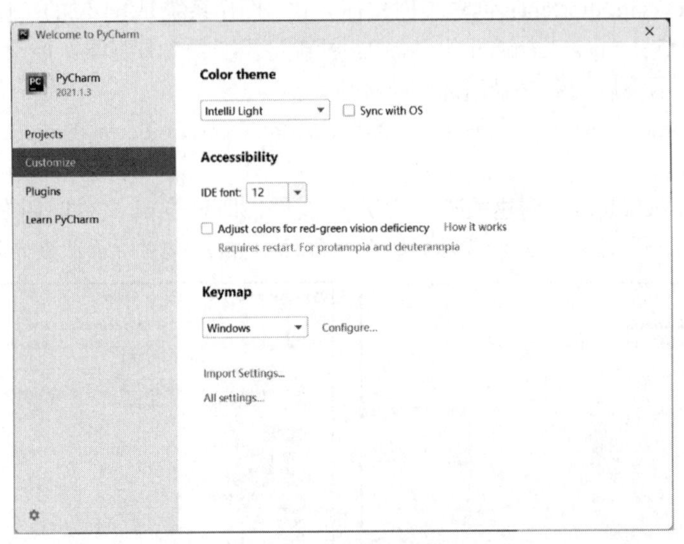

图 1–23 PyCharm 欢迎界面

（3）选择左侧列表的“Projects”选项，回到欢迎界面，界面中包括创建新项目和打开项目，单击“New Project”选项，创建一个新项目，进入创建项目界面，如图 1-24 所示。

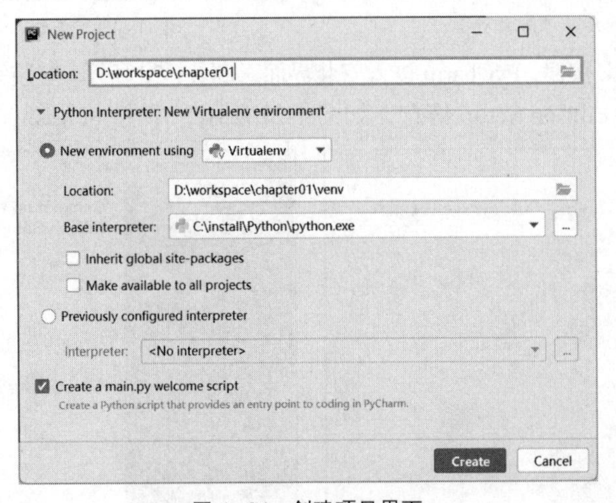

图 1–24 创建项目界面

（4）在创建项目界面顶端的“Location”中选择项目存储路径、设置项目名称，其中“Base interpreter”（基础解释器）自动关联到前面安装的 Python 3.9.6 的安装路径。其他设置采用默认值。单击“Create”按钮，创建新项目。在创建新项目时会出现一个小贴士对话框，如图 1-25 所示，可以单击“Next Tip”按钮进行浏览，也可以选中“Don’t show tips”，单击“Close”按钮，关闭小贴士对话框。

（5）项目创建完成后，便可以在项目中创建一个.py 文件。操作方法为：右击项目名称 chapter01，选择“New”→“Python File”命令，如图 1-26 所示。

（6）将新建的 Python 文件命名为“1-1 hello_world.py”，使用默认的文件类型“Python File”，如图 1-27 所示。

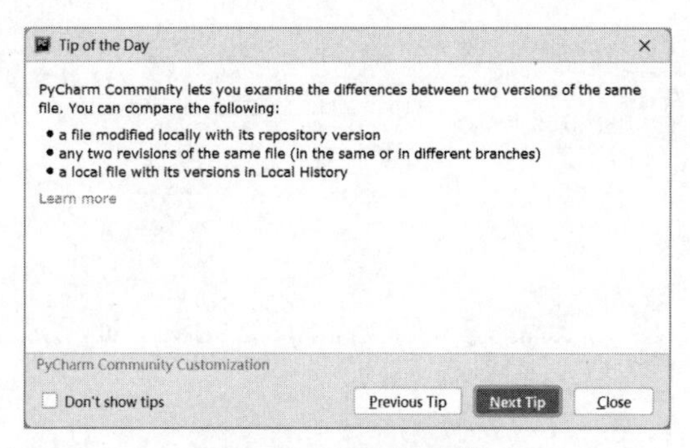

图 1–25　小贴士对话框

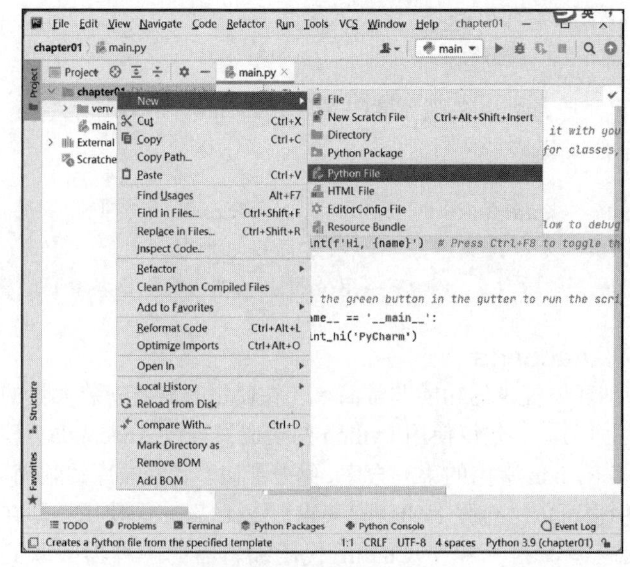

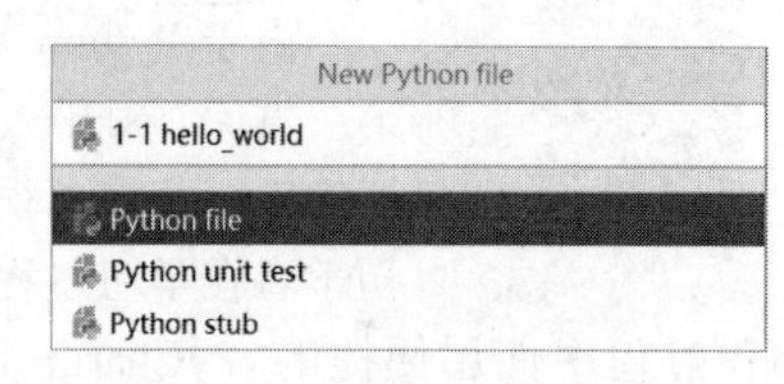

图 1–26　新建 Python 文件　　　　图 1–27　为 Python 文件命名

（7）输入文件名后，按“Enter”键，打开“1-1 hello_world.py”文件的编辑界面，如图 1-28 所示，在创建好的文件中编写代码。

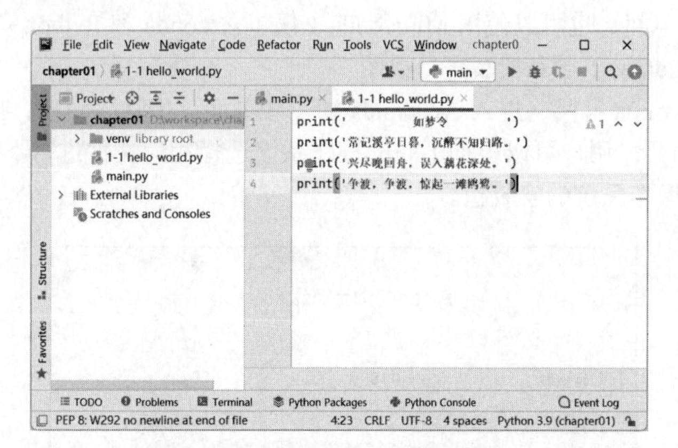

图 1–28　在 PyCharm 中编写代码

（8）代码编写完成后，在图 1-28 所示界面的菜单栏中选择“Run”→“Run...”→“1-1 hello_world”，运行“1-1 hello_world.py”文件（或者在编辑区内右击，选择“Run'1-1 hello_world'”来运行文件）。运行结果如图 1-29 所示，在界面下方的控制台中输出文字。

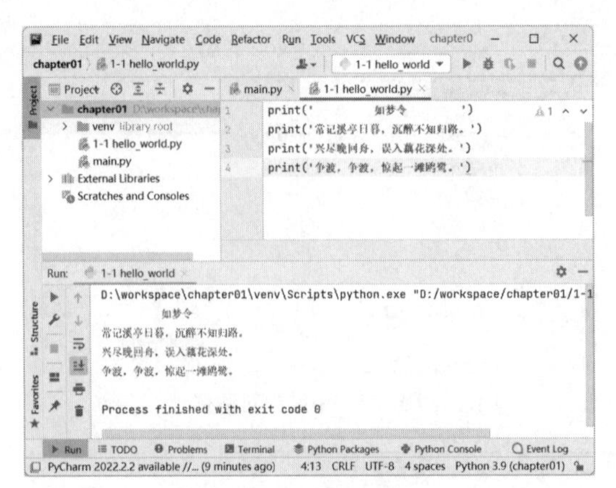

图 1-29 运行结果

至此，Python 的开发环境已经搭建完成，可以在该环境中完成 Python 基础知识的学习。如果需要用第三方库，则用 pip 命令单独安装。

小贴士：PyCharm 有 Professional 和 Community 两个版本。Professional 为专业版，用于商业开发等，是收费软件；Community 为社区版，用于个人学习或培训教育，是完全免费的版本。为保护知识产权，倡议使用正版软件，在此下载 Community 版本仅用于学习。

1.5

5. 下载与安装 Anaconda

由于 Python 基础环境提供的功能非常简单，在使用时需要安装大量的第三方库。对于入门学习者，建议使用 Python 的集成发行版 Anaconda。该开发工具集成了很多 Python 常用的第三方库，免去了初学者安装库的烦恼。初学者在学习过程中也可以结合强大的代码编辑器 PyCharm 来使用，即在编程过程中使用便捷的 PyCharm 代码编辑器，将 PyCharm 代码编辑器的解释器关联到 Anaconda 工具中的 Python 解释器。

Anaconda 指的是一个开源的 Python 发行版本，包含 conda、Python 等 180 多个科学包及其依赖项。因为包含大量的科学包，Anaconda 的下载文件比较大，如果只需要某些包或者需要节省带宽或存储空间，也可以使用 Miniconda（仅包含 conda 和 Python）。

以下对 Anaconda 的下载和安装进行说明。

（1）登录 Anaconda 官网，进入 Anaconda 的下载页面，拖动滚动条，找到图 1-30 所示的“Anaconda Installers”，用户可以根据不同的操作系统选择相应文件进行下载，这里下载适用于 64 位 Windows 操作系统的安装包。

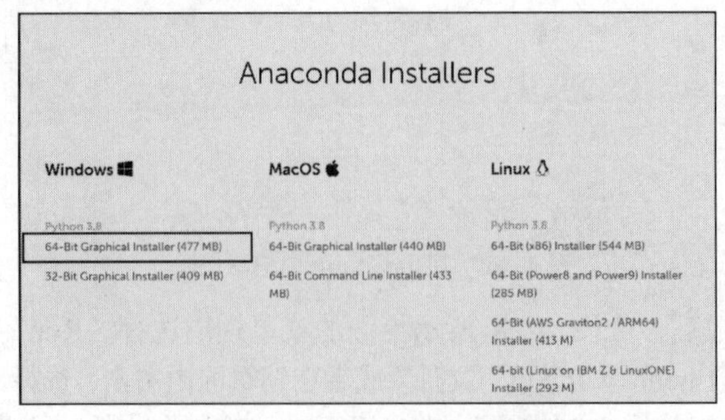

图 1-30 Anaconda 官网下载页面

（2）下载完成后，双击安装包，进入 Anaconda 欢迎安装界面，如图 1-31 所示。

（3）单击“Next”按钮，进入协议许可界面，如图 1-32 所示。

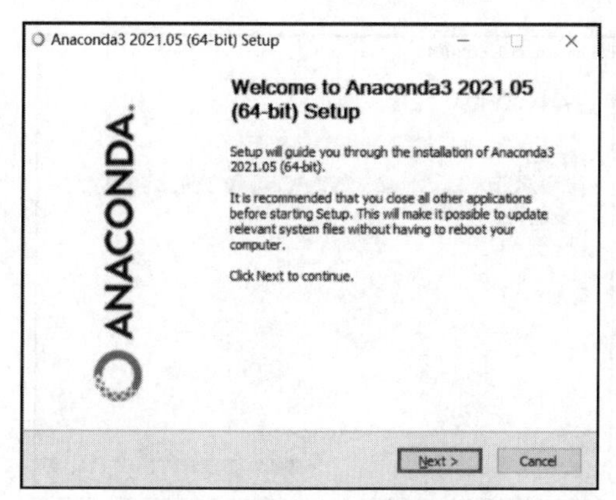

图 1–31　Anaconda 欢迎安装界面

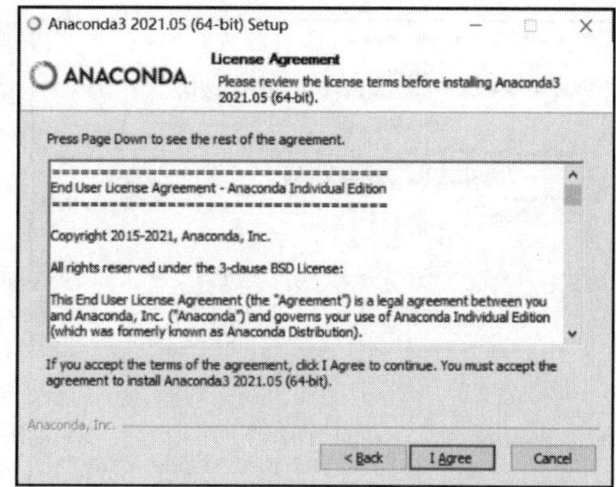

图 1–32　协议许可界面

（4）单击“I Agree”按钮，进入选择安装类型界面，如图 1-33 所示，这里选择为所有用户安装。

（5）单击“Next”按钮，进入安装路径选择界面，如图 1-34 所示，单击“Browse...”按钮，选择安装路径。

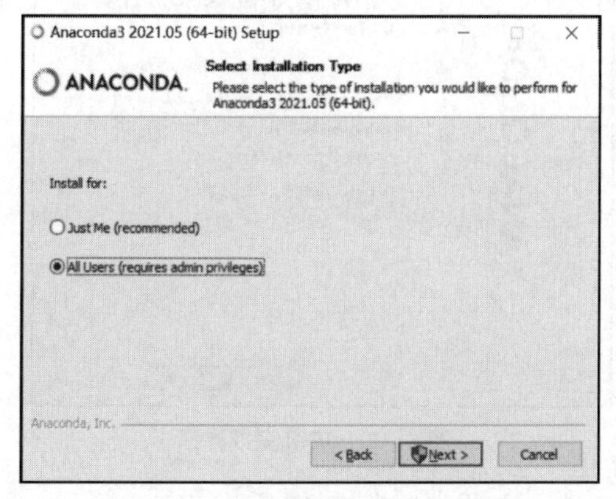

图 1–33　选择安装类型界面

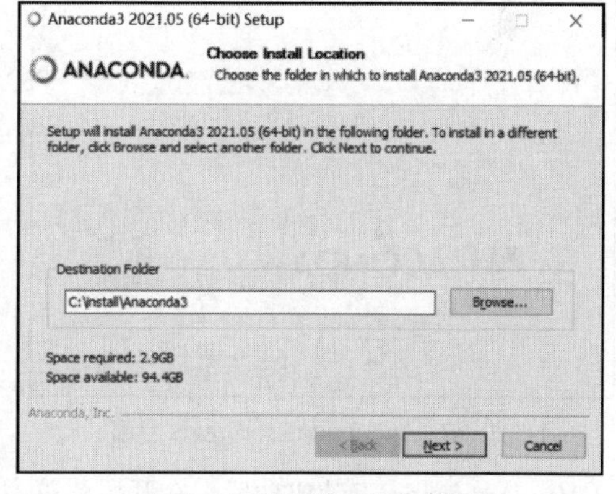

图 1–34　安装路径选择界面

（6）单击“Next”按钮，进入高级安装选项设置界面，如图 1-35 所示。

图 1-35 所示的选项介绍如下。

- Add Anaconda3 to the system PATH environment variable：将安装目录加入系统的 PATH 环境变量，在命令提示符窗口中可以直接用 Python 命令启动 Python 解释器。系统提示不推荐将安装目录自动加入环境变量，因为这可能会导致其他已安装的软件出问题。
- Register Anaconda3 as the system Python 3.8：允许其他 IDE 检测到 Python 3.8，并将默认设置为 Python 3.8。

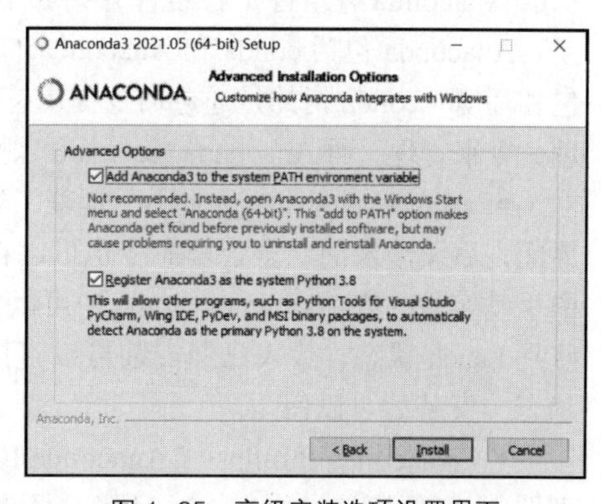

图 1–35　高级安装选项设置界面

（7）单击“Install”按钮，进入安装进度界面，如图 1-36 所示。

（8）安装完成界面如图 1-37 所示，单击“Next”按钮，进入图 1-38 所示的 Anaconda+ JetBrains 界面。

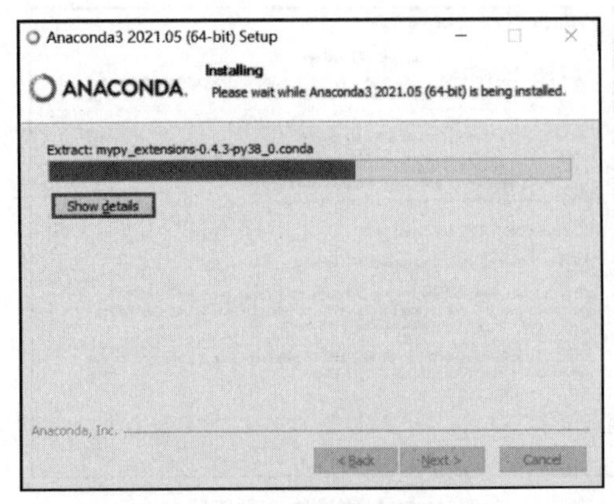

图 1-36　安装进度界面

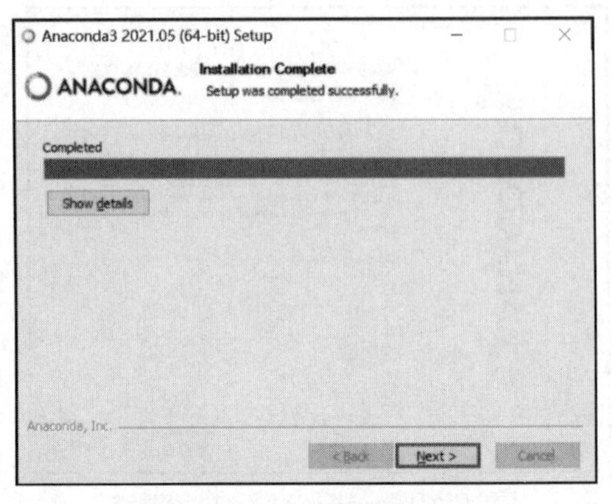

图 1-37　安装完成界面

（9）单击“Next”按钮，进入图 1-39 所示的安装完成界面。单击“Finish”按钮，完成安装，该界面的两个选项分别表示 Anaconda 个人版教程和 Anaconda 入门，可以不勾选。

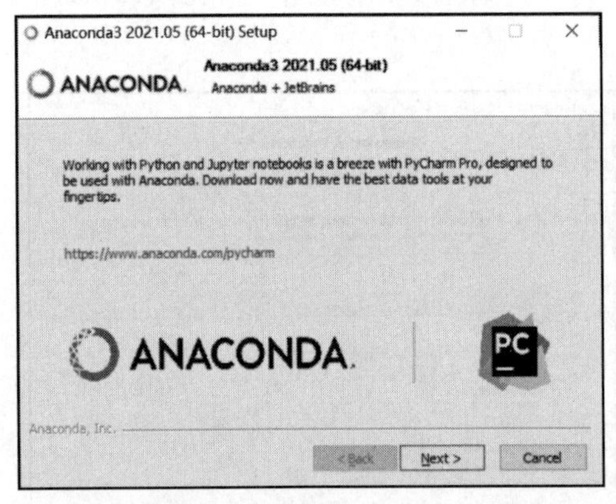

图 1-38　Anaconda+JetBrains 界面

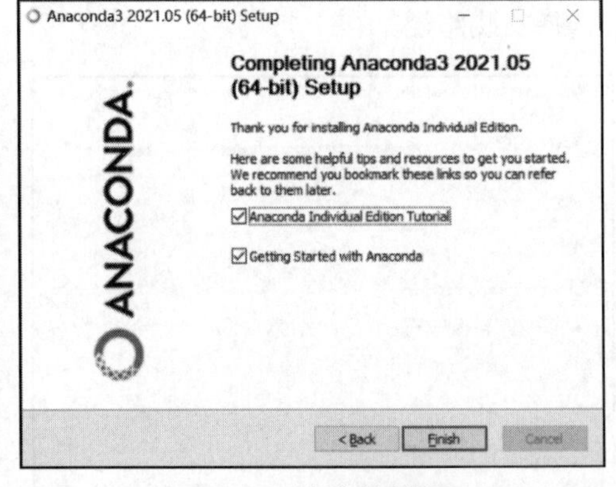

图 1-39　安装完成界面

（10）Anaconda 安装成功后，在开始菜单中出现图 1-40 所示的 Anaconda 各组件，各组件介绍如下。

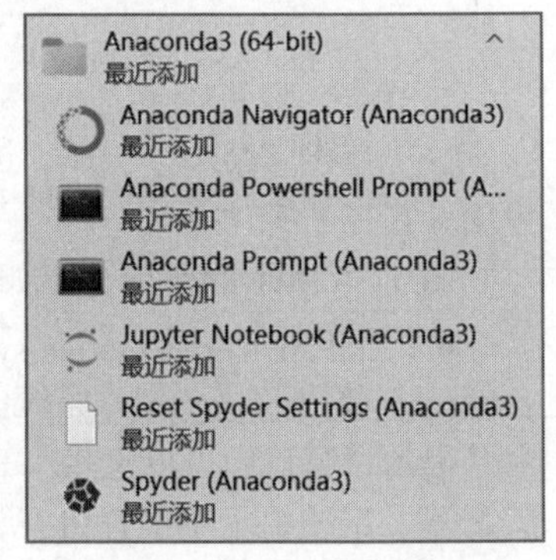

图 1-40　Anaconda 安装的程序

Anaconda 包括 conda 和 Anaconda Navigator 两种方式管理包和环境。conda 指的是通过命令提示符窗口执行 Anaconda 管理命令来管理，而 Anaconda Navigator 则是可视化的管理界面。

- Anaconda Navigator 用于管理工具包和环境的图形用户界面，后续涉及的众多管理命令也可以在 Anaconda Navigator 中手动实现。在 Navigator Home 中可以看到一些应用工具，有些是 Lauch 状态，代表已经安装可以直接使用；有些是 Install 状态，安装后可以使用。
- Anaconda Prompt 与 Anaconda Powershell Prompt 都是 Anaconda 的终端（Anaconda 管理器），可便捷地操作 conda 环境。两者的区别是前者是 Anaconda 发布的默认命令提示符工具，而后者是基于 Windows Powershell 的 Anaconda 命令提示符工具。
- Jupyter Notebook 是基于 Web 的交互式计算环境，可以用于编辑可读性高的文档，并展示数据分析过程。

- Spyder 是 Anaconda 中的 Python IDE，可以在开始菜单中的 Anaconda3 下查找并打开，也可以通过 Anaconda Navigator 打开。
- Reset Spyder Settings 可以快捷地对 Spyder 的设置进行初始化操作。

（11）Anaconda 关联的 Python 解释器包含大量的第三方库，将 PyCharm 的 Python 解释器设置成 Anaconda 关联的 Python 解释器，可避免经常安装第三方库的困扰。方法如下。

- 创建新项目时，在“Base interpreter”中选择 Anaconda 安装路径下的 python.exe，如图 1-41 所示，单击“Create”按钮，完成设置并创建新项目。
- 如果项目已经创建，选择“File”→“Settings...”，弹出图 1-42 所示的对话框。在其左侧列表中选择项目名称下的“Python Interpreter”，在右侧窗口中单击按钮⚙，在弹出的菜单中选择“Add”，弹出图 1-43 所示的对话框，选择“Existing environment”，在“Interpreter”中选择 Anaconda 安装路径下的 python.exe，单击“OK”按钮，完成更改设置。

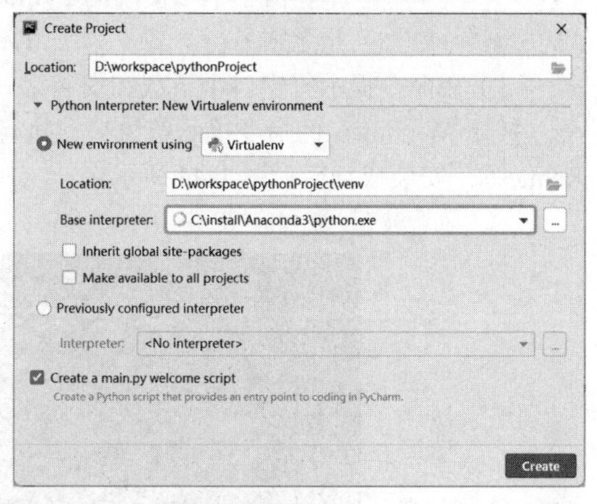

图 1-41　创建项目时设置 PyCharm 的 Python 解释器

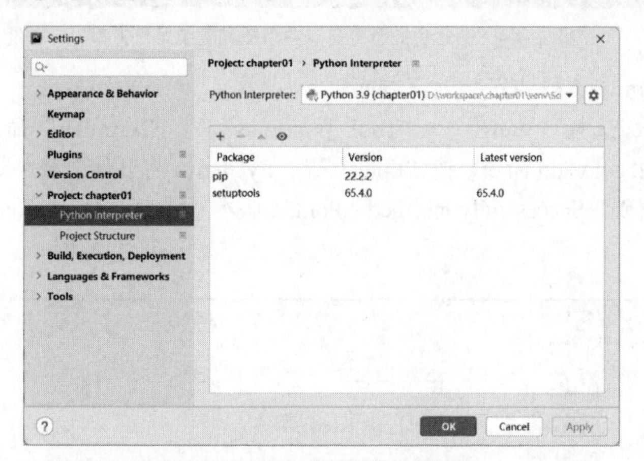

图 1-42　已创建项目的设置界面

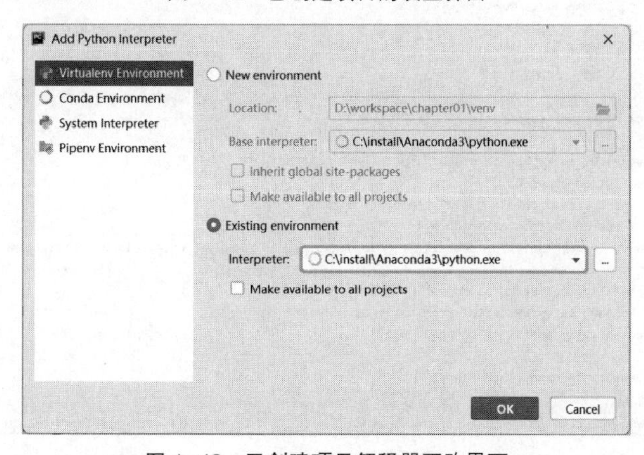

图 1-43　已创建项目解释器更改界面

至此，Anaconda 安装完成，并将 PyCharm 的 Python 解释器更换成 Anaconda 的 Python 解释器。在后续的讲解中，主要使用 PyCharm 完成代码编写及运行、调试等工作。

6. 第三方库的下载与安装

程序开发中不仅需要使用大量的标准库，而且会根据业务需要使用第三方库。在使用第三方库之前，需要使用包管理工具 pip 下载和安装第三方库。由于本书使用的 Python 3.9.6 中已经自带了 Python 包管理工具 pip，因此无须另行下载。第三方库的下载与安装有以下几种方法。

（1）在命令提示符窗口中下载和安装第三方库。

打开 Windows 的命令提示符窗口，执行 pip install requests，即可下载和安装第三方库 Requests，安装成功后如图 1-44 所示。

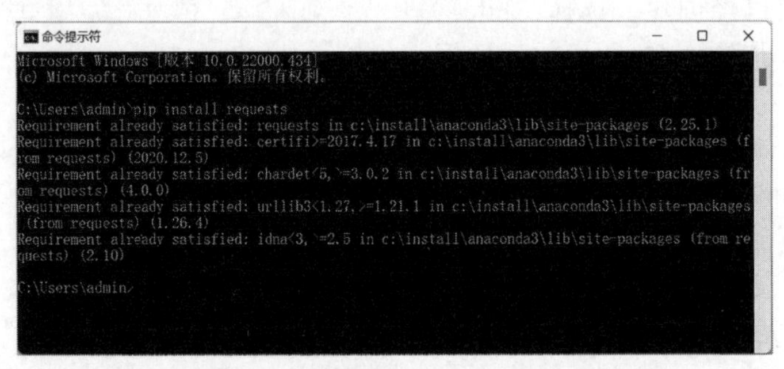

图 1-44　在命令提示符窗口中下载和安装第三方库

（2）在 PyCharm 中下载和安装第三方库。

打开 PyCharm，选择“View”→“Tool Windows”→“Terminal”命令，打开 Terminal 工具，输入 pip install coloradd 命令，按“Enter”键，PyCharm 将开始下载并安装 coloradd 库。当在 Terminal 工具中看到“Successfully installed coloradd-版本号”时，表明 coloradd 库安装成功，如图 1-45 所示。

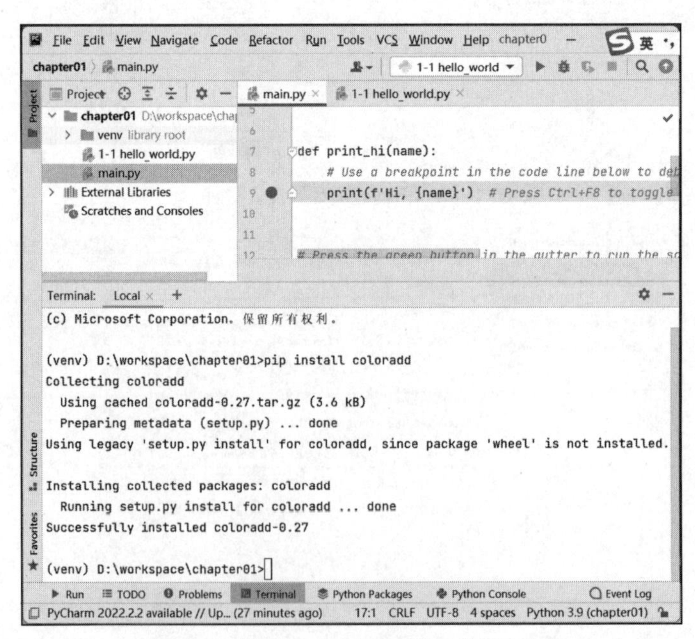

图 1-45　在 PyCharm 中下载和安装第三方库

（3）在 Anaconda 中下载和安装第三方库。

打开 Anaconda Prompt 工具，执行 pip install wordcloud，即可下载和安装第三方库 wordcloud，安装成功后如图 1-46 所示。

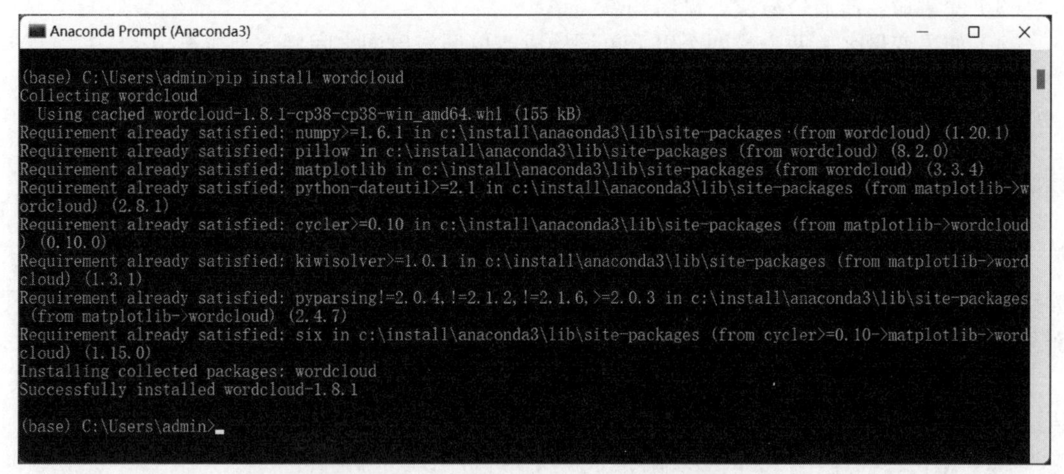

图 1-46　在 Anaconda Prompt 中下载和安装第三方库

> 小贴士：Anaconda 是由 Anaconda 公司开发和发行的，完全免费。该公司还有其他收费产品如 Anaconda Enterprise（企业版）和 Training（培训与认证）等。知识产权是人类在社会实践中创造的智力劳动成果的专有权利。如需要使用付费版本功能，切记购买正版软件。

任务 1.2　制作名片——第一个小程序

1.7

一、任务描述

名片，又称卡片，中国古代称为名刺，是标示姓名及其所属组织或公司和联系方法等的纸片。使用名片是新朋友互相认识、自我介绍的最快有效的方法。交换名片是商业交往的第一个标准官式动作。本任务要求学习者根据输入信息，完成在控制台中输出一张名片的操作。

二、相关知识

1. 变量

Python 程序运行过程中可能会产生一些临时数据，程序会将这些数据保存在内存单元中，并使用不同的标识符来标识各个内存单元。这些具有不同标识符、存储临时数据的内存单元被称为变量，标识内存单元的符号则称为变量名，内存单元中存储的数据就是变量的值。

在 Python 中，定义变量的方式非常简单，只需要指定数据和变量名即可。变量的定义方式如下：

```
变量名 = 数据
```

变量的命名应遵循以下规则。

（1）由字母、数字和下画线组成，且不能以数字开头。

（2）具有字母大小写敏感性。

（3）变量命名需通俗易懂、见名知意。

（4）如果变量名由两个或两个以上单词构成，单词与单词之间用下画线连接。

举例如下：

```
num_one = 4
num_two = 5
num_three = num_one + num_two
```

2. 输入和输出

程序要实现人机交互功能，不仅需要能够向显示设备输出有关信息及提示，同时也要能够接收从键盘输入的数据。Python 提供了用于实现输入和输出功能的函数 input()和 print()，下面分别对这两个函数进行介绍。

（1）input()函数。input()函数用于接收一个标准输入数据，返回一个字符串类型数据，其语法格式为：

```
input([prompt])  #prompt 表示输入提示信息，用单引号或双引号标识
```

（2）print()函数。print()函数用于向控制台输出数据，是最常见的一个函数，它可以输出任何类型的数据。其语法格式如下：

```
print(*objects, sep=' ', end='\n', file=sys.stdout, flush=False)
```

print()函数各个参数的含义如下。

- objects：表示输出对象。输出多个对象时，需要用逗号分隔。
- sep：用来间隔多个对象，默认值为一个空格。
- end：用来设定以什么结尾。默认值为换行符“\n”，可以使用其他字符串。
- file：表示要写入的文件对象。
- flush：表示输出是否被缓存，通常取决于 file。如果 flush 关键字参数为 True，数据流会被强制刷新。

下面使用输入函数和输出函数模拟用户登录功能，代码如下：

```
user_name = input('请输入您的账号：')
password = input('请输入您的密码：')
print('您的账号为:', user_name, ' 您的密码为：', password)
print('登录成功')
```

运行代码，输入账号和密码后按“Enter”键，结果为：

```
请输入您的账号：admin
请输入您的密码：123456
您的账号为：admin  您的密码为： 123456
登录成功
```

1.8

三、任务分析

名片中需要包含的基本的信息有所属单位或组织、姓名、职务、联系地址、联系方式等，这些信息需要用户从控制台中输入，需要用到 input()函数；之后进行排版输出，需要用到 print()函数。

四、任务实现

（1）右击项目名称 chapter01，选择“New”→“Python File”，新建 Python 文件，取名为“1-2 名片制作.py”。

（2）在新建的 Python 文件中输入代码，提示用户输入工作单位或组织、姓名、职务、联系地址和联系方式。

```
company = input('请输入您的工作单位或组织：')    #从控制台中接收数据并存入 company
name = input('请输入您的姓名：')                 #从控制台中接收数据并存入 name
job = input('请输入您的职务：')                  #从控制台中接收数据并存入 job
address = input('请输入您的联系地址：')          #从控制台中接收数据并存入 address
phone = input('请输入您的联系方式：')            #从控制台中接收数据并存入 phone
```

（3）根据输入的信息，使用 print()函数在控制台中输出名片格式的相关信息。在名片的上边沿和下边沿各输出一行“*”号，第二行为单位或组织信息，第三行为姓名和职务，姓名和职务下方输出一行“-”号作为分隔线，第四行为联系地址，第五行为联系方式。

```
print('******************************')    #输出 30 个*并换行
print(company)                             #输出 company 存储的信息并换行
print(name, end='\t')                      #输出 name 存储的信息，后面跟制表符
                                           #代表空格
print(job)                                 #输出 job 存储的信息并换行
print('------------------------------')    #输出 30 个“-”号
print(address)                             #输出 address 存储的信息并换行
print(phone)                               #输出 phone 存储的信息并换行
print('******************************')    #输出 30 个“*”号
```

（4）代码编写完成后，如图 1-47 所示。在菜单栏中选择“Run”→“Run...”→“1-2 名片制作”，运行“1-2 名片制作.py”文件（或者在编辑区内右击，选择“Run'1-2 名片制作'”来运行文件）。运行结果如图 1-48 所示，根据提示输入相关信息并按“Enter”键，输入完成后，在控制台中会输出名片信息。

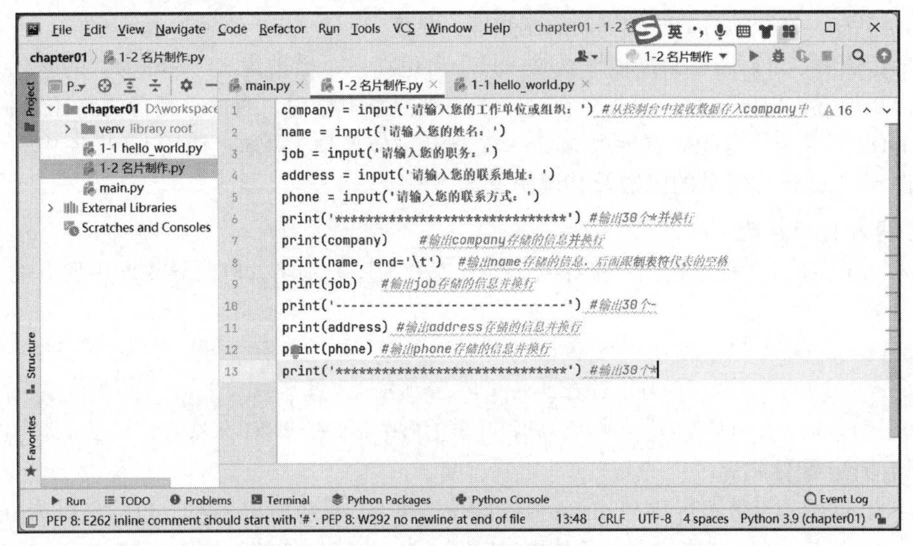

图 1-47　名片制作代码

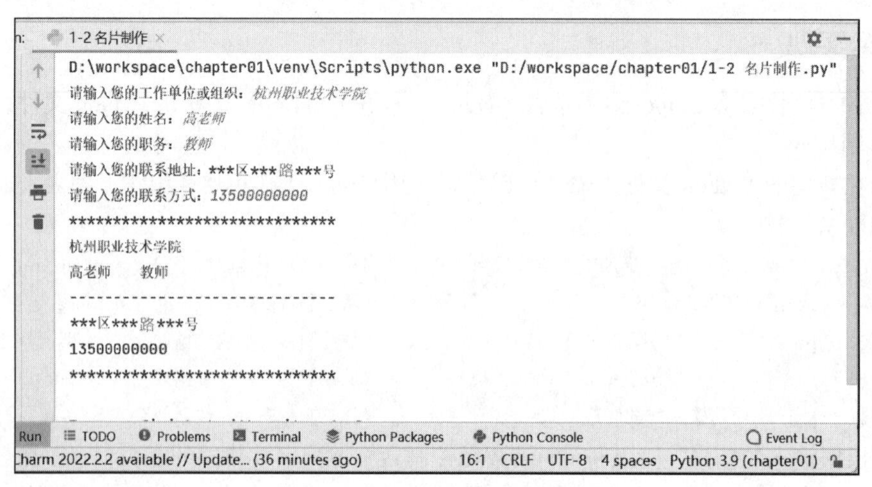

图 1-48　名片制作代码运行结果

任务 1.3　绘制简单图形——红色三角形

一、任务描述

简单图形有很多种，如三角形、四边形、五边形、圆形等。它们虽然简单，但也有一定的规律，如圆形有半径，三角形有边长和内角等。本任务要求绘制一个红色的等边三角形，图形大小和位置自行设置。效果如图 1-49 所示。

图 1-49　效果

二、相关知识

Python 为用户提供了非常完善的基础代码库，而 turtle 库是其中一个很流行的图像绘制的函数库，又被称为海龟作图库。可以将绘制过程想象成一只小海龟在一个横轴为 x、纵轴为 y 的坐标系中，从原点(0,0)位置，根据一组函数指令在这个平面坐标系中移动，通过它爬行的路径绘制图形。在使用 turtle 库之前，首先需要导入 turtle 库，设置窗体属性，再通过调用 turtle 库中的函数指令绘制图形。turtle 库常见的函数及其说明见本书附录。

1. 导入 turtle 库

导入 turtle 库有 3 种方式：直接导入、导入库并为库取别名，以及导入库中所有的类、函数及变量等。

```
import turtle           #导入 turtle 库
import turtle as t      #导入 turtle 库并取一个别名
from turtle import *    #导入 turtle 库中的所有内容（如类、函数、变量等）
```

2. turtle 窗体布局

图 1-50 展示了计算机屏幕与 turtle 窗体的位置关系，计算机屏幕左上角的坐标为(0,0)，坐标(startx,starty)是 turtle 窗体的左上角位置，height 为 turtle 窗体的高度，width 为 turtle 窗体的

宽度。需要强调的是，在 turtle 窗体内部有一个画布，画布也有一个坐标系，如图 1-51 所示，该坐标系的原点(0,0)在画布的中心位置，海龟默认的运动方向为 x 轴正方向。

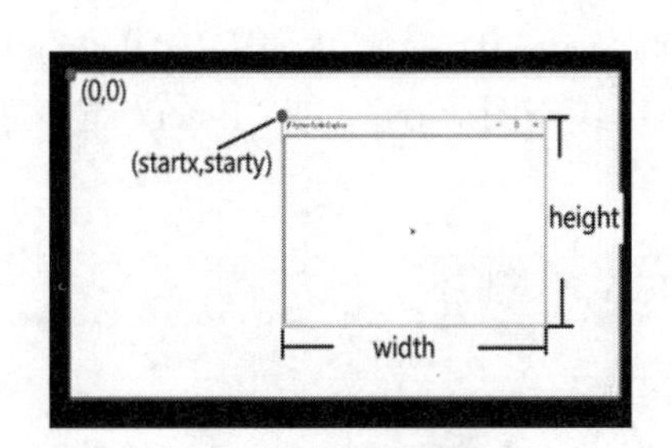

图 1–50　窗体布局

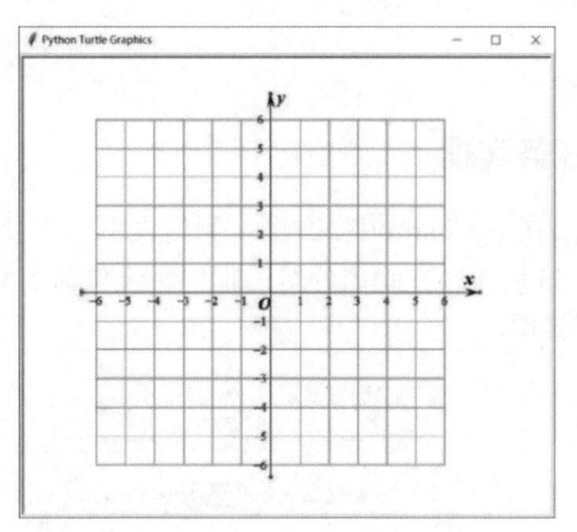

图 1–51　坐标体系

3. 相关 turtle 库函数说明

- turtle.setup(width,height[,startx,starty])：设置窗体大小，前两个参数分别表示窗体的宽和高，后两个参数表示窗体在屏幕上的位置省略后面两个参数时，窗体默认在计算机屏幕中心。
- turtle.pencolor(color)：若没有参数传入，则返回当前画笔颜色；若传入参数表示设置画笔颜色，参数值可以是字符串如“green”“red”等，也可以是 RGB 三元组。
- turtle.fillcolor(colorstring)：设置图形的填充颜色。
- turtle.color(color1,color2)：同时设置画笔颜色（pencolor=color1）和填充颜色（fillcolor = color2）。如果只有一个参数值，则说明画笔颜色和填充颜色相同。
- turtle.begin_fill()：在绘制要填充的形状之前调用。
- turtle.end_fill()：填充上次调用 begin_fill()之后绘制的形状。
- turtle.forward(distance)|turtle.fd(distance)：向当前画笔方向移动 distance 个像素。
- turtle.backward(distance)|turtle.bk(distance)|turtle.back(distance)：向当前画笔相反方向移动 distance 个像素。
- turtle.goto(x,y)：将画笔移动到坐标为(x, y)的位置。
- turtle.penup()：提笔，移动时不绘制图形，用于另起一个地方绘制。
- turtle.pendown()：落笔，移动时绘制图形。
- turtle.right(angle)|turtle.rt(angle)：顺时针移动旋转，旋转角度为参数 angle。
- turtle.left(angle)|turtle.lt(angle)：逆时针移动旋转，旋转角度为参数 angle。

三、任务分析

任务要求绘制红色三角形，需要设置画笔颜色和填充颜色；绘制三角形实际上是先绘制一条线段，然后旋转一定角度，重复上述动作，直到完成图形绘制，需要用到 forward()函数和 left()函数或 right()函数；图形内部填充颜色需要用到 begin_fill()和 end_fill()函数。绘制三角形时，旋转的角度计算方式如图 1-52 所示。

1.10

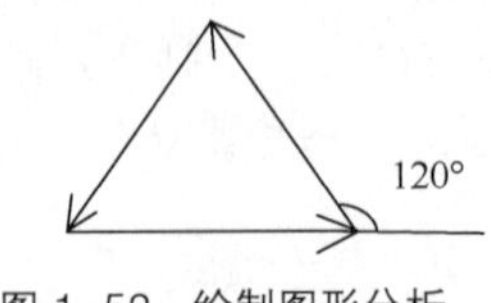

图 1-52　绘制图形分析

四、任务实现

（1）在 PyCharm 中，右击左侧列表中的项目名称 chapter01，选择“New”→“Python File”，如图 1-53 所示。在弹出的对话框中将文件命名为“1-3 绘制图形.py”，按“Enter”键，进入代码编辑界面。

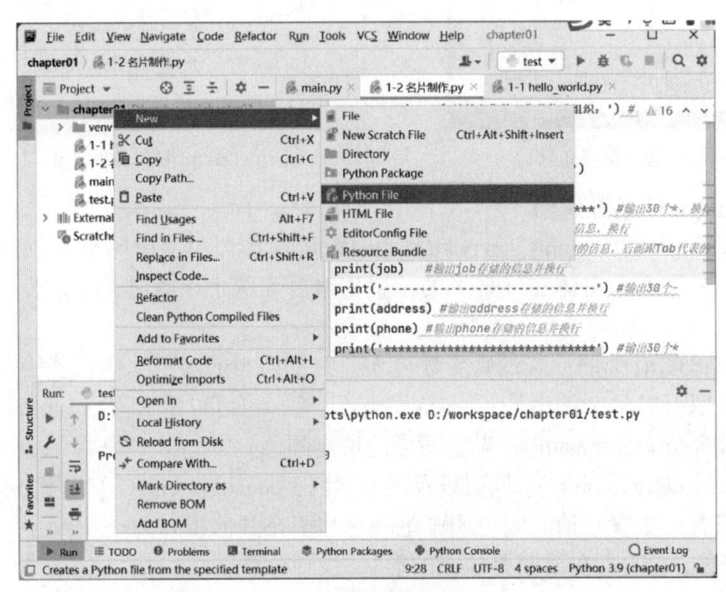

图 1-53　新建 Python 文件

（2）在新建的 Python 文件中，输入下面的代码，实现导入 turtle 库、设置窗体大小。选择“Run”→Run '1-3 绘制图形'”，运行代码，可以看到会弹出白色窗体。

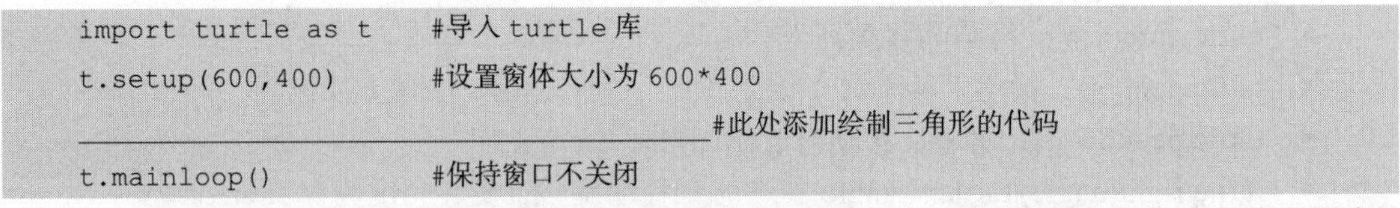

```
import turtle as t     #导入 turtle 库
t.setup(600,400)       #设置窗体大小为 600*400
______________________________#此处添加绘制三角形的代码
t.mainloop()           #保持窗口不关闭
```

（3）绘制红色三角形。将画笔颜色和填充颜色设置为红色，绘制图形前先开启填充指令，图形绘制结束后调用结束填充指令对图形进行颜色填充。三角形的绘制方法是：调用 forward(200)函数绘制 200 个单位长度的线段，再调用 left(120)使海龟前进的方向。向左旋转 120°，重复上述操作两次绘制另外两条边，即可完成三角形的绘制。在步骤（2）预留绘制三角形的位置，输入绘制代码并运行。

```
t.color('red')      #将画笔颜色和填充颜色设置为红色
t.begin_fill()      #开启填充指令
t.forward(200)      #海龟向前移动 200 个单位长度
t.left(120)         #海龟方向向左旋转 120°
```

```
    t.forward(200)      #海龟向前移动 200 个单位长度
    t.left(120)         #海龟方向向左旋转 120°
    t.forward(200)      #海龟向前移动 200 个单位长度
    t.left(120)         #海龟方向向左旋转 120°
    t.end_fill()        #结束填充指令
```

拓展任务：绘制图形——简单图形

（1）模仿绘制红色三角形的方法绘制内部无填充的圆形、绿色的正方形、蓝色的五边形、紫色线条/粉色填充的六边形，图形大小和位置自行设置。

（2）使用 turtle 库不仅可以绘制简单图形，还可以绘制出炫彩的螺旋线、动画等。学习者可以自行练习尝试。

1.11

综合实训 1——新型科学计算器

项目背景：某学校开设了中小学数学提高班，教师在备课和作业批改过程中涉及大量的计算，如算术运算、均值计算、数列操作、找水仙花数、找完全数、计算斐波那契数列等常见且有规律的计算，步骤烦琐，需要耗费较多时间，给教师造成了很大困扰。为了减轻教师工作量，请为该校数学老师设计一款新型科学计算器，该计算器除了具备常规计算器的功能外，还能进行逻辑运算、比较运输等常见的专题运算功能。通过调研分析得到图 1-54 所示的新型科学计算器功能模块。

1.12

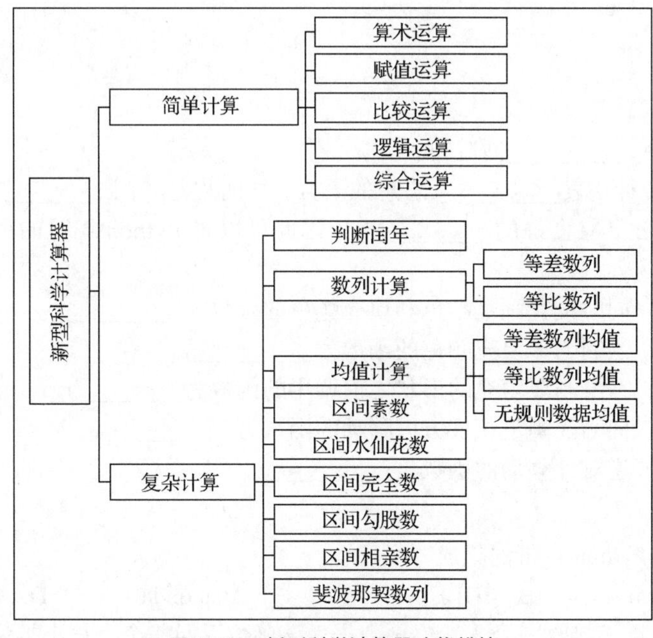

图 1-54　新型科学计算器功能模块

编程任务：根据项目背景描述，输出新型科学计算器的功能菜单，效果如图 1-55 所示。

```
                    新型科学计算器系统
1--算术运算    2--赋值运算    3--比较运算    4--逻辑运算    5--综合运算
6--判断闰年    7--等差数列    8--等比数列    9--等差数列均值    10--等比数列均值
11--无规则数据均值 12--区间素数 13--区间水仙花数   14--区间完全数      15--区间勾股数
16--区间相亲数      17--斐波那契数列    18--退出
```

图 1-55　新型科学计算器功能菜单

小贴士：新型科学计算器项目实现需要团队合作完成，建议 4 人一组，分工协作。本项目作为第 1 单元、第 2 单元、第 3 单元的综合实训项目，教师可根据教学进度布置相应的功能模块任务。团队协作、良好的沟通是从事 IT 工作必备的能力。

单元小结

本单元首先介绍了 Python 的入门知识，包括 Python 发展历程、特点以及应用领域；随后重点讲解了 Python 开发环境的搭建及简单运用；之后通过一个简单案例讲解 Python 的应用，主要介绍输入输出函数的使用方法。通过本单元的学习，学习者能够对 Python 有一个初步的认识，能够独立完成 Python 开发工具的安装和基本使用，为后续学习 Python 开发做好准备。另外，本单元还讲述了 turtle 库的导入、窗体布局、画布坐标体系、相关函数等知识。通过一个案例，简单讲解如何运用 turtle 库绘制图形。通过学习和实践，学习者能够对 Python 的 turtle 库的运用有一个初步的认识，为后续学习 Python 奠定基础。

拓展练习

一、填空题

1. Python 是由__________创造的。
2. Python 是一种代表__________思想的语言，同时也是一门__________的高级语言。
3. 由于 Python 具有良好的__________，因此可以将 Python 编写的程序在任何平台中运行。
4. turtle 库中，同时设置画笔颜色和填充颜色的函数为__________。
5. turtle 库中，绘制图形填充颜色的函数为__________。
6. turtle 库中，在绘制要填充的形状之前调用的函数为__________。
7. turtle 库中，向当前画笔相反方向移动的函数为__________。
8. turtle 库中，逆时针移动的函数是__________。

二、选择题

1.（　　）是 Python 自带的集成开发环境。

A. PyCharm　　B. IDLE　　C. Anaconda　　D. Shell

2. input()函数用于接收一个（　　）数据，该函数返回一个字符串类型数据。

A. 数字输出　　B. 数字输入　　C. 标准输出　　D. 标准输入

3. （多选）PyCharm 分为（　　）和（　　）两个版本。

A. Community　B. Professional　C. Single　D. Personal

4. 下列选项中，不属于 Python 特点的是（　　）。

A. 简单易学　B. 开源　C. 面向过程　D. 可移植性

5. Python 语言属于（　　）。

A. 高级语言　B. 汇编语言　C. 机器语言　D. 科学计算语言

6. 在 IDLE 常用快捷键中，重新启动 IDLE 的快捷键是（　　）。

A. Ctrl+Z　B. Ctrl+F6　C. Ctrl+Shift+Z　D. Ctrl+]

7. Python 程序文件的扩展名是（　　）。

A. .python　B. .pyt　C. .pt　D. .py

8. （　　）不是正确导入 turtle 库的方式。

A. import turtle as t　B. from turtle

C. import turtle　D. from turtle import *

9. 画布坐标系的坐标原点位于画布的（　　）。

A. 左下角　B. 中心点　C. 左上角　D. 右上角

10. 下列程序运行后，得到的图形是（　　）。

```
from turtle import *
reset()
penup()
goto(-150,150)
```

A. 只移动坐标不作图　B. 水平直线

C. 垂直直线　D. 斜线

三、判断题

1. Python 的变量名可以以数字开头。（　　）

2. Python 3.x 比 Python 2.x 的设计理念更人性化。（　　）

3. 变量是程序运行过程中可能产生的一些临时数据，程序将这些数据保存在内存单元中，并使用不同的标识符来标识。（　　）

4. 随着 NumPy、SciPy、Matplotlib 等库的引入和完善，Python 越来越适合进行科学计算和数据分析。（　　）

5. Anaconda 指的是一个开源的 Python 发行版本，包含 conda、Python 等 180 多个科学包及其依赖项。（　　）

6. 在 turtle 空间坐标体系里，海龟默认起始位置在窗体左上角。（　　）

7. turtle 库中，设置画布大小的命令为 turtle.setup(width,height)。（　　）

8. turtle 库中，设置海龟窗口标题为 titlestring 指定的文本的命令为 turtle.text (titlestring)。（　　）

9. turtle 库中，turtle.pencolor(color)函数能够设置画笔颜色和填充颜色。（　　）

10. 使用 turtle 库不仅可以绘制简单图形，还可以绘制出炫彩的螺旋线、动画等。（　　）

四、简答题

1. 简述 Python 语言的特点（至少 4 个）。

2. 简述 Python 的主要应用领域（至少 4 个）。

3. 简述 turtle 库中海龟动作的命令（至少 4 个）。

五、编程题

我们已经通过代码绘制了简单图形，简单图形可以组合成复杂的图案。使用 turtle 库绘制图 1-56 所示的彩色房子，可以看出彩色房子由红色的三角形房顶、蓝色的四边形墙体和黄色的四边形门框组成。彩色房子的尺寸如图 1-57 所示。

图 1-56　彩色房子

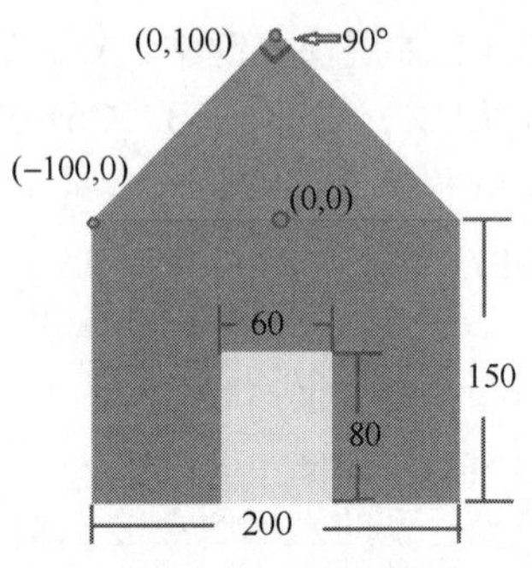

图 1-57　彩色房子的尺寸

第2单元

Python 基础

学习导读

在开始复杂的编程前，可以先了解 Python 的基础知识，掌握 Python 语言的编程规范。数字类型和字符串类型是 Python 程序中基本的数据类型，其中数字类型分为整数类型（简称整型）、浮点数类型（简称浮点型）、复数类型，布尔类型属于整型的子类型。可以通过运算符进行各种数学运算，还可以进行数据类型的转换。字符串类型可以进行格式化输出，可以进行切片，还有一些常用内置函数可方便对字符串进行操作。本单元主要讲解数字类型、运算符、字符串等知识，并通过任务引导学习者掌握它们的使用方法。

学习目标

1. 知识目标

- 掌握 Python 语言的编程规范，掌握 Python 的数字类型。
- 掌握 Python 的运算符分类及优先级。
- 掌握 Python 字符串的定义、转义字符、字符串格式化、字符串的索引与切片和字符串的运算符。
- 了解字符串的常用内置函数。
- 掌握 Python 数据类型的转换方法。
- 掌握库的导入方式，掌握 time 库中常用函数的使用方法。

2. 技能目标

- 具有使用规范缩进和合理注释的编程能力。
- 具有使用各种运算符进行编程的能力。
- 能够根据需要对字符串进行各种操作。
- 能够根据需要使用数据类型转换函数对数据类型进行转换。
- 能够根据需要导入需要的库。

3. 素质目标

- 提高学习者规范编程的思想意识。
- 培育学习者重基础、筑根基的思想意识。
- 培养学习者团队意识和沟通能力。

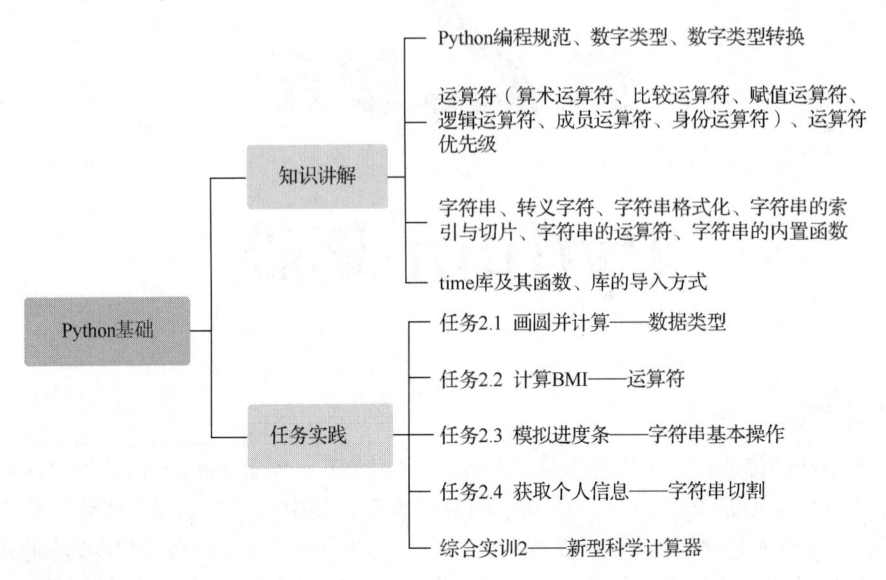

2.1

任务 2.1 画圆并计算——数据类型

一、任务描述

根据提示在控制台中输入半径的值，并以此为半径画一个橙色的圆形，计算该圆的周长和面积，其中 π 的取值为 3.14。取周长和面积的整数部分并输出在圆的下方，如图 2-1 所示。

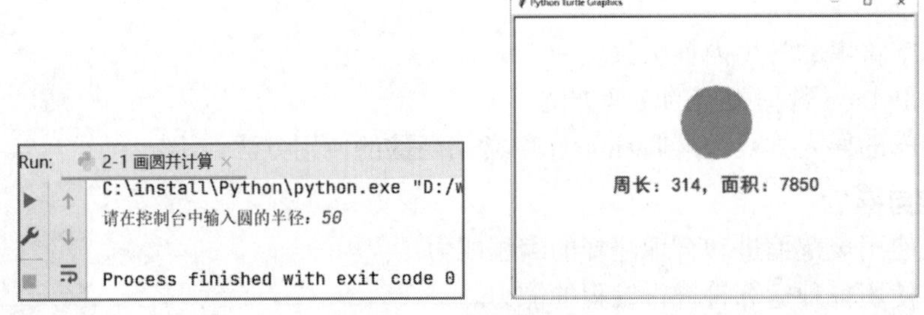

图 2-1 画圆并计算

二、相关知识

1. Python 编程规范

（1）编码

默认情况下，Python 3 源代码文件以 UTF-8 格式编码，所有字符串都是 Unicode 字符串。当然，也可以为源代码文件指定不同的编码，如在文件起始位置添加如下语句：

```
# -*- coding: cp1252 -*-
```

上述定义允许在源代码文件中使用 Windows-1252 字符集中的字符编码。

（2）注释

注释语句不会影响程序的运行结果，Python 解释器将忽略所有的注释语句。Python 中的注释语句分为单行注释和多行注释。

Python 中单行注释以“#”开头，单行注释可以出现在任何位置。例如：

```
#这是一个注释
print("Hello, World!")  #输出 Hello, World! 字符串
```

多行注释用成对的 3 个单引号（'''）或 3 个双引号（"""）标识注释文字，例如：

- 单引号。

```
'''
这是多行注释，用成对的 3 个单引号
这是多行注释，用成对的 3 个单引号
这是多行注释，用成对的 3 个单引号
'''
print("Hello, World!")
```

- 双引号。

```
"""
这是多行注释，用成对的 3 个双引号
这是多行注释，用成对的 3 个双引号
这是多行注释，用成对的 3 个双引号
"""
print("Hello, World!")
```

（3）缩进

Python 最具特色的功能之一是使用缩进来识别代码块而不是使用花括号“{}”。缩进的空格数是可变的，但是同一个代码块中的语句必须使用相同的缩进空格数。例如：

```
if True:
    print("True")
else:
    print("False")
```

如果缩进空格数不一致，将会导致运行错误，例如：

```
if True:
    print("Answer")
    print("True")
else:
    print("Answer")
      print("False")    #缩进空格数不一致，会导致运行错误
```

以上程序由于缩进空格数不一致，运行后会出现类似以下错误：

```
C:\install\Python\python.exe D:/workspace/chapter02/test.py
  File "D:\workspace\chapter02\test.py", line 30
    print("False")    #缩进空格数不一致，会导致运行错误
IndentationError: unexpected indent
```

（4）语句换行

Python 通常是一条语句占一行，但如果语句很长，我们可以使用反斜线“\”来实现多行语句，也可以使用圆括号标识，例如：

```
num_one = 3
num_two = 5
num_three = 8
```

```
total = num_one + \
          num_two + \
          num_three
total1 =(num_one +
           num_two +
           num_three)
print(total,total1)
```

另外，在“[]”“{}”或“()”中的多行语句，不需要使用反斜线“\”，例如：

```
total = ['item_one', 'item_two', 'item_three',
           'item_four', 'item_five']
```

（5）标识符与关键字

标识符是变量、函数、类、模块和其他对象的总称。标识符的第一个字符必须是字母表中的字母或下画线“_”，其他部分由字母、数字和下画线组成。标识符区分大小写，在 Python 3 中，允许使用非 ASCII 标识符，即可以使用中文字符作为变量名。例如：

```
num_one = 3
数字 2 = 5
num_three = 8
total = num_one + \
          数字 2 + \
          num_three
print(total)
```

关键字即预定义保留标识符。关键字不能在程序中当作标识符，否则会导致编译错误。Python 的标准库提供了 keyword 库，可用于输出当前版本的所有关键字，例如，在 Python IDLE 中输入如下语句并按“Enter”键：

```
>>> import keyword
>>> keyword.kwlist
['False', 'None', 'True', '__peg_parser__', 'and', 'as', 'assert', 'async', 'await', 
'break', 'class', 'continue', 'def', 'del', 'elif', 'else', 'except', 'finally', 'for', 
'from', 'global', 'if', 'import', 'in', 'is', 'lambda', 'nonlocal', 'not', 'or', 'pass', 
'raise', 'return', 'try', 'while', 'with', 'yield']
```

2. 数字类型

表示数字或数值的数据类型称为数字类型。数字类型是 Python 程序中基本的数据类型。Python 内置的数字类型有整数类型（int）、浮点数类型（float）、复数类型（complex），它们分别对应数学中的整数、小数和复数。此外，Python 还有一种比较特殊的整型——布尔类型（boolean）。下面对 Python 的这 4 种数字类型分别进行讲解。

（1）整型

类似-4、-5、0、3、5 这样的数据称为整型数据。在 Python 中可以使用 4 种进制表示整型，分别为二进制（以“0B”或“0b”开头）、八进制（以“0o”或“0O”开头）、十进制（默认表示方式）、十六进制（以“0x”或“0X”开头）。例如，使用二进制、八进制、十进制、十六进制的数据进行数学运算，代码如下：

```
num1 = 0b101011                #二进制
num2 = 0o453                   #八进制
num3 = 45                      #十进制
num4 = 0xAB4                   #十六进制
print(num1,num2,num3,num4)     #输出 4 个变量对应的数据
num5 = num1+num2+num2+num4     #将 4 个不同进制的数据相加
print(num5)                    #输出计算结果
```

运行结果为：

```
43 299 45 2740
3127
```

可见，print()输出函数会将不同进制的数据转换成十进制数据，不同进制数据之间的运算结果是十进制数据。

（2）浮点型

类似 1.1、0.6、-1.8、5.23e2 这样的数据称为浮点型数据（简称浮点数）。浮点型数据用于保存带有小数点的数据。Python 的浮点数一般以十进制形式表示，对于较大或较小的浮点数，可以使用科学记数法表示。例如：

```
num6 = 3.14                              #十进制形式
num7 = 4e2                               #科学记数法表示(4×10², 即 400, e 表示底数为 10)
num8 = -3.5e-2                           #科学记数法表示(-3.5×10⁻²)
print(num6,num7,num8)
num9 = num6+num7+num8
print(num9)
```

运行结果为：

```
3.14 400.0 -0.035
403.105
```

（3）复数类型

类似 3+2j、4.5+5.6j、-3.4-5.6j 这样的数据称为复数。Python 中的复数有如下几个特点。

- 复数由实部和虚部构成，其一般形式为 real+imagj。
- 实部 real 和虚部 imag 都是浮点型。
- 虚部必须有后缀 j 或 J。

在 Python 中有两种创建复数的方式：一种是按照复数的一般形式直接创建，一种是通过内置函数 complex()创建。例如：

```
num10 = 5+7j                 #按照复数形式直接创建
num11 = complex(4,6)         #使用内置函数 complex()创建复数
print(num10,num11)           #输出两个复数
print(num10+num11)           #输出两个复数之和
```

运行结果为：

```
(5+7j) (4+6j)
(9+13j)
```

（4）布尔类型

Python 中的布尔类型只有两个取值：True 和 False。实际上，布尔类型是一种特殊的整型，其中 True 对应整型 1，False 对应整型 0。Python 中的任何对象都可以转换为布尔类型，在转换过程中，符合以下条件的对象都会被转换成 False。

- None。
- 任何为 0 的数字类型，如 0、0.0、0j。
- 任何空序列，如""、()、[]。
- 任何空字典，如{}。
- 用户定义的类实例，如类中定义了__bool__()或者__len__()。

除以上情况外，其他对象都会被转换成 True。可以使用 bool()函数检测对象的布尔值，

例如：

```
print(bool(0),bool(4),bool(None),bool(()),bool([]),bool({}))
```

2.2

运行结果为：

```
False True False False False False
```

3. 数字类型转换

Python 内置了一系列可实现强制类型转换的函数，可以将目标数据的数字类型转换为指定的类型。数字间进行转换的函数有 int()、float()、str()等，关于这些函数的功能说明如表 2-1 所示。

表 2-1 数字间的类型转换函数

函数	说明
int()	将浮点型、布尔类型和符合数字类型格式的字符串转换为整型
float()	将整型和符合数字类型规范的字符串转换为浮点型
str()	将数字类型转换为字符串

下面通过代码演示这些函数的使用方法，具体如下：

```
int(3.6)  #将浮点型转换为整型，小数部分被截断，结果为 3
float(3)  #将整型转换为浮点型，结果为 3.0
```

掌握以上函数后，对两个符合数字类型格式的字符串进行算术运算就非常简单了。例如，对两个符合数字类型格式的字符串进行求和运算，示例代码如下：

```
str1 = "45"
str2 = "78.9"
sum = int(str1) + float(str2)
print(sum)
```

运行结果为 123.9。

值得一提的是，在经过以上操作后，str1 和 str2 仍为字符串，这是因为，使用 int()转换的结果只是一个临时对象，并未被存储。如果通过 type()函数测试 str1、str2 和 sum 的类型，获得的结果如下：

```
print(type(str1))
print(type(str2))
print(type(sum))
```

运行结果为：

```
<class 'str'>
<class 'str'>
<class 'float'>
```

在使用类型转换函数时有两点需要注意。

- int()函数、float()函数只能转换符合数字类型格式的字符串。
- 使用 int()函数将浮点数转换为整数时，若有必要会发生截断，而非四舍五入。

4. 相关 turtle 库函数说明

turtle 库包含的部分函数如下。

- turtle.circle(radiu,extent=None)：画圆，radiu 取值为正（负）数时，表示圆心在画笔的左边（右边）画圆，extent 取值不为 None 时画出的为扇形。
- turtle.hideturtle()：隐藏画笔的形状。
- turtle.showturtle()：显示画笔的形状。

- turtle.write(arg,move,align,font)：基于 align（值为 left、center 或 right）使用给定的字体 font 将 arg 字符串写到当前海龟位置。

三、任务分析

任务要求从控制台中输入半径值，需要使用 input()函数，该函数从控制台接收的数据为字符串类型数据。在计算圆的周长和面积之前需要使用类型转换函数 int()将接收的半径值转换成整型。周长和面积的实际值为浮点数，需要使用 int()函数获取其整数部分。

2.3

四、任务实现

（1）在 PyCharm 中，选择“File”→“NewProject…”，在弹出的对话框中将项目命名为“chapter02”，单击“Create”按钮，创建新项目。

（2）在 PyCharm 中，右击左侧列表中的项目名称 chapter02，选择“New”→“Python File”，在弹出的对话框中将文件命名为“2-1 画圆并计算.py”，按“Enter”键，进入代码编辑界面。

（3）在新建文件中指定文件编码为 UTF-8，添加文件功能注释，导入 turtle 库，从控制台中接收半径数据并将其转换成整型。

```
# -*- coding: utf-8 -*-
"""
输入圆的半径 r 的值，在画布上画一个圆，计算圆的周长和面积，在圆的下方输出
"""
import turtle  #导入库
cr = input('请在控制台中输入圆的半径：')     #根据提示从控制台接收数据
r = int(cr)                                  #将接收的字符串类型半径数据转换成整型
```

（4）继续输入以下代码，其功能为绘制橙色圆形，并输出圆的周长和面积。

```
turtle.color('orange')                       #设置画笔颜色和填充颜色
turtle.begin_fill()                          #开始填充
turtle.circle(r)                             #画圆形
turtle.end_fill()                            #结束填充
____________________________________________ #计算周长和面积并取整数部分
turtle.hideturtle()                          #隐藏海龟形状
turtle.penup()                               #抬起笔
turtle.goto(0,-50)                           #画笔移动到圆下方 50 个单位长度
turtle.color('blue')                         #设置画笔颜色和填充颜色
ft = ('黑体',20)                             #设置字体
turtle.write('周长：'+str(l)+'，面积：'+str(s),align='center',font=ft)#输出文字
turtle.mainloop()
```

（5）在步骤（4）预留位置输入计算圆的周长和面积并取整数部分的代码，运行并查看结果。

```
l = int(2*3.14*r)                            #计算周长并取整数部分
s = int(3.14*r*r)                            #计算面积并取整数部分
```

2.4

任务 2.2 计算 BMI——运算符

一、任务描述

BMI（Body Mass Index）一般指身体质量指数，简称体质指数，是国际上常用的衡量人体胖瘦程度以及是否健康的一个标准。BMI 是根据身高、体重来计算的，公式为：体质指数（BMI）=体重÷身高^2，其中体重的单位为千克（kg），身高的单位为米（m）。BMI < 18.5 则表示体重过轻，BMI > 24.9 则表示体重过重。输入身高和体重数据，计算 BMI，并根据计算结果给出胖瘦程度的反馈，如图 2-2 所示。

图 2-2 计算 BMI

二、相关知识

1. 运算符

相比其他编程语言，Python 中的运算符更为丰富，且功能更为强大。Python 中的运算符可以分为算术运算符、比较运算符、赋值运算符、逻辑运算符、成员运算符、身份运算符等。

（1）算术运算符

Python 中的算术运算符包括+、-、*、/、//、%和**。这些运算符都是双目运算符，一个运算符可以和两个操作数（简称数）组成一个表达式。假设变量 a=10，变量 b=21，Python 中各个算术运算符的功能与示例如表 2-2 所示。

表 2-2 算术运算符的功能与示例

运算符	描述	示例
+	加：两个数相加	a + b 输出结果 31
-	减：得到负数或两个数的差	a - b 输出结果-11
*	乘：两个数的乘积或一个被重复若干次的字符串	a * b 输出结果 210
/	除：两个数的商	b / a 输出结果 2.1
//	取整除：两数相除取接近商的整数	9//2 输出结果为 4 -9//2 输出结果为-5
%	取模：两数相除取余	b % a 输出结果 1
**	幂：某个数的 *n* 次幂	5**3 输出结果 125

Python 中的算术运算符支持对相同或不同类型的数进行混合运算。例如：

```
result1 = 6+(5.6+8.9j)
result2 = 6*3+3**3
result3 = True+7.9+(-8-8.3j)
print(result1,result2,result3)
```

运行结果为：

```
(11.6+8.9j) 45 (0.9-8.3j)
```

无论参加运算的操作数是什么类型，解释器都能给出运算后的正确结果，这是因为 Python 在对不同类型的对象进行运算时，会强制将对象的类型进行临时类型转换，这些转换遵循的规律如下。

- 布尔类型在进行算术运算时，被视为 0 或 1。
- 整型与浮点型运算时，将整型转换为浮点型。
- 其他类型与复数运算时，将其他类型转换为复数类型。

简单来说，混合运算中类型相对简单的操作数会被转换为与相对复杂的操作数相同的类型。

（2）比较运算符

Python 中的比较运算符有==、!=、>、<、>=、<=。比较运算符同样是双目运算符，它与两个操作数构成一个表达式。比较运算符的操作数可以是数字、表达式或对象，其功能与示例如表 2-3 所示。假设变量 a 为 10，变量 b 为 20。

表 2-3 比较运算符的功能与示例

运算符	描述(a、b 为比较运算符两边的操作数)	示例
==	等于：比较 a、b 是否相等	(a == b)返回 False
!=	不等于：比较 a、b 是否不相等	(a != b)返回 True
>	大于：返回 a 是否大于 b	(a > b)返回 False
<	小于：返回 a 是否小于 b	(a < b)返回 True
>=	大于等于：返回 a 是否大于等于 b	(a >= b)返回 False
<=	小于等于：返回 a 是否小于等于 b	(a <= b)返回 True

比较运算符只对操作数进行比较，不会对操作数自身造成影响，即经过比较运算符运算后的操作数不会被修改。比较运算符与操作数构成的表达式的结果只能是 True 或 False，这种表达式通常用于布尔测试。以下实例演示了 Python 比较运算符的操作：

```
a = 21
b = 10
if (a == b):
    print("1 - a 等于 b")
else:
    print("1 - a 不等于 b")
if (a != b):
    print("2 - a 不等于 b")
else:
    print("2 - a 等于 b")
if (a < b):
    print("3 - a 小于 b")
else:
    print("3 - a 大于等于 b")
```

```
if (a > b):
      print("4 - a 大于 b")
else:
      print("4 - a 小于等于 b")
#修改变量 a 和 b 的值
a = 5
b = 20
if (a <= b):
      print("5 - a 小于等于 b")
else:
      print("5 - a 大于  b")
if (b >= a):
      print("6 - b 大于等于 a")
else:
      print("6 - b 小于 a")
```

运行结果为：

```
1 - a 不等于 b
2 - a 不等于 b
3 - a 大于等于 b
4 - a 大于 b
5 - a 小于等于 b
6 - b 大于等于 a
```

（3）赋值运算符

赋值运算符的功能是将右侧的表达式或对象赋给一个左值，即赋值运算符左边的值，其中左值必须是一个可修改的值，不能为常量。“=”是基本的赋值运算符，可与算术运算符组合成复合赋值运算符，如“+=”“-=”“*=”等。赋值运算符也是双目运算符，Python 中各个赋值运算符的功能与示例如表 2-4 所示。以下假设变量 a 为 2，变量 b 为 23。

表 2-4 赋值运算符的功能与示例

运算符	描述	示例
=	赋值运算符	c = a + b 等价于将 a + b 的运算结果赋值给 c
+=	加法赋值运算符	c += a 等价于 c = c + a
-=	减法赋值运算符	c -= a 等价于 c = c - a
*=	乘法赋值运算符	c *= a 等价于 c = c * a
/=	除法赋值运算符	c /= a 等价于 c = c / a
%=	取模赋值运算符	c %= a 等价于 c = c % a
**=	幂赋值运算符	c **= a 等价于 c = c ** a
//=	取整除赋值运算符	c //= a 等价于 c = c // a

经以上操作后，左值 c 发生了变化，但右值 a 并没有被修改，示例如下：

```
a = 2
b = 23
c = a + b
print('c =a+b','c =',c)
```

```
c += a
print('c += a','c =',c)
c -= a
print('c -= a','c =',c)
c *= a
print('c *= a','c =',c)
c /= a
print('c /= a','c =',c)
c %= a
print('c %= a','c =',c)
c **= a
print('c **= a','c =',c)
c //= a
print('c //= a','c =',c)
```

运行结果为：

```
c =a+b c = 25
c += a c = 27
c -= a c = 25
c *= a c = 50
c /= a c = 25
c %= a c = 1
c **= a c = 1
c //= a c = 0
```

需要说明的是，与 C 语言不同，Python 在进行赋值运算时，即便两侧操作数的类型不同也不会报错，且左值可正确地获取右操作数的值，不会发生截断的现象，这与 Python 中的变量定义和赋值的方式有关。

（4）逻辑运算符

Python 支持逻辑运算，但 Python 逻辑运算符的功能与其他语言有所不同。Python 分别使用 or、and、not 这 3 个关键字作为逻辑运算“或”“与”“非”的运算符，其中 or 与 and 为双目运算符，not 为单目运算符。逻辑运算符的操作数可以是数字、表达式或对象，表 2-5 对它们的功能分别进行说明，假设变量 a 为 10，b 为 20。

表 2-5　逻辑运算符的功能与示例

运算符	逻辑表达式	描述	示例
and	x and y	逻辑“与”：如果 x 为 false，x and y 返回 false，否则返回 y 的值	(a and b)返回 20。 (a<5 and b==20)返回 false
or	x or y	逻辑“或”：如果 x 是非 0，返回 x 的值，否则返回 y 的值	(a or b)返回 10。 (a<5 or b==20)返回 true
not	not x	逻辑“非”：如果 x 为 true，返回 false；如果 x 为 false，返回 true	not(a and b)返回 false

以下示例详细展示了逻辑运算符的计算规律。

```
a = 10
b = 20
if (a and b):
    print("1 - 变量 a 和 b 都为 true")
else:
    print("1 - 变量 a 和 b 有一个不为 true")
if (a or b):
```

```
        print("2 - 变量 a 和 b 都为 true，或其中一个变量为 true")
    else:
        print("2 - 变量 a 和 b 都不为 true")
    #修改变量 a 的值
    a = 0
    if (a and b):
        print("3 - 变量 a 和 b 都为 true")
    else:
        print("3 - 变量 a 和 b 有一个不为 true")
    if (a or b):
        print("4 - 变量 a 和 b 都为 true，或其中一个变量为 true")
    else:
        print("4 - 变量 a 和 b 都不为 true")
    if not (a and b):
        print("5 - 变量 a 和 b 都为 false，或其中一个变量为 false")
    else:
        print("5 - 变量 a 和 b 都为 true")
```

运行结果为：

```
1 - 变量 a 和 b 都为 true
2 - 变量 a 和 b 都为 true，或其中一个变量为 true
3 - 变量 a 和 b 有一个不为 true
4 - 变量 a 和 b 都为 true，或其中一个变量为 true
5 - 变量 a 和 b 都为 false，或其中一个变量为 false
```

（5）成员运算符

Python 还提供成员运算符。成员运算符可以应用在字符串、列表、元组等序列类型中。表 2-6 对成员运算符的功能进行了说明。

表 2-6 成员运算符的功能与示例

运算符	描述	示例
in	如果在指定的序列中找到值则返回 true，否则返回 false	x in y：如果 x 在 y 序列中返回 true
not in	如果在指定的序列中没有找到值则返回 true，否则返回 false	x not in y：如果 x 不在 y 序列中返回 true

下面的示例展示了成员运算符在字符串中的使用方法。

```
str1 = 'world'
str2 = 'We hope world peace!'
if str1 in str2:
    print(str1+'在字符串'+str2+'中。')
else:
    print(str1+'不在字符串'+str2+'中。')
```

运行结果为：

```
world 在字符串 We hope world peace!中。
```

（6）身份运算符

身份运算符用于比较两个对象的存储单元，包括 is 和 is not 两种运算符。表 2-7 对身份运算符的功能进行了说明。

表 2-7　身份运算符的功能与示例

运算符	描述	示例
is	判断两个标识符是不是引用自一个对象	x is y：类似 id(x) == id(y)，如果引用的是同一个对象则返回 True，否则返回 False
is not	判断两个标识符是不是引用自不同对象	x is not y：类似 id(x) != id(y)，如果引用的不是同一个对象则返回 True，否则返回 False

注：id()函数用于获取对象的内存地址。

下面的示例展示了身份运算符的使用方法。

```
a = 20
b = 20
if (a is b):
      print("1 - a 和 b 有相同的标识")
else:
      print("1 - a 和 b 没有相同的标识")
if (id(a) == id(b)):
      print("2 - a 和 b 有相同的标识")
else:
      print("2 - a 和 b 没有相同的标识")
#修改变量 b 的值
b = 30
if (a is b):
   print("3 - a 和 b 有相同的标识")
else:
   print("3 - a 和 b 没有相同的标识")
if (a is not b):
   print("4 - a 和 b 没有相同的标识")
else:
   print("4 - a 和 b 有相同的标识")
```

运行结果为：

```
1 - a 和 b 有相同的标识
2 - a 和 b 有相同的标识
3 - a 和 b 没有相同的标识
4 - a 和 b 没有相同的标识
```

is 与“==”区别：is 用于判断两个变量引用的对象是否为同一个，“==”用于判断引用变量的值是否相等。例如：

```
a = [1, 2, 3]
b = a
print(b is a)
print(b == a)
b = a[:]
print(b is a)
print(b == a)
```

运行结果为：

```
True
True
False
True
```

2. 运算符的优先级

Python 支持使用多个不同的运算符连接简单表达式，以实现相对复杂的功能。为了避免含有多个运算符的表达式出现歧义，Python 为运算符设置了优先级。Python 中各种运算符的优先级由高到低依次如表 2-8 所示。

表 2-8 运算符的优先级

运算符	描述
**	幂（最高优先级）
~、+、-	按位翻转、一元加号和减号（最后两个的方法名为+@和-@）
*、/、%、//	乘、除、求余数和取整除
+、-	加法、减法
<=、<、>、>=、==、!=	比较运算符
=、%=、/=、//=、-=、+=、*=、**=	赋值运算符
is、is not	身份运算符
in、not in	成员运算符
not、and、or	逻辑运算符

下面的代码展示了运算符的优先级。

```
a,b,c,d,e = 20,10,15,5,0
e = (a + b) * c / d # ( 30 * 15 ) / 5
print("(a + b) * c / d 运算结果为：", e)
e = ((a + b) * c) / d # (30 * 15 ) / 5
print("((a + b) * c) / d 运算结果为：", e)
e = (a + b) * (c / d)  # (30) * (15/5)
print("(a + b) * (c / d) 运算结果为：", e)
e = a + (b * c) / d # 20 + (150/5)
print("a + (b * c) / d 运算结果为：", e)
```

运行结果为：

```
(a + b) * c / d 运算结果为： 90
((a + b) * c) / d 运算结果为： 90
(a + b) * (c / d) 运算结果为： 90
a + (b * c) / d 运算结果为： 50
```

默认情况下，运算符的优先级决定了复杂表达式中的哪一个单一表达式先运行，但可使用圆括号“()”改变表达式的运行顺序。通常圆括号中的表达式先运行，例如对于表达式“45+3*8”，若想让加法先运行，可写成“(45+3)*8”。此外，若有多层圆括号，则最内层圆括号中的表达式先运行。

运算符一般按照自左向右的顺序结合，例如在表达式“3+5-4”中，运算符+、-的优先级相同，解释器会先运行“3+5”，再将“3+5”的运行结果 8 与操作数 4 一起，运行“8-4”，即运行顺序等价于“(3+5) -4”；但赋值运算符的结合性为自右向左，如对于表达式“a=b=c”，Python 解释器会先将 c 赋给 b，再将 b 的值赋给 a，即运行顺序等价于“a=(b=c)”。

3. 相关 turtle 库函数说明

- turtle.title(titlestring)：设置海龟窗口标题为 titlestring 指定的文本。

- turtle.bgpic(picname)：设置背景图片或返回当前背景图片名称。当 picname 是文件名，设置相应的图像作为背景；当 picname 是 “nopic”，删除现在的背景图像；当 picname 是 “None”，返回当前背景图片的名称。
- turtle.numinput(title,prompt,default=None,minval=None,maxval=None)：弹出一个对话框用来输入一个数值。title 表示对话框的标题，prompt 表示一条文本，用来描述要输入的数值信息。default 表示默认值，minval 表示可输入的最小值，maxval 表示可输入的最大值。

三、任务分析

计算 BMI 需要体重值和身高值，可以使用 turtle 库中的 numinput()函数来获取，通过对话框接收用户输入的身高值和体重值。按照公式计算 BMI，根据 BMI 值更新屏幕背景图并输出文字。

2.5

四、任务实现

（1）在 PyCharm 中，右击左侧列表中的项目名称 chapter02，选择 “New” → “Python File”，在弹出的对话框中将文件命名为 “2-2 BMI 计算.py”，按 “Enter” 键，进入代码编辑界面。

（2）在新建文件中指定文件编码为 UTF-8，添加文件功能注释。

```
# -*- coding: utf-8 -*-
"""
根据身高、体重计算某个人的 BMI：
体质指数（BMI）=体重（kg）÷身高^2（m）
"""
```

（3）继续输入以下代码，其功能为设置窗体属性并在窗体下方输出文字。

```
import turtle                                          #导入 turtle 库
turtle.title('BMI 计算')                                #设置窗体标题
_____________________________________________#输入身高值和体重值，计算 BMI
_____________________________________________#根据 BMI 值设置文字、更换窗体背景图
turtle.penup()                                         #抬起画笔
turtle.goto(0,-220)                                    #移动到屏幕下方
turtle.color('purple')                                 #设置画笔颜色
turtle.write(word,align='center',font=('黑体',20))     #输出文字
turtle.hideturtle()                                    #隐藏画笔形状
turtle.mainloop()
```

（4）在步骤（3）的预留位置输入计算 BMI 的代码，以及根据 BMI 的值设置画布背景图和文字内容的代码。至此，BMI 计算的功能全部实现，运行并查看结果。

```
h = turtle.numinput('身高',"请输入身高（m）")         #输入身高
w = turtle.numinput('体重',"请输入体重（kg）")        #输入体重
bmi = w/(h*h)                                         #计算 BMI 值
if bmi < 18.5:                                        #如果 BMI 值小于 18.5
    turtle.bgpic('thin.png')                          #更换背景图
    word = '你太瘦了，注意饮食习惯，加强锻炼！'          #设置输出文字
if bmi > 24.9:                                        #如果 BMI 值大于 24.9
    turtle.bgpic('fat.png')                           #更换背景图
```

```
    word = '你太胖了，减少能量摄入，加强锻炼！'    #设置输出文字
if bmi >= 18.5 and bmi <= 24.9:
    turtle.bgpic('perfect.png')
    word = '非常棒，标准身材，继续保持！'
```

2.6

任务 2.3 模拟进度条——字符串基本操作

一、任务描述

在计算机使用过程中，经常看到进度条，如文件下载进度、视频观看进度、游戏加载进度等。进度条以动态的方式实时显示计算机处理任务时的进度，它一般由完成任务量与剩余未完成任务量两部分组成。请模拟文件下载的进度条，效果如图 2-3 所示。

```
**********开始下载**********
35%[#######.............]
```

（a）下载中

```
**********开始下载**********
100%[####################]
**********结束下载**********
```

（b）下载完成

图 2-3 文件下载进度条

二、相关知识

1. 字符串

字符串是一种用来表示文本的数据类型，它是由符号、数值等组成的一个连续序列。Python 中的字符串是不可变的，字符串一旦创建便不可修改。

Python 支持使用成对的单引号、双引号和三引号定义字符串，其中单引号和双引号通常用于定义单行字符串，三引号通常用于定义多行字符串。

（1）定义单行字符串

```
str_single = 'Hi, this is a single symbol string'
str_double = "Hi,this is a double symbol string"
```

（2）定义多行字符串

使用三引号（3 个单引号或 3 个双引号）定义多行字符串时，字符串中可以包含换行符、制表符或其他特殊字符，例如：

```
str_three = """Hi, this is a triple symbol string,
it can contain multiple rows"""
print(str_three)
```

运行结果为：

```
Hi, this is a triple symbol string,
it can contain multiple rows
```

定义字符串时，单引号与双引号可以嵌套使用。但需要注意的是，使用双引号表示字符串中允许使用单引号，但不允许嵌套双引号，例如：

```
mixture = "Let's go!"
```

此外，如果单引号或者双引号中的内容包含换行符，那么字符串会被自动换行，例如：

```
double_symbol = "Hello\nworld!"
print(double_symbol)
```

运行结果为：

```
Hello
world!
```

2. 转义字符

如需要在编码过程中使用特殊字符，可用反斜线“\”进行转义。常见的转义字符如表 2-9 所示。

表 2-9　常见的转义字符

转义字符	描述	示例
\ （在行尾时）	续行符	print("line1 \ line2 \ line3") 输出结果为： line1 line2 line3
\\	反斜线符号	print("\\")　输出结果为：\
\'	单引号	print('\'')　输出结果为：'
\"	双引号	print("\"")　输出结果为："
\b	退格（Backspace）	print("Hello\bWorld! ")　输出结果为：　HelloWorld!
\000	空	print("\000")输出结果为空
\n	换行	print("Hello\nWorld! ") 输出结果为： Hello World!
\t	横向制表符	print("Hello \t World! ")　输出结果为： Hello　　World!
\r	回车，回到行首	print("Hello\rWorld! ")　输出结果为： Hello World!
\yyy	八进制数，y 代表 0～7 的字符	print("\110\145\154\154\157\40\127\157\162\154\144\41") 输出结果为：Hello World!
\xyy	十六进制数，以\x 开头，y 代表 0～9、a～f 的字符	print("\x48\x65\x6c\x6c\x6f\x20\x57\x6f\x72\x6c\x64\x21") 输出结果为：Hello World!

3. 字符串格式化

Python 字符串可以通过占位符%、format()方法和 f-strings 这 3 种方式实现格式化输出。下面分别介绍这 3 种方式。

（1）占位符%

使用占位符%对字符串进行格式化时，Python 会使用一个带有格式符的字符串作为模板，这个格式符用来为真实值预留位置，并说明真实值应该呈现的格式。例如：

```
name = "张强"
print("你好，我叫%s"%name)
```

运行结果为：

```
你好，我叫张强
```

一个字符串中可以同时含有多个占位符，例如：

```
name = "张强"
age = 23
print("你好，我叫%s，今年我%d 岁了。"%(name,age))
```

运行结果为：

```
你好，我叫张强，今年我 23 岁了。
```

上述代码首先定义了变量 name 与 age，然后使用两个占位符%进行格式化输出，因为需要对两个变量进行格式化输出，所以可以使用“()”将这两个变量存储起来。不同的占位符为不同的变量预留位置。常见的占位符如表 2-10 所示。

表 2-10　常见的占位符

符号	描述	符号	描述
%c	格式化字符及其 ASCII	%f	格式化浮点数，可指定小数点后精度
%s	格式化字符串	%e	用科学记数法格式化浮点数
%d	格式化整数	%E	作用同%e，用科学记数法格式化浮点数
%u	格式化无符号整数	%g	%f 和%e 的简写
%o	格式化无符号八进制数	%G	%f 和%E 的简写
%x	格式化无符号十六进制数	%p	用十六进制数格式化变量的地址
%X	格式化无符号十六进制数（大写）		

使用占位符%时，需要注意变量的类型，若变量类型与占位符不匹配则程序会出现异常。例如：

```
name = "张强"
age = '23'
print("你好，我叫%s，今年我%d 岁了。"%(name,age))
```

运行结果为：

```
Traceback (most recent call last):
  File "D:\workspace\chapter03\test02.py", line 3, in <module>
      print("你好，我叫%s，今年我%d 岁了。"%(name,age))
TypeError: %d format: a number is required, not str
```

以上代码使用占位符%d 对字符串变量 age 进行格式化，由于变量类型与占位符不匹配，出现了 TypeError 异常。

（2）format()方法

使用 format()方法同样可以对字符串进行格式化输出。与占位符%不同的是，使用 format()方法不需要关注变量的类型。format()方法的基本使用格式如下：

```
<字符串>.format(<参数列表>)
```

在 format()方法中，使用“{}”为真实值预留位置。例如，修改上述格式化语句，运行结果不变。

```
name = "张强"
age = 23
print("你好，我叫{}，今年我{}岁了。".format(name,age))
```

如果字符串中包含多个“{}”，并且“{}”内没有指定任何序号，那么默认按照“{}”出现的顺序分别用 format()方法中的参数进行替换；如果字符串的“{}”中明确指定了序号，那么按照序号对应的 format()方法的参数进行替换。例如，修改上述格式化语句，运行结果不变。

```
name = "张强"
age = 23
print("你好，我叫{1}，今年我{0}岁了。".format(age,name))
```

format()方法还可以对数字进行格式化处理，包括保留*n*位小数、数字补齐和显示百分比，下面分别进行介绍。

① 保留*n*位小数。使用format()方法可以保留浮点数的*n*位小数，其格式为"{:.nf}"，其中*n*表示保留的小数位数。例如，变量pi的值为3.1415，使用format()方法保留两位小数：

```
pi = 3.1415
print('{:.2f}'.format(pi))
```

输出结果为：

```
3.14
```

上述示例代码中使用format()方法保留变量pi的两位小数，其中"{:.2f}"可以分为"{:}"与".2f"两部分，"{:}"表示获取变量pi的值，".2f"表示保留两位小数。

② 数字补齐。使用format()方法可以对数字进行补齐，其格式为"{:m>nd}"，其中*m*表示补齐的数字，*n*表示补齐后数字的长度。例如某个序列编号从001开始，此种编号可以在1之前使用两个0进行补齐：

```
num = 1
print('{:0>3d}'.format(num))
```

输出结果为：

```
001
```

上述示例中使用format()方法对变量num的值进行补"0"操作，其中"{:0>3d}"中的"0"表示要补的数字，">"表示在原数字左侧进行补充，3表示补齐后数字的长度。

③ 显示百分比。使用format()方法可以将数字以百位比形式显示，其格式为"{:.n%}",其中*n*表示保留的小数位数。例如，变量num的值为0.1，将num保留0位小数并以百分比格式显示：

```
num = 0.1
print('{:.0%}'.format(num))
```

输出结果为：

```
10%
```

上述示例中使用format()方法将变量num的值以百分比格式显示，其中"{:.0%}"中的"0"表示保留的小数位数。

（3）f-strings

从Python 3.6开始，f-strings加入Python标准库，它是一种更为简洁的格式化字符串方法。

f-strings在格式化字符串时以f或F引领字符串，字符串中使用"{}"标识被格式化的变量。f-strings本质上不再是字符串常量，而是在运行时运算求值的表达式，所以在效率上优于占位符%和format()方法。使用f-strings不需要关注变量的类型，但是仍然需要关注变量传入的位置，例如：

```
address = '杭州'
print(f'我居住在{address}')
```

输出结果为：

```
我居住在杭州
```

使用f-strings还可以进行多个变量的格式化输出，例如：

```
name = "王凯"
age = 20
address = '杭州'
print(f'我叫{name}，今年{age}岁了，我居住在{address}')
```

2.7

输出结果为：

```
我叫王凯，今年 20 岁了，我居住在杭州
```

4. time 库

time 库提供了一系列处理时间的函数。time 库常用函数如表 2-11 所示。

表 2-11 time 库常用函数

函数	说明
time()	获取当前时间，结果为实数，单位为 s
sleep(secs)	进入休眠态，时长由参数 secs 指定，单位为 s
strptime(string[,format])	将一个时间格式（如 2022-08-25）的字符串解析为时间元组
localtime([secs])	以 struct_time 类型输出本地时间
asctime([tuple])	获取时间字符串，或将时间元组转换为字符串
mktime(tuple)	将时间元组转换为秒数
strftime(format[,tuple])	返回字符串表示的当地时间，格式由 format 指定

以上函数应用示例如下：

```
import time
before = time.time()#获取当前时间
time.sleep(2) #休眠 2s
after = time.time() #获取当前时间
interval= after - before
print(f'程序运行到此用时{interval}秒')
str_dt = '2022-08-20 16:23:56' #定义日期时间字符串
time_struct = time.strptime(str_dt,'%Y-%m-%d %H:%M:%S')#转换成时间元组
timestamp = time.mktime(time_struct)#转换为秒数
print(timestamp)
```

运行结果为：

```
程序运行到此用时 2.0000269412994385 秒
1660983836.0
```

2.8

三、任务分析

仔细观察图 2-3，可以看到“开始下载”和“结束下载”前后各有 10 个“*”，可以使用'*'*10 来实现。进度条由“#”和“.”组成，“#”代表已下载，“.”代表未下载，共 20 个字符，每个字符代表 5%的进度。为了动态展示进度条，需要用到循环语句，每下载完成 5%，增加一个“#”字符，减少一个“.”字符，可以使用 sleep()函数控制进度条前进速度。

四、任务实现

（1）在 PyCharm 中，右击左侧列表中的项目名称 chapter02，选择“New”→“Python File”，在弹出的对话框中将文件命名为“2-3 模拟进度条.py”，按“Enter”键，进入代码编辑界面。

（2）导入 time 库，在后续编程中需要用该库中的 sleep()函数控制下载速度，设置代表进

度条长度的变量，输出开始下载语句。

```
import time
len = 20                                  #进度条长度，每次前进 5%
print('*'*10+'开始下载'+'*'*10)           #输出开始下载语句
```

（3）使用 for 循环控制进度条，百分比为 0%～100%，每次前进 5%，所以需要循环 21 次。可以使用 format()方式格式化输出进度条，在每次调用 print()输出进度条后需要回到行首，为下一次输出做准备，需要使用 end=""不换行参数和“\r”回到行首转义字符。使用 sleep()函数控制进度条前进的速度。

```
for i in range(len + 1):                  #循环 21 次
    completed = "#" * i                   #表示已完成
    incomplete = "." * (len - i)          #表示未完成
    percentage = (i / len) * 100          #百分比
    print("\r{:.0f}%[{}{}]".format(percentage, completed, incomplete), end="")
    time.sleep(0.5)                       #休眠 0.5s
```

（4）输出结束下载语句。至此，模拟文件下载进度条的任务全部完成。

```
print("\n" + '*'*10+'结束下载'+'*'*10)  #输出结束下载语句
```

2.9

任务 2.4　获取个人信息——字符串切割

一、任务描述

下面一段文字是某个求职者的个人简介，请从文本中获取求职者的姓名、性别、联系电话、出生日期、地址和简介。

```
姓名：甲某某
性别：女
联系电话：12345678910
出生日期：2000 年 5 月 30 日
地址：浙江省杭州市钱塘新区
简介：非常热爱市场销售工作，有着十分饱满的创业激情。过去的两年在从事现磨现煮的咖啡市场销售工作中积累了大量的实践经验和客户资源。与省内主要的二百多家咖啡店铺经销商建立了十分密切的联系，在行业中拥有广泛的业务关系。在去年某省的咖啡博览会上为公司首次签订了海外的销售合同。能团结同事一起取得优异的销售业绩。
```

二、相关知识

1. 字符串的索引与切片

在程序的开发过程中，可能需要对一组字符串中的某些字符进行特定操作。通过 Python 字符串的索引或切片功能，可以提取字符串中的特定字符或子串。下面分别对字符串的索引和切片进行讲解。

（1）索引

字符串是由元素组成的序列，每个元素所处的位置是固定的，并且对应着一个位置编号，编号从 0 开始依次递增 1，这个位置编号被称为索引或者下标。下面通过图 2-4 来描述字符串正向索引。

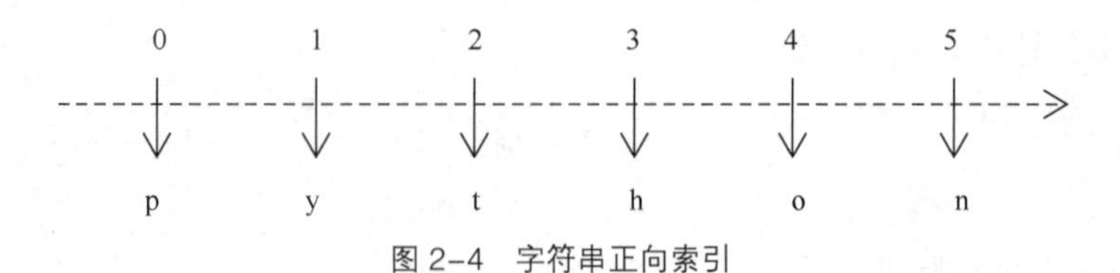

图 2-4 字符串正向索引

图 2-4 中所示的索引自 0 开始从左至右依次递增，这样的索引称为正向索引。如果索引自 -1 开始，从右向左依次递减，则索引为反向索引。字符串反向索引如图 2-5 所示。

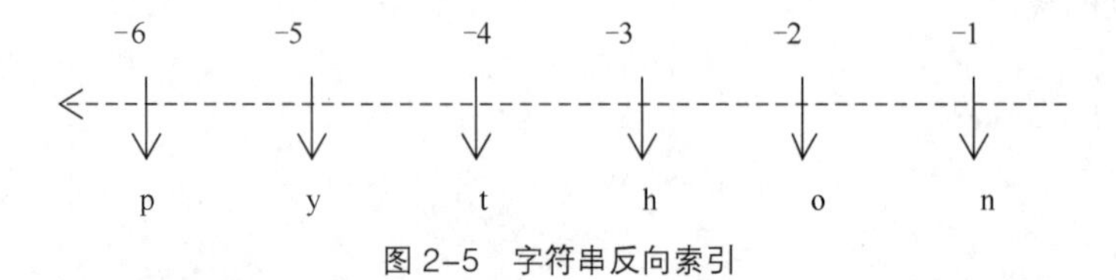

图 2-5 字符串反向索引

通过索引可以获取指定位置的字符，语法格式如下：

```
字符串[索引]
```

假设变量 str1 的值为“python”，使用正向索引和反向索引获取该变量中的字符“o”。

```
str1[4]     #利用正向索引获取字符 o
str1[-2]    #利用反向索引获取字符 o
```

需要注意的是，当使用索引获取字符串值时，索引的范围不能越界，否则程序会警告索引越界的异常。

（2）切片

切片用于截取目标字符串的一部分，其语法格式如下：

```
字符串[起始:结束:步长]
```

切片的默认步长为 1。需要注意的是，切片选取的区间属于左闭右开型，截取的子串包含起始位，但不包含结束位。例如：

```
str1[1:4]    #从索引 1 处开始，在索引 4 处结束，步长为 1。 结果为：'yth'
str1[1:5:2]    #从索引 1 处开始，在索引 5 处结束，步长为 2。 结果为：'yh'
```

在使用切片时，步长的值不仅可以设置为正整数，还可以设置为负整数。例如：

```
str1[4:0:-2]    #从索引 4 处开始，在索引 0 处结束，步长为-2。 结果为：'ot'
```

另外，如果没有设置起始值则表示从索引 0 开始截取，没有设置结束值表示截取到最后。例如：

```
print(str1[:5:2])   #从索引 0 处开始，在索引 5 处结束，步长为 2。 输出结果为：'pto'
print(str1[2::2])   #从索引 2 处开始，到字符串的最后一位，步长为 2。 输出结果为：'to'
```

2. 字符串的运算符

与字符串相关的运算符有字符串连接“+”、字符串重复输出“*”等运算符。常见的字符串运算符如表 2-12 所示，示例中的变量 a 值为字符串"Hello"，变量 b 值为字符串"Python"。

表 2-12 常见的字符串运算符

运算符	描述	示例
+	连接字符串	a + b 输出结果：HelloPython
*	重复输出字符串	a*2 输出结果：HelloHello
[]	通过索引获取字符串中的字符	a[1]输出结果：e

续表

运算符	描述	示例
[:]	截取字符串的一部分，遵循左闭右开原则，例如 str[0:2]是不包含第 3 个字符的	a[1:4]输出结果：ell
in	成员运算符：如果字符串中包含给定的字符则返回 True	'H' in a 输出结果：True
not in	成员运算符：如果字符串中不包含给定的字符则返回 True	'M' not in a 输出结果：True
r/R	原始字符串：所有的字符串都是直接按照字面意思来使用，没有转义或不能输出的字符	print(r'\n')输出结果：\n print(R'\n')输出结果：\n

3. 字符串的内置函数

Python 字符串的内置函数有很多。常见的字符串内置函数及其语法如表 2-13 所示。

表 2-13 常见的字符串内置函数及其描述

函数	描述
str.capitalize()	将字符串的第一个字符转换为大写
str.center(width[,fillchar])	返回一个指定宽度为 width 居中的字符串，fillchar 表示填充字符，默认为空格
str.count(sub,start=0,end=len(str))	返回 sub 在 str 里面出现的次数，如果指定 start 或者 end 则返回指定范围内 sub 出现的次数
str.endswith(suffix[,start[,end]])	检查字符串是否以指定后缀结束，如果指定 start 或者 end 则检查指定的范围内是否以指定后缀结束，如果是，则返回 True，否则返回 False
str.find(sub,beg=0,end=len(str))	检测 sub 是否包含在字符串中，如果指定 beg 和 end，则检查是否包含在指定范围内，如果包含则返回开始的索引，否则返回-1
str.index(sub,beg=0,end=len(str))	跟 find()方法一样，只不过如果 sub 不在字符串中则会报异常
str.isalnum()	如果字符串至少有一个字符且所有字符都是字母或数字，则返回 True，否则返回 False
str.isalpha()	如果字符串至少有一个字符且所有字符都是字母或中文字符，则返回 True，否则返回 False
str.isdigit()	如果字符串只包含数字，则返回 True，否则返回 False
str.islower()	如果字符串中包含至少一个区分大小写的字符，且所有这些（区分大小写的）字符都是小写的，则返回 True，否则返回 False
str.isnumeric()	如果字符串中只包含数字字符，则返回 True，否则返回 False
str.isspace()	如果字符串中只包含空格，则返回 True，否则返回 False
str.isupper()	如果字符串中包含至少一个区分大小写的字符，且所有这些（区分大小写的）字符都是大写的，则返回 True，否则返回 False
str.join(sequence)	以 str 指定字符串作为分隔符，将 sequence 中所有元素（用字符串表示）合并为一个新的字符串
len(s)	返回字符串长度
str.ljust(width[, fillchar])	返回一个原字符串左对齐，并使用 fillchar 填充至长度为 width 的新字符串，fillchar 默认为空格
str.lower()	转换字符串中所有大写字母为小写字母
str.lstrip([chars])	截掉字符串左边的空格或指定字符
max(str)	返回字符串 str 中最大的字母
min(str)	返回字符串 str 中最小的字母

续表

函数	描述
str.replace(old,new[,max])	将字符串中 old 指定的字符串替换成 new 指定的字符串，如果指定 max，则替换不超过 max 次
str.rfind(sub,beg=0,end=len(str))	类似于 find()方法，不过是从右边开始查找
str.rindex(sub,beg=0,end=len(str))	类似于 index()，不过是从右边开始
str.rstrip([chars])	删除字符串末尾的空格或指定字符
str.split(sep="",num=str.count(sep))	以 sep 指定的分隔符截取字符串，如果 num 有指定值，则仅截取 num+1 个子字符串
str.startswith(substr,beg=0,end=len(str))	检查字符串是否是以指定子字符串 substr 开头，如果是则返回 True，否则返回 False。如果 beg 和 end 有指定值，则在指定范围内检查
str.strip([chars])	在字符串上运行 lstrip()和 rstrip()
str.swapcase()	将字符串中的大写字母转换为小写字母，小写字母转换为大写字母
str.translate(table[,deletechars])	根据 table 给出的表（包含 256 个字符）转换 str 的字符，要过滤掉的字符放到 deletechars 参数中
str.upper()	转换字符串中的小写字母为大写字母
str.isdecimal()	检查字符串是否只包含十进制字符，如果是返回 True，否则返回 False

2.10

4．库的导入方式

Python 中库的导入有 import 和 from...import...两种方式，详细说明如下。

（1）使用 import 导入库

使用 import 导入库的语法格式如下：

```
import 库 1,库 2
```

import 支持一次导入多个库，每个库之间使用逗号分隔。例如：

```
import time              #导入一个库
import random,pygame     #导入多个库
```

库导入之后，可以使用“.”调用库中的函数或类，语法格式为：

```
库名.函数名/类名
```

以上面导入的 time 库为例，使用该库中的 sleep()函数，具体代码如下：

```
time.sleep(1)
```

如果在开发过程中需要导入一些名称较长的库，可使用 as 为这些库起别名，语法格式如下：

```
import 库名 as 别名
```

后续可以直接通过库的别名调用库中的内容。

（2）使用 from...import...导入库

使用 from...import...方式导入库之后，无须添加前缀，可以像使用当前程序中的内容一样使用库中的内容。此种方式的语法格式如下：

```
from 库名 import 函数/类/变量
```

from...import...也支持一次导入多个函数、类或变量，多个函数、类或变量之间使用逗号隔开，例如，导入 time 库中 sleep()函数和 time()函数，具体代码如下：

```
from time import sleep,time
```

利用通配符“*”可以调用 from...import...导入库中的全部内容，语法格式如下：

```
from 库名 import  *
```

以导入 time 库中的全部内容为例，具体代码如下：

```
from time import  *
```

from...import...也支持为库中的函数起别名，语法格式如下：

```
from 库名 import 函数名 as 别名
```

例如，将 time 库中的 sleep()函数起别名为 s1，具体代码如下：

```
from time import sleep as s1
s1(1)    #s1 为 sleep()函数的别名
```

以上两种库导入方式在使用上大同小异，可根据不同的场景选择合适的导入方式。虽然 from...import...方式可以简化对库中内容的引用，但可能会出现函数重名的问题。因此，相对而言，使用 import 导入库更为安全。

三、任务分析

2.11

可以使用 Python 字符串的内置函数对字符串进行处理。如使用 split()函数，按照换行符进行分隔，可以生成多个子字符串，再对每个子字符串按照“:”所在位置进行切片，就可以得到需要的信息。最后使用字符串格式化输出到控制台，检验字符串截取是否正确。

四、任务实现

（1）在 PyCharm 中，右击左侧列表中的项目名称 chapter02，选择“New”→“Python File”，在弹出的对话框中将文件命名为“2-4 获取个人信息.py”，按“Enter”键，进入代码编辑界面。

（2）定义多行字符串 str。

```
str = """姓名：甲某某
性 别：女
联系电话：12345678910
出生日期：2000 年 5 月 30 日
地 址：浙江省杭州市钱塘新区
简介：非常热爱市场销售工作，有着十分饱满的创业激情。过去的两年在从事现磨现煮的咖啡市场销售工作中积累了大量的实践经验和客户资源。与省内主要的二百多家咖啡店铺经销商建立了十分密切的联系，在行业中拥有广泛的业务关系。在去年某省的咖啡博览会上为公司首次签订了海外的销售合同。能团结同事一起取得优异的销售业绩。
"""
```

（3）使用 split()函数以换行符分隔字符串，生成 6 个子字符串。

```
strs=str.split('\n')  #以换行符分隔字符串
```

（4）使用 index()函数获取子字符串中“:”的位置，从该位置后 1 位开始直至字符串最后一位截取子字符串。

```
name = strs[0][strs[0].index(": ")+1:]       #从第 1 个子字符串中获取姓名
sex = strs[1][strs[1].index(": ")+1:]        #从第 2 个子字符串中获取性别
tel = strs[2][strs[2].index(": ")+1:]        #从第 3 个子字符串中获取联系电话
date = strs[3][strs[3].index(": ")+1:]       #从第 4 个子字符串中获取出生日期
```

```
address = strs[4][strs[4].index("：")+1:]    #从第 5 个子字符串中获取地址
intro = strs[5][strs[5].index("：")+1:]      #从第 6 个子字符串中获取简介
```

（5）使用 f-strings 字符串格式化方式，输出截取的子字符串，校验是否正确。

```
print(f'{name}\n{sex}\n{tel}\n{date}\n{address}\n{intro}')#格式化输出字符串
```

运行结果为：

```
甲某某
女
123465678910
2000 年 5 月 30 日
浙江省杭州市钱塘新区
非常热爱市场销售工作，有着十分饱满的创业激情。过去的两年在从事现磨现煮的咖啡市场销售工作中积累了大量的实践经验和客户资源。与省内主要的二百多家咖啡店铺经销商建立了十分密切的联系，在行业中拥有广泛的业务关系。在去年某省的咖啡博览会上为公司首次签订了海外的销售合同。能团结同事一起取得优异的销售业绩。
```

2.12

综合实训 2——新型科学计算器

编程任务：在第 1 单元的综合实训 1 中已经完成了新型科学计算器的功能菜单的设计和输出，本单元的综合实训要求实现菜单中的第 1～5 个功能，功能描述如下。

（1）算术运算：提示先输入第一个操作数，再输入第二个操作数，输出这两个操作数的和、差、积、商。

（2）赋值运算：提示先输入第一个操作数并赋给变量 a，再输入第二个操作数并赋给变量 b，输出这两个操作数经过赋值运算符（=、+=、-=、*=、/=）运算的结果，如“a=5,b=6,a+=b,a=11”。

（3）比较运算：提示先输入第一个表达式，再输入第二个表达式，并使用比较运算符（>、<、>=、<=、==）进行运算，输出结果，如“4*6 < 72-5”结果为 True。

（4）逻辑运算：提示先输入第一个表达式，再输入第二个表达式，使用逻辑运算符（and、or、not）进行运算，输出运算结果，如“4*6 < 72-5 and 69-5==64”结果为 True。

（5）综合运算：提示输入一个表达式，然后输出运算结果，如“45*7-8”的结果为 307、“67*4 > 64*7”的结果为 False。

小贴士： Python 提供 eval()函数来计算一个字符串表达式，并返回表达式的值。如 eval('2 + 2')的结果为 4，eval('5*6+9')的结果为 39，eval('5*6 < 9')的结果为 False。

单元小结

本单元讲述了 Python 编程规范、数字类型、数字类型转换、算术运算符、比较运算符、赋值运算符、逻辑运算符、成员运算符、身份运算符、字符串的定义、转义字符、字符串格式化、字符串的索引与切片、字符串的运算符以及字符串常用内置函数等，最后介绍了库的导入方式。通过 4 个任务带领学习者进行实战演练，希望学习者能掌握 Python 基本数据类型的常见操作。学习者应多加揣摩与动手练习，为后续学习打好扎实的基础。

拓展练习

一、填空题

1. Python 的数字类型包含整型、__________、__________、__________。
2. 布尔类型是一种特殊的__________。
3. Python 中的复数是由__________和__________组成的。
4. Python 3 源代码文件以__________编码，所有字符串都是 Unicode 字符串。
5. __________用于比较两个对象的存储单元，包括 is 和 is not 两种运算符。
6. Python 支持使用单引号、双引号和三引号定义__________。
7. 使用反向索引获取字符串 str="python"中的第 3 个元素，具体代码为__________。
8. 字符串中每个元素的位置是固定的，且对应着一个位置编号，编号从__________开始，依次递增，这个位置编号称为__________或者下标。
9. 已知 value="***itcast**"，去除该字符串两侧"*"的快捷方式是__________。
10. 切片截取的范围属于__________。

二、单选题

1. Python 中可使用 4 种进制表示整型，其中十六进制以（　　）开头。
   A. 0x　　B. 0B　　C. 0b　　D. 01
2. 使用逻辑运算符（　　）连接两个操作数时，若左操作数的布尔值为 True，则返回左操作数，否则返回右操作数。
   A. and　　B. or　　C. not　　D. !
3. 使用占位符格式化字符串时，若格式化字符串中有多个占位符，用于传参的多个变量应放在（　　）中。
   A. []　　B. {}　　C. ()　　D. ""
4. 关于 Python 字符串类型的说法中，下列描述错误的是（　　）。
   A. 字符串是用来表示文本的数据类型
   B. Python 中可以使用单引号、双引号、三引号定义字符串
   C. Python 中单引号与双引号不可一起使用
   D. 使用三引号定义的字符串可以包含换行符
5. 已知 a=3，b=5，下列计算结果错误的是（　　）。
   A. a+=b 的值为 8　　B. a%b 的值为 3　　C. a // b 的值为 5　　D. a/b 的值为 0.6
6. 下列函数中，可以将数字类型转换为字符串的是（　　）。
   A. complex()　　B. int()　　C. float()　　D. str()
7. 下列关键字中，不是 Python 用于表示逻辑运算的是（　　）。
   A. or　　B. and　　C. not　　D. null
8. 字符串的（　　）函数可以使用指定字符串替换目标中原有的子串。
   A. replace()　　B. strip()　　C. strim()　　D. split()
9. 使用一行代码获取字符串 str="python"中的元素 y、n，代码为（　　）。
   A. str[1:5:4]　　B. str[1:6:4]　　C. str[1:6:3]　　D. str[0:6:4]
10. 表达式 3**5/3 的结果为（　　）。
   A. 81.0　　B. 81　　C. 5　　D. 15

11. 已知字符串 str="python"，下列哪项对该字符串进行切片操作后得到的结果是错误的？（　　）

A. str[0:2]='py'　B. str[-1: -5:2]=''　C. str[-4: -1]='tho'　D. str[-5: -1:2]=''

12. 使用占位符格式化字符串时需要关注变量的类型，但使用（　　）方法格式化字符串不需要关注变量的类型。

A. 占位符%　B. format()　C. f-strings　D. 以上都不是

三、判断题

1. f-strings 可以进行多个变量格式化输出。（　　）
2. 字符串连接可以直接使用“+”实现。（　　）
3. 使用正向索引获取字符串 str="python"中的第 3 个元素，其具体代码为 str[3]。（　　）
4. 使用 int()函数将浮点数转换为整数时，若有必要会发生截断，而非四舍五入。（　　）
5. 在字符串的格式化输出中，占位符%用于为真实值预留位置，并说明真实值应呈现的格式。（　　）
6. 字符串的 split()函数可以使用分隔符把字符串分隔成序列。（　　）
7. import 支持一次导入多个库，每个库之间使用空格分隔。（　　）
8. a=5，b=20，a//b 的结果为 0。（　　）
9. 对字符串进行切片操作时的步长可以为正数，亦可为负数。（　　）
10. Python 中的整型可以使用二进制、八进制、十进制、十六进制表示。（　　）

四、简答题

1. 简述 Python 实现字符串格式化输出的几种方式。
2. 简述 Python 内置的可实现强制类型转换的函数，以及在使用类型转换函数时的注意事项。

五、编程题

1. 从控制台中输入 3 种商品的价格数据，计算总和后取整，输出原价及取整后的价格。
2. 从控制台中输入一串字符，然后逆序输出这串字符。

第3单元

控制语句

学习导读

Python 程序中的语句结构包括顺序结构、选择结构和循环结构。程序中的语句默认自上而下顺序运行，但通过一些特定的语句可以更改语句的运行顺序，使之跳转、循环，进而实现流程控制。Python 用于实现流程控制的特定语句分为条件语句、循环语句和跳转语句。本单元将讲解结合任务介绍与流程控制相关的知识。

学习目标

1. 知识目标

- 掌握 if 语句的多种语法结构和嵌套使用方法。
- 掌握 for 和 while 循环语句的语法结构。
- 掌握循环语句的嵌套使用方法。
- 掌握 break、continue 语句的用法和区别。

2. 技能目标

- 能写出符合语法要求的 if、if-else、if-elif-else 语句。
- 能结合具体应用情景，写出符合语法要求的 if 嵌套语句。
- 能结合具体应用情景，写出符合语法要求的 for、while 循环语句。
- 能结合具体应用情景，写出符合语法要求的循环嵌套语句。
- 能运用 break、continue 语句控制循环程序。

3. 素质目标

- 引导学习者提高规范编程的思想意识。
- 培养学习者考虑周全、精益求精的工匠精神。
- 培养学习者创新意识和创造能力。
- 培养学习者团队意识和沟通能力。

思维导图

- 控制语句
  - 知识讲解
    - datetime库及常用类
    - if语句：单分支、双分支、多分支、if嵌套语句
    - for循环语句、while循环语句、循环嵌套、循环控制语句
  - 任务实践
    - 任务3.1 选择绘图——条件语句
    - 任务3.2 方形炫彩螺——循环语句
    - 任务3.3 嵌套螺旋线——循环嵌套
    - 综合实训3——新型科学计算器

任务 3.1　选择绘图——条件语句

一、任务描述

使用海龟作图库 turtle 绘制图形。在对话框中输入 1 则绘制红色的正方形，输入 2 则绘制绿色的圆形，输入 3 则绘制蓝色的三角形，输入 4 则绘制一只橙色的海龟，如果输入其他数据则提示“选择错误!”。效果如图 3-1 所示。

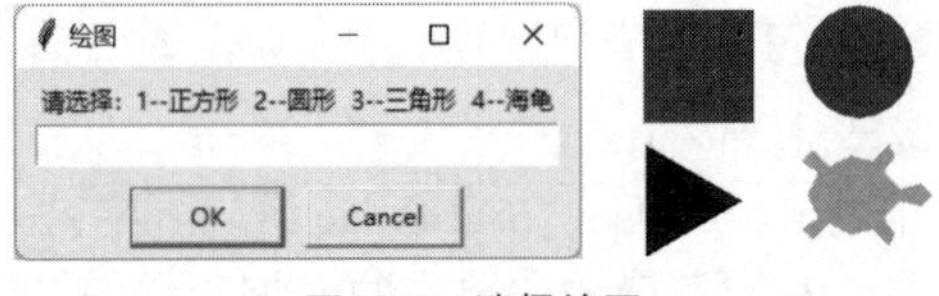

图 3-1　选择绘图

二、相关知识

1. datetime 库

datetime 库包含 date、time、datetime、timedelta、timezone、tzinfo 等类，内置许多与日期和时间相关的函数。datetime 库内容如表 3-1 所示，其中 date、datetime、time 这 3 个类有非常相似的属性和方法。

表 3-1　datetime 库内容

序号	类名称	描述	类型
1	MAXYEAR	9999，指能支持的最大年份	int
2	MINYEAR	1，指能支持的最小年份	int
3	date	表示日期的类，常用的属性有 year、month、day	type
4	datetime	表示日期时间的类，常用的属性有 hour、minute、second、microsecond	type
5	time	表示时间的类	type

续表

序号	类名称	描述	类型
6	timedelta	表示时间间隔的类，即两个时间点的间隔。可以做天、小时、分钟、秒、毫秒、微秒的时间间隔计算	type
7	timezone	表示时区的类	type
8	tzinfo	表示时区的相关信息的类	type

创建基于 date、time、datetime 三个类的对象，示范如下：

```
import datetime
date_sample=datetime.date(2021,7,20) #年,月,日
time_sample=datetime.time(12,20,33) #时,分,秒
datetime_sample=datetime.datetime(2021,7,20,12,20,33)#年,月,日,时,分,秒
```

下面重点介绍 datetime 库中的 datetime 类。

（1）获取当前时间，代码如下：

```
from datetime import datetime
now = datetime.now()  #获取当前日期和时间
print(now.year)       #输出年
print(now.month)      #输出月
print(now.day)        #输出日
print(now.hour)       #输出时
print(now.minute)     #输出分
print(now.second)     #输出秒
```

运行结果：

```
2023
9
12
14
38
29
```

（2）计算时间间隔，代码如下：

```
#计算时间间隔
delta1 = datetime(2022, 6, 30, 20) - datetime(2022, 2, 2, 1)
print(delta1)
print(type(delta1))
```

运行结果：

```
148 days, 19:00:00
<class 'datetime.timedelta'>
```

（3）转换字符串，代码如下：

```
stamp = datetime(2022,6,22,10,56,50)
print(str(stamp))   #输出强制转换后的字符串
#格式化转换字符串
print(stamp.strftime("%Y/%m/%d %H:%M:%S"))
print(stamp.strftime("%Y-%m-%d %H:%M:%S"))
print(stamp.strftime("%Y/%m/%d"))
print(stamp.strftime("%Y-%m-%d"))
```

运行结果：

```
2022-06-22 10:56:50
2022/06/22 10:56:50
2022-06-22 10:56:50
```

```
2022/06/22
2022-06-22
```

2. 条件语句

（1）if 语句

if 语句是最简单的条件语句，该语句由关键字 if、条件表达式和冒号组成，if 语句和从属于该语句的代码块可组成选择结构。运行 if 语句时，若 if 语句的判断条件成立（判断条件的布尔值为 True），运行从属于 if 语句的代码块；若 if 语句的判断条件不成立（判断条件的布尔值为 False），跳出选择结构，继续向下运行。if 语句的运行流程如图 3-2 所示。

if 语句可实现单分支选择结构，一般格式为：

```
if 条件表达式:
    代码块
```

开始
条件表达式
True
False
代码块
结束

图 3-2　if 语句执行流程

例如，已知身份证号码，使用 if 语句判断是否为成年人，只考虑年份，暂不考虑月份和日期，代码如下：

```
import datetime  #导入 datetime 库
IDNumber = "999999200311110111"     #身份证号码（此处身份证号码为虚拟号码，仅供教学参考）
year = datetime.date.today().year  #获取当前日期的年份
age = year-int(IDNumber[6:10])      #当前年份减去出生年份为年龄
if age >=18:                        #如果年龄大于或等于 18，则输出成年人
    print("成年人")
```

上述代码中，首先导入 datetime 库，使用 date 类的 today()函数获取当前日期，其次使用字符串切片功能获取身份证号码中的年份并转换成整型，再当前年份减去身份证号码中的年份为年龄。如果当前年份为 2022 年，运行结果为：

```
成年人
```

（2）if-else 语句

if 语句只能处理满足条件的情况，但一些场景不仅需要处理满足条件的情况，也需要对不满足条件的情况做特殊处理。因此，Python 提供可以同时处理满足和不满足条件的 if-else 语句。

运行 if-else 语句时，若判断条件成立，运行 if 语句之后的代码块；若判断条件不成立，运行 else 语句之后的代码。If-else 语句运行流程如图 3-3 所示。

if-else 语句可实现双分支选择结构，一般格式为：

```
if 条件表达式:
    代码块 1
else:
    代码块 2
```

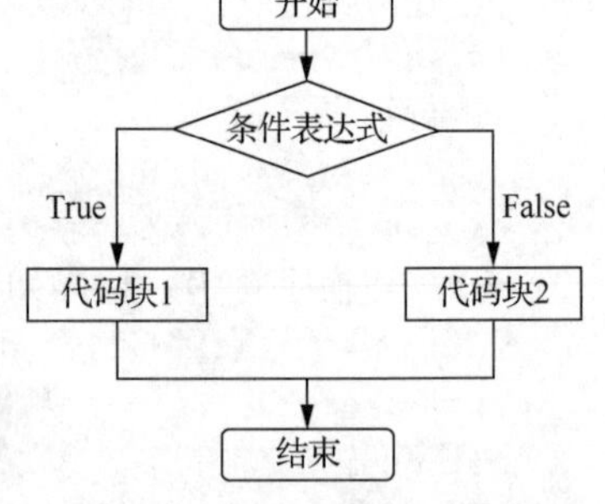

图 3-3　if-else 语句运行流程

例如，修改上述案例，如果满 18 岁，输出“成年人”，否则输出“未成年人”，代码如下：

```
import datetime  #导入 datetime 库
IDNumber = "999999202011110111"     #身份证号码（此处身份证号码为虚拟号码，仅供教学参考）
year = datetime.date.today().year  #获取当前日期的年份
age = year-int(IDNumber[6:10])      #当前年份减去出生年份为年龄
```

```
if age >=18:                          #如果年龄大于或等于 18，则输出成年人，否则输出未成年人
    print("成年人")
else:
    print("未成年人")
```

如果当前年份为 2022 年，运行结果为：

```
未成年人
```

（3）if-elif-else 语句

if-else 语句只有两个分支，若出现多个分支的情况则无法通过 if-else 语句进行处理。为此，Python 提供可处理多个分支的 if-elif-else 语句。

if-elif-else 语句的一般格式为：

```
if 条件表达式 1：
   代码块 1
elif 条件表达式 2：
   代码块 2
elif 条件表达式 3：
   代码块 3
…
elif 条件表达式 n-1：
   代码块 n-1
else:
   代码块 n
```

运行 if-elif-else 语句时，若 if 条件表达式成立，则运行 if 语句之后的代码块 1；若 if 条件表达式不成立，判断 elif 语句中的条件表达式 2，条件表达式 2 成立则运行 elif 语句之后的代码块 2，否则继续向下运行 elif 语句中的条件表达式 3。以此类推，直至所有的判断条件均不成立，则运行 else 语句之后的代码块 *n*。不管有几个分支，程序运行完一个分支后，其余分支将不再运行。if-elif-else 语句运行流程如图 3-4 所示。

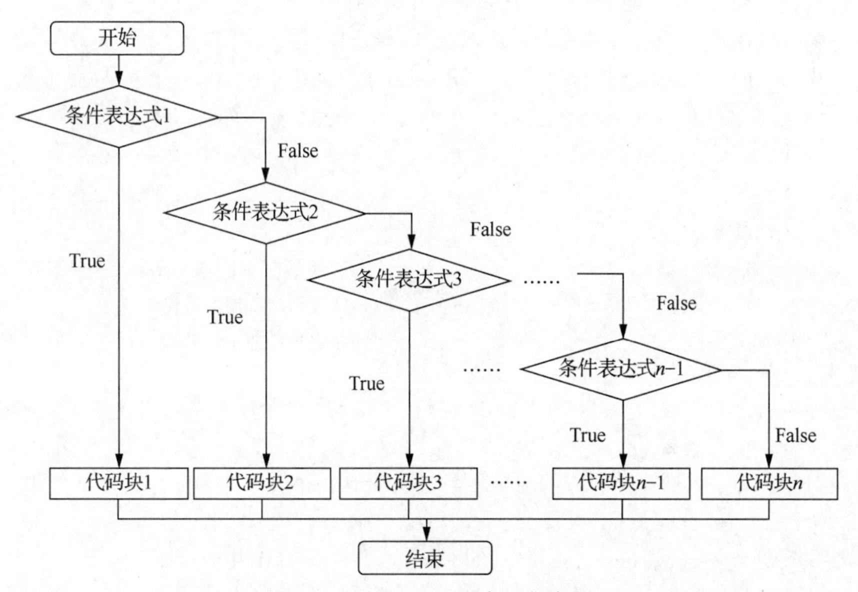

图 3-4　if-elif-else 语句运行流程

例如，通过身份证号码计算年龄，前面两个案例没有考虑月份，如果考虑月份，程序就要变得复杂一些，需要考虑 3 种情况，代码如下：

```
import datetime  #导入 datetime 库
IDNumber = "999999200411110111"     #身份证号码（此处身份证号码为虚拟号码，仅供教学参考）
year = datetime.date.today().year  #获取当前日期的年份
age = year-int(IDNumber[6:10])      #当前年份减去出生年份为年龄
if age > 18:                        #如果年龄大于 18，则输出成年人
     print("成年人")
elif age == 18:                     #如果年龄等于 18，则需进一步处理
     print("是否成年还需要对比出生月份和日期")
else:                               #如果年龄小于 18，则为未成年人
     print("未成年人")
```

如果当前年份为 2022 年，则运行结果为：

```
是否成年还需要对比出生月份和日期
```

3.3

3. 条件结构的嵌套

if 语句可以嵌套 if 语句，根据对齐格式来确定 if 语句之间的逻辑关系，其主要格式为：

```
if 条件表达式 1:
    if 条件表示式 2: #if 嵌套
       代码块 1
    else:
       代码块 2
else:
   代码块 3
```

例如，进一步优化根据身份证号码判断是否成年的程序，如果通过计算年份得出刚好 18 岁，则需要判断月份，如果身份证月份与当前时间月份相同，还需考虑日期，代码如下：

```
import datetime                                 #导入 datetime 库
IDNumber = "999999200411110111"     #身份证号码（此处身份证号码为虚拟号码，仅供教学参考）
year = datetime.date.today().year               #获取当前日期的年份
age = year-int(IDNumber[6:10])                  #当前年份减去出生年份为年龄
if age > 18:                                    #如果年龄大于 18，则输出成年人
     print("成年人")
elif age == 18:                                 #如果年龄等于 18，则需进一步处理
    month1 = datetime.date.today().month        #获取当前日期的月份
    month2 = int(IDNumber[10:12])               #获取身份证中的月份
    month = month1 - month2;
    if month > 0:                               #如果当前月份比身份证上的月份大，则输出成年人
         print("成年人")
    elif month == 0:       #当前月份与身份证上的月份相同，则进一步处理
         day1 = datetime.date.today().day       #获取当前日期的日期
         day2 = int(IDNumber[12:14])            #获取身份证中的日期
         day = day1 - day2;
         if day >= 0:    #如果当前日期比身份证上的日期大或相等，则输出成年人
```

```
                print("成年人")
            else:               #如果当前日期比身份证上的日期小，则输出未成年人
                print("未成年人")
        else:                   #如果当前月份比身份证上的月份小，则输出未成年人
            print("未成年人")
    else:                       #如果年龄小于18，则输出未成年人
        print("未成年人")
```

4. 相关 turtle 库函数说明

- turtle.shape(shape)：设置海龟的形状，参数值有“arrow”“turtle”“circle”“square”“triangle”“classic”等，默认值为“classic”。
- turtle.shapesize(stretch_wid=None,stretch_len=None,outline=None)：设置形状拉伸大小和轮廓线。
- turtle.stamp()：在海龟当前位置印制一个海龟形状。
- turtle.clearstamps(n=None)：删除全部或前/后 n 个海龟印章。如果 n 为 None，则删除全部印章，如果 n>0，则删除前 n 个印章，否则删除后 n 个印章。

三、任务描述

turtle 库中的 shape()函数可以设置海龟的形状，可以通过改变海龟形状得到正方形、圆形、三角形及海龟的图形。可以使用 shapesize()函数设置形状的大小，使用 stamp()函数在画笔当前位置印制一个与海龟形状相同的图形，使用 numinput()函数设置输入选项。

3.4

四、任务实现

（1）在 PyCharm 中，选择“File”→“NewProject...”，在弹出的对话框中将项目命名为“chapter03”，单击“Create”按钮，创建新项目。

（2）在 PyCharm 中，右击左侧列表中的项目名称“chapter03”，选择“New”→“Python File”，在弹出的对话框中将文件命名为“3-1 选择绘图.py”，按“Enter”键，进入代码编辑界面。

（3）在新文件中指定文件编码为 UTF-8，添加文件功能注释。

```
# -*- coding: utf-8 -*-
"""
使用海龟作图库 turtle 绘制图形，在对话框中输入 1 则绘制红色的正方形，输入 2 则绘制绿色的圆形，
输入 3 则绘制蓝色的三角形，输入 4 则绘制一只橙色的海龟，如果输入其他数据则提示 "选择错误！"。
"""
```

（4）导入 turtle 库并取别名为 t，提示输入选项并设置海龟形状的大小为 10。

```
import turtle as t #导入库
#提示输入选项，并记录输入选项的值
shape = t.numinput('绘图', '请选择：1--正方形  2--圆形  3--三角形  4--海龟')
t.shapesize(10)   #设置海龟形状大小
```

（5）使用条件语句，根据输入的选项值绘制不同的形状：先设置画笔的形状，然后设置颜色，最后使用盖印章命令绘制图形。

```
if shape == 1:    #如果选项为 1，则设置形状为正方形、颜色为红色，盖印章
     t.shape('square')
     t.color('red')
     t.stamp()
elif shape == 2: #如果选项为 2，则设置形状为圆形、颜色为绿色，盖印章
     t.shape('circle')
     t.color('green')
     t.stamp()
elif shape == 3: #如果选项为 3，则设置形状为三角形、颜色为蓝色，盖印章
     t.shape('triangle')
     t.color('blue')
     t.stamp()
elif shape == 4: #如果选项为 4，则设置形状为海龟形状、颜色为橙色，盖印章
     t.shape('turtle')
     t.color('orange')
     t.stamp()
else:        #如果选项为其他数据，则隐藏形状，输出文字
     t.hideturtle()
     t.write('选择有误', font=('Arial', 20, 'normal'))
t.mainloop()
```

小贴士：使用 turtle.stamp()命令可以在海龟当前位置印制一个海龟形状，除了预定义的海龟形状外，是否可以印制自定义图形呢？如印制一个金色的五角星，学习者可以进一步探究。

3.5

任务 3.2　方形炫彩螺——循环语句

一、任务描述

海龟作图库 turtle 可以用于绘制漂亮的图形，可结合循环语句绘制绚丽的螺旋线，如图 3-5 所示。其中图 3-5（a）中的线条为红色，线条转折的角度为 90° ；图 3-5（b）中的颜色为蓝色，线条转折的角度发生了变化；图 3-5（c）中的颜色是渐变的，可尝试使用 for 和 while 两种循环语句编写。

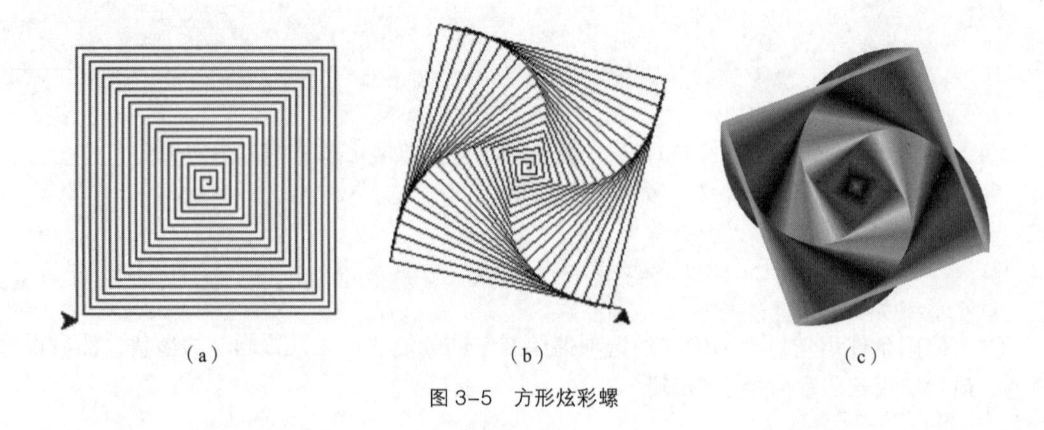

（a）　　（b）　　（c）

图 3-5　方形炫彩螺

二、相关知识

现实生活中存在着很多重复的事情，例如，一日三餐，太阳每天从东方升起，从西方落下。在程序开发中同样可能出现重复运行的代码，但这种重复不是简单机械的重复，每次重复都有新的内容，就像每日三餐都不一样。虽然每次重复运行的语句相同，但语句中值是变化的，而且只有当重复到一定次数或满足一定条件后才会结束语句的执行。Python 提供了循环语句，使用循环语句能用简洁的代码实现重复操作。

1. while 循环语句

while 循环语句是一个条件循环语句，若循环条件的值为 True，则运行之后的代码块，运行完代码块之后再次判断循环条件，如此重复，直至循环条件的值为 False 时循环终止，运行循环之后的代码。while 循环语句的一般格式为：

```
while 循环条件:
    代码块
```

while 循环语句中的表达式为循环条件，一般是关系表达式或逻辑表达式，其结果为 True 或 False，表达式后必须加冒号，代码块是重复运行的部分，称为循环体。while 循环语句执行流程如图 3-6 所示。

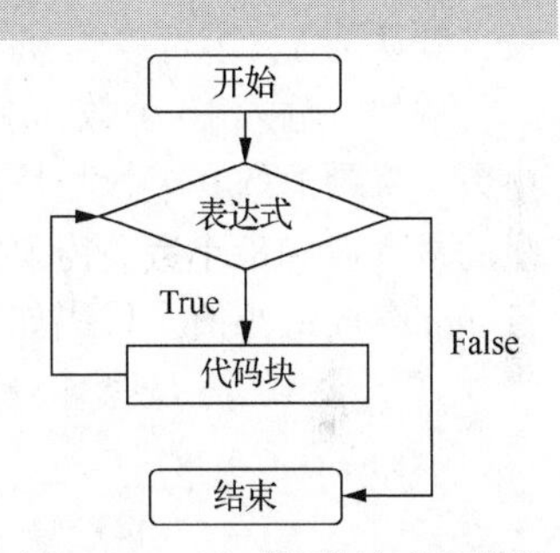

图 3-6　while 循环语句执行流程

例如，用 while 循环语句计算 1+2+3+…+100 的和，这是一个求若干数之和的累加问题。定义变量 *s* 存放累加和，变量 *n* 存放累加项，用递推描述可表示为：$s_i=s_{i-1}+n_i$。其中，$s_0=0$，$n_1=1$。构造 while 循环体，实现两种操作：s+=n 和 n+=1，并设置 s 的初始值为 0、n 的初始值为 1。代码如下：

```
s = 0                 #s 存放累加和
n = 1                 #n 存放累加项
while n <= 100:       #循环条件
    s += n            #循环体，实现累加求和
    n += 1            #循环体，实现循环条件 n 加 1
print("1+2+3+…+100=",s)
```

运行结果如下：

```
1+2+3+…+100= 5050
```

在使用 while 循环时，一般会在 while 循环开始前设置循环变量初始值，用于记录循环次数，循环条件一般与循环变量有关，在循环体内改变循环变量的值，否则可能会出现死循环。

2. for 循环语句

3.6

for 循环语句通常用在已知重复执行次数的循环中，for 循环可以遍历任何序列，如一个列表或者一个字符串，针对序列中的每个元素运行一次循环体。for 循环语句的一般格式为：

```
for 目标变量 in 序列对象:
    代码块
```

for 循环语句首行定义了目标变量和遍历的序列对象，后面是需要重复运行的代码块。

（1）for 循环遍历序列

序列对象除了已经学过的字符串外，还包括列表、元组、字典、集合等，在后续单元中

会具体讲解。for循环语句的运行过程是：将序列对象中的元素逐个赋给目标变量，每次赋值都运行一遍循环体。当序列被遍历完，即每个元素都赋值执行过循环体后，循环结束，运行for循环语句后面的语句。例如，计算一个字符串中含有几个字符a，代码如下：

```
str = "What we share today may give parents new inspiration."
count = 0              #记录a的数目的变量
for c in str:          #依次从字符串中获取字符
    if c=='a':         #如果获取的字符为a，则数目加1
        count += 1
print("字符串str中含有",count,"个a！")
```

（2）for循环与range()函数搭配

for循环经常与range()函数搭配使用。range()函数的语法格式如下：

```
range(start, stop [,step])
```

start指的是计数起始值，默认为0；stop指的是计数结束值，但不包括stop；step表示步长，默认为1，不可以为0。range()函数可生成一个左闭右开的整数范围。

例如，输入10个数，求出其中的最大数和最小数。可以先假设第一个数就是最大数和最小数，将剩下的9个数与目前为止的最大数、最小数进行比较，比较9次后即可找出10个数中的最大数和最小数。需要定义3个变量，变量*x*存放输入的值，变量*max*存放最大值，变量*min*存放最小值。代码如下：

```
x = int(input("请输入数字："))          #输入第一个数
max = min = x                          #将第一个数赋给记录最大值和最小值的变量
for i in range(1,10):                  #循环9次
    x = int(input("请输入数字："))      #输入一个数字
    if x > max:                        #比最大值大，将新输入的数赋给最大值
        max = x
    elif x < min:                      #比最小值小，将新输入的数赋给最小值
        min = x
print("max={0},min={1}".format(max,min))
```

根据用户输入的数，程序输出最大数、最小数。运行结果为：

```
请输入数字：543
请输入数字：546
请输入数字：765
请输入数字：345
请输入数字：345
请输入数字：24
请输入数字：7
请输入数字：45
请输入数字：67
请输入数字：45
max=765,min=7
```

for循环与range()函数配合使用时，可以设置步长step。

例如，输出100以内的3的倍数，每行显示10个数，并计算它们的和，代码如下：

```
s = 0                                  #存储和的变量
count = 0                              #记录3的倍数的数目
```

```
for n in range(0,100,3):         #从 0 开始至 99 结束，步长为 3
    print(n,end='\t')            #输出 3 的倍数，不换行
    count += 1                   #数目加 1
    if (count % 10 == 0):        #输出 10 个数后换行
        print()
    s += n                       #3 的倍数的累加和
print("\n100 以内 3 的倍数数字之和为：",s)
```

运行结果为：

```
0	3	6	9	12	15	18	21	24	27
30	33	36	39	42	45	48	51	54	57
60	63	66	69	72	75	78	81	84	87
90	93	96	99
100 以内 3 的倍数数字之和为： 1683
```

3. 相关 turtle 库函数说明

- turtle.pencolor(color)：没有参数传入，返回当前画笔颜色；传入参数表示设置画笔颜色，其值可以是字符串如“green”“red”等，也可以是 RGB 三元组。
- turtle.colormode(mode)：用于返回颜色模式或将其设置为 1.0 或 255。参数 mode 默认为 1，即 RGB 取值范围为 0～1，如果设置为 255，则 RGB 取值范围为 0～255。
- turtle.pensize(n)：设置画笔宽度，默认为 1。
- turtle.tracer(n,delay)：用于打开或关闭绘图动画，并设置更新图纸的延迟时间。

三、任务分析

分析图 3-5（a），从中心点开始绘制一条线段，向左旋转 90°，再绘制一条略长的线段，再旋转 90°，以此类推。图 3-5（b）在图 3-5（a）的基础上修改了旋转角度，从外围的线条可以看出基本上属于四边形，旋转角度略大于 90°。图 3-5（c）的颜色是渐变的，在编码过程中不能设置固定的线条颜色。

3.7

在第 1 单元中我们安装了第三方库 coloradd，该库中的 coloradd()函数可以对三原色的颜色进行改变，格式为 coloradd(三原色,增量)，可以通过循环语句逐渐改变三原色实现颜色渐变效果。方形炫彩螺的线条没有缝隙，这可以通过增加画笔宽度，减少每次线条增加的长度来实现。

四、任务实现

（1）在 PyCharm 中，右击左侧列表中的项目名称“chapter03”，选择“New”→“Python File”，在弹出的对话框中将文件命名为“3-2 彩色螺旋线.py”，按“Enter”键，进入代码编辑界面。

（2）新建 Python 文件，导入 turtle 库，设置窗口大小和画笔颜色。

```
import turtle as t
t.setup(600,400,200,100) #设置窗口大小为 600×400，窗体左上角在屏幕的(200,100)位置
t.pencolor('red')
```

（3）绘制图 3-5（a）。按照任务分析中的思路，先绘制一条 2 个单位长度的线段，向左旋转 90°，再绘制一条增加 2 个单位长度的线段，再向左旋转 90°，依次类推，循环绘制 80

条线段，完成图 3-5（a）的绘制。

```
for n in range(80):                  #循环 80 次，从 0 开始
     t.forward(2+2*n)                #线段长度从 2 开始，依次增加 2
     t.left(90)                      #旋转 90°
t.mainloop()
```

（4）将步骤（2）中的颜色设置为蓝色，步骤（3）中的旋转角度设置为 91° ，代码作如下修改，再次运行，绘制出图 3-5（b）。

t.pencolor('red') → t.pencolor('blue')

t.left(90) → t.left(91)

（5）新建 Python 文件，取名为“3-2 方形炫彩螺.py”，导入 turtle、coloradd 库，标题为“方形炫彩螺”，颜色模式为 255，定义颜色 color 变量并设置初始值为青色(0,255,255)，将画笔宽度设置为 8。

```
import turtle
import coloradd
turtle.title('方形炫彩螺')  #设定标题
turtle.colormode(255)       #设定颜色模式
color = (0, 255, 255)       #青色元组
turtle.pensize(8)           #画笔宽度
```

（6）使用 for 循环配合 range()绘制炫彩螺，循环的次数越多，色彩越丰富，在此设置为循环 800 次。循环次数多，绘制速度会很慢，可以使用 turtle.tracer()关闭动画并且设置刷新屏幕的时间以实现更好的视觉效果。循环体内，每次移动 i/2，旋转角度也适当减小，不需要每次循环都改变颜色，可以循环 5 次改变一次颜色，根据实际情况自行调整。

```
turtle.tracer(10)           #每 10ms 更新一次
turtle.hideturtle()         #隐藏海龟形状
for i in range(800):        #重复 800 次
      turtle.fd(i / 2)      #移动 i/2
      turtle.rt(90.2)       #右转 90.2°
      if i % 5 == 0:
            color = coloradd.coloradd(color, 0.01)  #当是 5 的整数时让颜色改变一次
            turtle.pencolor(color)  #画笔颜色
turtle.mainloop()           #主循环，刷新组件
```

至此，方形炫彩螺编码全部完成，可以运行程序并查看结果，也可以适当修改移动距离、旋转角度、颜色变化频率等，以得到不同的炫彩螺。

（7）将步骤（6）中的 for 循环语句改成 while 循环语句，实现相同的效果。使用 while 循环需要有循环变量的初始值、退出条件，循环体内需要有循环变量改变的过程，避免出现死循环，代码如下：

```
turtle.tracer(10)           #每 10ms 更新一次
turtle.hideturtle()         #隐藏海龟形状
i = 0                       #循环变量初始值，用于记录循环次数
while i < 800:              #重复 800 次
    turtle.fd(i / 2)        #移动 i/2
    turtle.rt(90.2)         #右转 90.2°
    if i % 5 == 0:
```

```
        color = coloradd.coloradd(color, 0.01)      #当是5的整数时让颜色改变一次
        turtle.pencolor(color)                      #画笔颜色
    i += 1                      #循环变量递增，缺少该句会出现死循环
turtle.mainloop()               #主循环，刷新组件
```

小贴士： 通过改变画笔宽度、循环次数、移动距离、旋转角度、颜色等，可以得到不同的炫彩图形，学习者可多次尝试创造出更绚丽的图形。

任务 3.3　嵌套螺旋线——循环嵌套

一、任务描述

使用 turtle 库绘制多彩的嵌套螺旋线，在图 3-7（a）所示窗口中输入嵌套螺旋线的边数，如果输入的是 2 则绘制图 3-7（b）所示的具有 2 个分支的螺旋线，如果输入的是 3 则绘制图 3-7（c）所示的具有 3 个分支的螺旋线，依次类推。效果如图 3-7 所示。

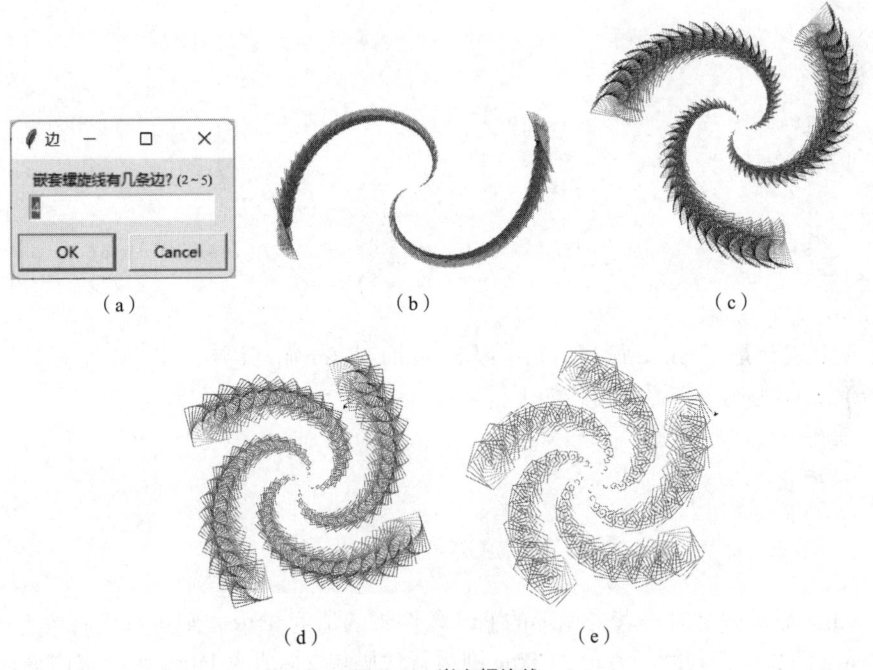

图 3–7　嵌套螺旋线

二、相关知识

1. 循环嵌套

循环语句可以嵌套使用，实现更为复杂的逻辑。循环嵌套按不同的循环语句可以划分为 for 循环嵌套和 while 循环嵌套。

（1）for 循环嵌套

for 循环嵌套是指 for 循环语句中嵌套 while 或 for 循环语句。以 for 循环语句中嵌套 for

循环语句为例，其语法格式如下：

```
for 临时变量1 in 可迭代对象:
    代码块1
    for 临时变量2 in 可迭代对象:
        代码块2
```

运行 for 循环嵌套时，程序首先会访问外循环中可迭代对象的首个元素、运行代码块 1、访问内循环可迭代对象的首个元素、运行代码块 2，然后访问内循环中的下一个元素、运行代码块 2，如此重复，直至访问完内循环的可迭代对象后结束内循环，转而继续访问外循环中的下一个元素，访问完外循环的可迭代对象后结束外循环。因此，外循环每运行一次，都会运行一轮内循环。

例如，输出九九乘法表，可以通过 for 循环嵌套来实现，外循环用来控制输出几行，内循环用来控制每行输出几个算式。for 循环嵌套代码如下：

```
for i in range(1,10):  #外循环，用来控制行数
    for j in range(1,i+1):#内循环用来控制输出几个算式，与外循环的行数 i 有关
        print('{}*{}={}'.format(i,j,i*j),end='\t') #输出算式
    print()#内循环结束后换行
```

输出结果：

```
1*1=1
2*1=2   2*2=4
3*1=3   3*2=6   3*3=9
4*1=4   4*2=8   4*3=12  4*4=16
5*1=5   5*2=10  5*3=15  5*4=20  5*5=25
6*1=6   6*2=12  6*3=18  6*4=24  6*5=30  6*6=36
7*1=7   7*2=14  7*3=21  7*4=28  7*5=35  7*6=42  7*7=49
8*1=8   8*2=16  8*3=24  8*4=32  8*5=40  8*6=48  8*7=56  8*8=64
9*1=9   9*2=18  9*3=27  9*4=36  9*5=45  9*6=54  9*7=63  9*8=72  9*9=81
```

（2）while 循环嵌套

while 循环嵌套是指 while 循环语句中嵌套 while 或 for 循环语句。以 while 循环语句中嵌套 while 循环语句为例，其语法格式如下：

```
while 循环条件1:
    代码块1
    while 循环条件2:
        代码块2
    ......
```

运行 while 循环嵌套时，若外循环的循环条件 1 的值为 True，则运行代码块 1，并对内循环的循环条件 2 进行判断，其值为 True 则运行代码块 2，值为 False 则结束内循环。内循环运行完毕后继续判断外循环的循环条件 1，如此重复，直至循环条件 1 的值为 False 时结束外循环。

修改上述输出九九乘法表的代码，使用 while 循环嵌套实现。无论是外循环还是内循环，都需要设置循环变量初始值、循环条件以及在循环体内改变循环变量的值，代码如下：

```
i = 1                  #设置外循环的循环变量初始值
while i < 10:          #外循环，用来控制行数
    j = 1              #设置内循环的循环变量初始值
    while j < i+1:     #内循环用来控制输出几个算式，与外循环的行数 i 有关
```

```
            print('{}*{}={}'.format(i,j,i*j),end='\t') #输出算式
            j += 1            #内循环变量递增
        i += 1                #外循环变量递增
        print()               #内循环结束后换行
```

需要注意的是，只要循环嵌套的格式正确，嵌套的形式和层数都不受限制。当然，如果嵌套的层级太多，代码会变得很复杂，难以理解。此时，最好调整一下代码逻辑，将嵌套的层数控制在 3 层以内。

2. 循环控制语句

循环语句在执行过程中当需要改变运行路径时，可以使用循环控制语句。Python 支持 break 语句和 continue 语句。break 语句用于跳出整个循环，continue 语句用于跳出本次循环。

3.9

（1）break 语句

break 语句用在循环体内，其作用是使当前循环立即终止，跳出当前循环体，继续运行循环体后面的语句。通常情况下，break 语句会和 if 语句搭配使用，表示在某种情况下跳出循环。以跳出 for 循环为例，break 语句语法格式如下：

```
for 临时变量 in 可迭代对象:
    运行语句
    if 条件表达式:
        代码块
        break
```

例如，判断一串字符串中是否包含数字字符，在使用 for 循环遍历字符串时，若遍历到数字，使用 break 语句结束循环。

```
str = '我们班有 45 位同学。'
flag = False                    #设置标记，用于记录是否含有数字，默认不含有
for c in str:
    print(c,end='')             #输出遍历到的字符
    if c >='0' and c <='9':
        print("\nstr 字符串中含有数字")
        flag = True             #找到数字后，设置标记变量
        break
if not flag:                    #如果标记变量仍为 False，表示没有数字
    print("str 字符串中不包含数字")
```

运行代码，结果如下：

```
我们班有 4
str 字符串中含有数字
```

从结果可以看出，程序没有输出数字“4”后面的字符，说明程序遍历到数字“4”时跳出了当前循环。

（2）continue 语句

与 break 语句不同，当在循环体内运行 continue 语句时，并不会跳出循环体，而是结束本次循环，重新开始下一轮循环，即跳过循环体中在 continue 语句之后的所有语句，继续下一轮循环。通常情况下，continue 语句也会和 if 语句搭配使用。

例如，计算 100 以内的偶数和。在循环过程中，如果碰到奇数，则跳过累加语句进入下

一轮循环，否则运行累加语句，代码如下：

```
s = 0                       #存放累加和
for i in range(1,101):      #循环 100 次
    if i%2 !=0:             #如果是奇数，跳过后面的语句，进入下一轮循环
        continue
    s += i;                 #累加和
print("100 以内的偶数和为：",s)
```

运行代码，结果如下：

```
100 以内的偶数和为： 2550
```

需要注意的是，若 break 语句位于循环嵌套中，该语句只能跳出离它最近的一层循环，外层的循环不会受到任何影响。break 和 continue 语句只能用于循环体中，不能单独使用。

3. 相关 turtle 库函数说明

- turtle.position()：返回海龟当前的坐标。
- turtle.heading()：返回海龟当前的朝向。
- turtle.setposition(x,y)：将海龟移动到坐标(*x*, *y*)。
- turtle.setheading(angle)：设置当前画笔运动方向为 angle 角度。
- turtle.dot(r)：绘制一个指定直径为 r 的圆点。

3.10

三、任务分析

通过分析图 3-7，可以得出如下结论。

- 嵌套螺旋线有几条分支，分支上的螺旋线就有几条边。
- 需要使用循环嵌套，外循环用来控制绘制多少条螺旋线并依次放置在不同的分支上，内循环用来控制每条螺旋线的边数。
- 随着外循环的次数增多，内循环绘制的螺旋逐渐增大，即循环的次数增多。
- 螺旋线为彩色，可将颜色组合成以逗号分隔的字符串，并通过字符串分割函数 split()进行处理。
- 可以先编写外循环代码，用圆点代替螺旋线，待圆点轮廓符合要求后再编写内循环代码，用螺旋线代替圆点。

四、任务实现

（1）在 PyCharm 中，右击左侧列表中的项目名称“chapter03”，选择“New”→“Python File”，在弹出的对话框中将文件命名为“3-3 嵌套螺旋线.py”，按“Enter”键，进入代码编辑界面。

（2）导入 turtle 库，提示输入嵌套螺旋线边数并记录，设置颜色字符串并使用逗号进行分隔，每 10ms 刷新一次屏幕，以提高绘图效率。

```
import turtle as t
#记录输入边数
sides = int(t.numinput("边数","嵌套螺旋线有几条边？ (2～5)", 4,2,5))
#设置颜色字符串并进行分隔
colors="red,orange,blue,green,purple".split(',')
t.tracer(10)    #每 10ms 刷新一次屏幕
```

（3）编写外循环代码，先将画笔颜色设置为“red”，用红点代替分支上的螺旋线。外循环为 100 次，即绘制 100 个红点。循环体内实现的功能与绘制螺旋线思路基本一致，区别在于不绘制线条，在每次前进后画圆点。循环体内编码思路：抬笔→前进一段距离→落笔→画圆点→旋转（旋转角度与边数有关）。代码如下：

```
t.pencolor('red')
for m in range(100):            #绘制 100 个红点
    t.penup()                   #抬笔
    t.forward(m*4)              #前进一段距离
    t.pendown()                 #落笔
    t.dot()                     #画圆点
    t.right(360/sides + 2)      #旋转角度与边数有关，加 2 用于实现旋转效果，否则为直线
```

运行结果如图 3-8 所示，螺旋线的条数与输入的边数一致。

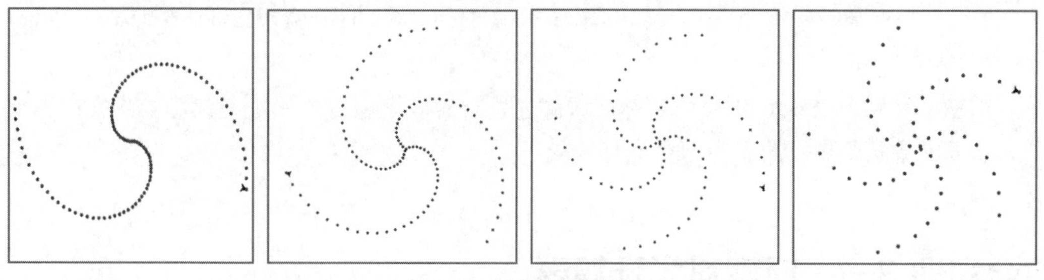

图 3-8　圆点替代螺旋线

（4）编写内循环代码，用螺旋线替代红点。内循环绘制的整体思路为：记录画笔位置→绘制螺旋线→画笔回到原位置。绘制螺旋线前首先记录画笔的位置，螺旋线绘制完成后画笔需要回到原来的位置，以便外循环按规则确定新的螺旋线位置。内循环的循环次数与外循环当前的循环次数有关，可以取当前外循环次数的 1/2，在内循环体中设置画笔颜色、前进一段距离（距离与内循环次数有关）、旋转角度（与边数有关，减 2 出现螺旋效果）等。

```
position = t.position()     #记录外循环嵌套螺旋线的位置
heading = t.heading()       #记录外循环海龟的方向
t.pendown()
for n in range(int(m/2)):
    t.pencolor(colors[n%sides])
    t.forward(2*n)
    t.right(360/sides - 2)
t.penup()
t.setx(position[0])         #内循环结束回到外循环原来的位置，即 x 轴位置
t.sety(position[1])         #内循环结束回到外循环原来的位置，即 y 轴位置
t.setheading(heading)       #回到外循环原来的方向
```

（5）至此，嵌套螺旋线的代码全部编写完成，运行并输入边数，出现图 3-7 中的图形，代码整理如下。

```
import turtle as t
#记录输入边数
sides = int(t.numinput("边数","嵌套螺旋线有几条边？ (2～5)", 4,2,5))
#设置颜色字符串并进行分隔
colors="red,orange,blue,green,purple".split(',')
```

```
t.tracer(10)                    #每 10ms 刷新一次屏幕
for m in range(100):            #外循环为 100 次，绘制 100 条螺旋线
     t.forward(m*4)             #前进一段距离
     position = t.position()    #记录外循环螺旋线的位置
     heading = t.heading()      #记录外循环海龟的方向
     t.pendown()
     for n in range(int(m/2)):
          t.pencolor(colors[n%sides])
          t.forward(2*n)
          t.right(360/sides - 2)
     t.penup()
     t.setx(position[0])        #内循环结束回到外循环原来的位置，即 x 轴位置
     t.sety(position[1])        #内循环结束回到外循环原来的位置，即 y 轴位置
     t.setheading(heading)      #回到外循环原来的方向
     t.left(360/sides +2 )      #旋转角度与边数有关，加 2 用于实现旋转效果，否则为直线
t.mainloop()
```

小贴士：可以尝试对外循环和内循环前进的距离、旋转角度等进行调整，观察绘图效果，也可以尝试绘制更为复杂的嵌套螺旋线。

综合实训 3——新型科学计算器

3.11

编程任务：在第 2 单元的综合实训 2 中已经完成了新型科学计算器的前 5 项功能，学习者使用目前所学的知识可以完成后面的所有功能模块。判断闰年、等差数列、区间素数、斐波那契数列功能模块描述见本单元拓展练习中的编程题 1～4，其余模块功能描述如下。

（1）等比数列：先提示输入首项 a1，然后提示输入公比 q，再提示输入项数 n，输出第 n 项的值 an 和前 n 项的和 sn。

（2）等差数列均值：先提示输入首项 a1，然后提示输入公差 d，再提示输入项数 n，输出等差数列均值 avg。

（3）等比数列均值：先提示输入首项 a1，然后提示输入公比 q，再提示输入项数 n，输出等比数列均值 avg。

（4）无规则数据均值：循环提示“请输入参与运算的数字，以#结束”，输入所有参与运算的数字后，最后输入“#”表示结束，之后输出所有输入数据的均值 avg。

（5）区间水仙花数：水仙花数是指一个 n 位数（n>=3），它的每个位上的数字的 n 次幂之和等于它本身，如 $1^3+5^3+3^3=153$、$1^4+6^4+3^4+4^4=1634$，所以 153 和 1634 是水仙花数。首先提示输入起始值，再提示输入终止值，最后输出起始值与终止值之间的所有水仙花数，用制表符隔开，每行最多显示 10 个水仙花数。

（6）区间完全数：完全数是指某数所有真因子（除了自身以外的约数）的和（即因子函数），恰好等于它本身。例如，第一个完全数是 6，它有真因子 1、2、3，1+2+3=6。首先提示输入起始值，再提示输入终止值，最后输出起始值与终止值之间的所有完全数，用制表符隔开，每行最多显示 10 个完全数。

（7）区间勾股数：勾股数一般是指构成直角三角形 3 条边的 3 个正整数(a,b,c)，即 $a^2+b^2=c^2$。

首先提示输入起始值，再提示输入终止值，最后输出起始值与终止值之间的所有勾股数，如“(3,4,5)是勾股数”。

（8）区间相亲数：相亲数是指数对A、B，A的真因子之和为B，而B的真因子之和为A。例如,220 的真因子之和为 1+2+4+5+10+11+20+22+44+55+110=284，284 的真因子之和为1+2+4+71+142=220，A和B为一对相亲数。首先提示输入起始值，再提示输入终止值，最后输出起始值与终止值之间的所有相亲数，如“220和284是一对相亲数”。

小贴士： 本实训需要团队协作完成。为了使团队成员更好地理解代码，在编程过程中要养成良好的编程习惯，团队成员共同制定编码规则，如确定变量命名规范、代码注释规范等，协作完成项目开发。

单元小结

本单元主要介绍了Python控制语句，包括if语句、if嵌套语句、循环语句、循环嵌套以及循环控制语句等。其中，if语句主要介绍了if语句的格式，循环语句中主要介绍了for循环语句和while循环语句，循环控制语句主要介绍了break语句和continue语句。通过本单元的学习，学习者能够熟练掌握Python控制语句相关语法，并灵活运用控制语句进行程序开发。

拓展练习

一、填空题

1. Python中的循环语句有__________循环语句和__________循环语句。
2. Python中使用关键字__________表示条件语句。
3. 当if语句的条件表达式为__________才会运行满足条件的语句。
4. 在循环体中使用__________语句可以跳出循环体。
5. for 循环经常与__________函数搭配使用，用于从起始值开始，至终止值结束循环，还可以设置步长。

二、单选题

1. 以下关键字不属于分支或循环逻辑的是（　　）。

   A. elif　　B. in　　C. for　　D. while

2. 下列关于for循环的描述，说法正确的是（　　）。

   A. for循环可以遍历可迭代对象

   B. for循环不能使用循环嵌套

   C. for循环不可以与if语句一起使用

   D. for循环可以遍历数据，但不能控制循环次数

3. 阅读下面程序：

```
for element in range(-10,10,3):
    if element <= 0:
```

```
        continue
    print(element,end='')
```

运行程序，输出结果是（　　）。

A. 248　　B. 258　　C. 135　　D. 246

4. while i>4，假设 i 的初始值为 2，循环体每运行 1 次 i 加 1，这个循环能运行（　　）次。

A. 0　　B. 1　　C. 2　　D. 3

5. 阅读下面程序：

```
name = "itcast"
for word in name:
    if (word == 'a'):
        break
    print(word,end='')
```

运行程序，输出结果是（　　）。

A. tca　　B. itc　　C. cas　　D. ast

6. 阅读下面程序：

```
i = 0
max = 5
while i < 10:
    i += 1
    if (i == max):
        break
    print(i,end='')
```

运行程序，输出结果是（　　）。

A. 123　　B. 2345　　C. 1234　　D. 12345

7. 编写将百分制成绩转换为 A～F 这 6 个级别的成绩的程序，需要使用（　　）语句。

A. if-elif-else 多分支　　B. while 循环

C. for 循环　　D. for+range()循环

8. if-else 语句可以处理（　　）分支。

A. 1 个　　B. 2 个　　C. 多个　　D. 3 个

9. for 循环常与（　　）函数搭配使用，以控制 for 循环中代码块的运行次数。

A. range()　　B. random()　　C. time()　　D. input()

10. 阅读下面程序：

```
i = 1
result = 1
while i < 10:
    result *= i
    i += 1
print(result)
```

运行程序，输出结果是（　　）。

A. 1～10 的和　　B. 1～9 的和　　C. 9!　　D. 10!

11. 阅读下面程序：

```
x = 0
for x in range(5):
    x += 1
    if x == 3:
        break
    print(x)
```

运行程序，输出结果是（　　）。

A. 1 2　　B. 1 2 3　　C. 1 2 3 4 5　　D. 0

12. 阅读下面程序：

```
i = 3
j = 5
while True:
        if i < 5:
            i += i
            print(i)
            break
        elif j < 1:
            j -= j
            print(j)
```

运行程序，输出结果是（　　）。

A. 8　　B. 2　　C. 6　　D. 0

三、判断题

1. Python 中的 break 语句和 continue 语句可以单独使用。（　　）

2. 假设需要多次运行一段循环代码，那么可以将循环语句放在循环语句之中，实现循环嵌套。（　　）

3. if 语句可使程序产生分支。（　　）

4. for 循环常用于对可迭代对象进行遍历。（　　）

5. break 语句用于跳出当前循环，继续运行下一次循环。（　　）

6. 程序中的语句默认自上而下运行。（　　）

7. While 循环语句是条件循环语句，当条件满足时重复运行代码块，直到条件不满足为止。（　　）

8. 阅读下面的代码。

```
s = input("请输入一个字符串:")
for c in s:
        print(c)
```

上述代码的功能是计算输入字符串的个数。（　　）

9. if 语句最多可以嵌套两层。（　　）

10. for 循环嵌套就是在 for 循环中还有 for 或 while 循环。（　　）

四、编程题

1. 编程实现判断闰年：提示先输入年份，然后输出是否为闰年，如“2000 年是闰年”。

2. 编程实现等差数列：先提示输入首项 a1，然后提示输入公差 d，再提示输入项数 n，输出第 n 项的值 an 和前 n 项的和 sn。

3. 编程实现区间素数：素数是指不能被分解的数，即除了 1 和它本身之外就没有其他数能够整除。首先提示输入起始值，再提示输入终止值，最后输出起始值与终止值之间的所有素数，用制表符隔开，每行最多输出 10 个素数。

4. 编程实现斐波那契数列：斐波那契数列又称黄金分割数列，指的是这样一个数列：1,1,2,3,5,8,13,21,…这个数列从第 3 项开始，每一项都等于前两项之和。首先提示输入斐波那契数列的项数 n，然后输出第 n 项的值。

第4单元

组合数据类型

学习导读

Python 除了有基本的数据类型，还有组合数据类型。常用的组合数据类型有 3 大类，分别是序列类型、集合类型和映射类型。序列类型主要包括字符串、列表和元组。集合类型是无序组合，它的概念与数学中的集合类似。映射类型是“键值对”数据项的组合，主要以字典形式体现。本单元将结合任务介绍组合数据类型的相关知识。

学习目标

1. 知识目标

- 掌握列表的创建和基本操作方法。
- 掌握元组的创建和基本操作方法。
- 掌握字典的创建和基本操作方法。
- 掌握 3 种组合数据类型的区别及应用场景。

2. 技能目标

- 能够根据需求选择合适的组合数据类型存储数据。
- 能够在程序开发过程中，根据需要灵活使用列表存储和操作数据。
- 能够在程序开发过程中，根据需要灵活使用元组存储和操作数据。
- 能够在程序开发过程中，根据需要灵活使用字典存储和操作数据。

3. 技能目标

- 培养学习者自主学习、认真钻研的好习惯。
- 培养学习者全面考虑、精益求精的工匠精神。
- 培养学习者的团队意识和沟通能力。

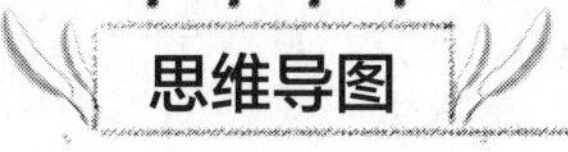

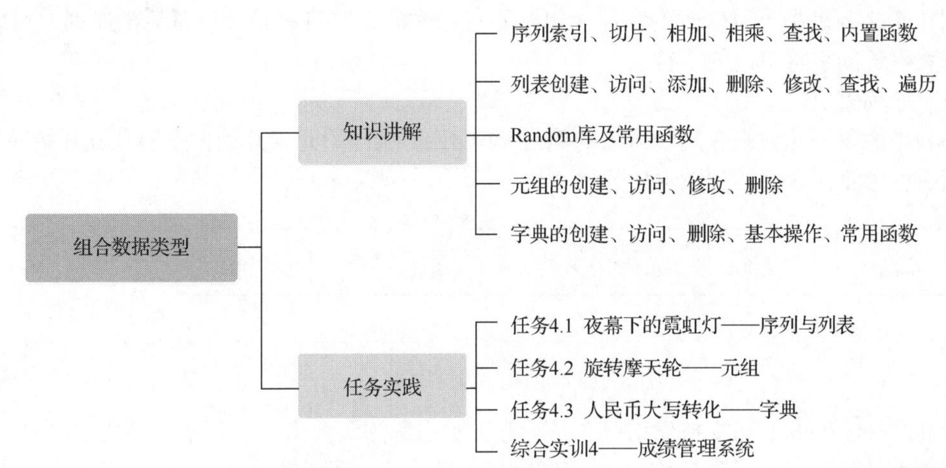

任务 4.1　夜幕下的霓虹灯——序列与列表

一、任务描述

每当夜幕降临，城市中大大小小的建筑物就会亮起五颜六色的霓虹灯。霓虹灯的颜色变化多端，一会儿是蓝色的，一会儿又是红色的、绿色的，让人应接不暇。使用海龟作图库 turtle 实现夜幕下的霓虹灯闪烁效果，画布中 100 个不同颜色的点在闪烁，点的位置和颜色不停变化，变化的时间间隔不固定，闪烁效果截图如图 4-1 所示。

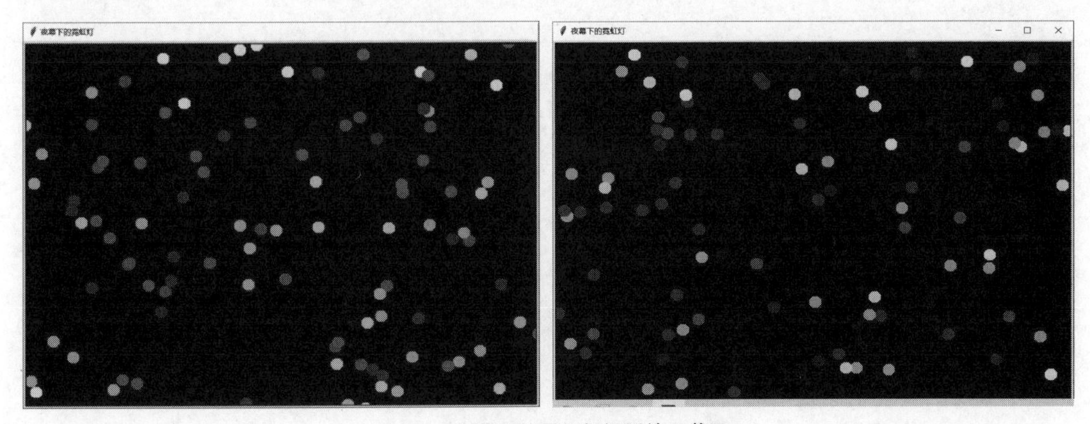

图 4-1　夜幕下的霓虹灯闪烁效果截图

二、相关知识

1. 序列

序列（sequence）是指按特定顺序排列的一组数据，它们可以占用一块内存，也可以分散到多块内存中。在 Python 编程中，我们既需要独立的变量来保存一份数据，也需要序列来保存大量数据。

列表（list）和元组（tuple）比较相似，它们都按顺序保存元素，所有的元素占用一块连续的内存，每个元素都有自己的索引，因此列表和元组的元素都可以通过索引来访问。它们的区别在于，列表是可以修改的，而元组是不可修改的。字符串是一种常见的序列，可以直接通过索引访问字符串内的字符。

（1）序列索引

序列中的每个元素都有属于自己的编号（索引）。从起始元素开始，索引从 0 开始递增，这种索引称为正向索引，如图 4-2 所示。

图 4-2　正向索引示意

除此之外，Python 还支持索引是负数，此类索引称为负向索引，其索引是从右向左计数，换句话说，从最后一个元素开始计数，索引从-1 开始，如图 4-3 所示。

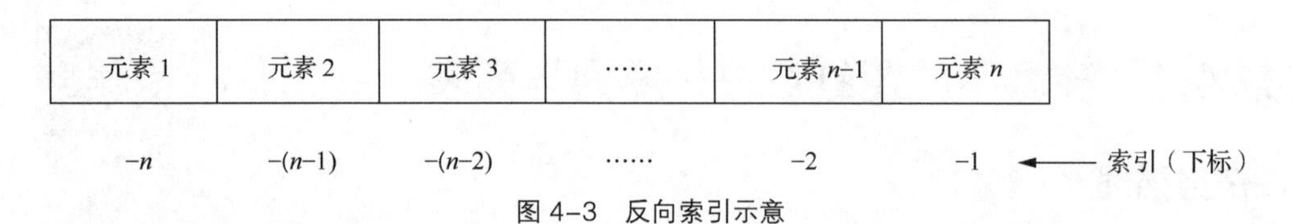

图 4-3　反向索引示意

注意，在使用负数作为序列中各元素的索引时，是从-1 开始，而不是从 0 开始的。

无论是采用正索引，还是负索引，都可以访问序列中的任何元素。以字符串为例，访问“Python 是一种代表简单主义思想的语言”的首元素和尾元素，可以使用如下的代码：

```
str="Python 是一种代表简单主义思想的语言"
print(str[0],"==",str[-20])
print(str[19],"==",str[-1])
```

输出结果为：

```
P == P
言 == 言
```

（2）序列切片

切片操作是访问序列中元素的另一种方法，它可以访问一定范围内的元素。通过切片操作，可以生成一个新的序列。序列实现切片操作的语法格式如下：

```
sname[start : end : step]
```

其中，各个参数的含义如下。

- sname：表示序列的名称。
- start：表示切片的开始索引位置（包括该位置），此参数也可以不指定，默认为 0，也就是从序列的开头进行切片。
- end：表示切片的结束索引位置（不包括该位置），如果不指定，则默认为序列的长度。
- step：表示在切片过程中，隔几个存储位置（包含当前位置）取一次元素，也就是说，如果 step 的值大于 1，则在进行切片取序列元素时，会“跳跃式”地取元素。如果省略设置 step 的值，最后一个冒号可以省略。

例如，对字符串“Python 是一种代表简单主义思想的语言”进行切片：

```
str="Python 是一种代表简单主义思想的语言"
#取索引区间为[0,2]（不包括索引 2 处的字符）的字符串
print(str[:2])
#隔 1 个字符取一个字符，范围是整个字符串
print(str[::2])
#取整个字符串，此时 [] 中只需一个冒号即可
print(str[:])
```

输出结果为：

```
Py
pto 是种表单义想语
Python 是一种代表简单主义思想的语言
```

（3）序列相加

Python 支持两种类型相同的序列使用“+”运算符做相加操作，它会将两个序列进行连接，不会去除重复的元素。这里所说的“类型相同”，指的是“+”运算符的两侧序列要么都是列表，要么都是元组，要么都是字符串。

例如，用“+”运算符连接两个（甚至多个）字符串，如下所示：

```
id = '2004010020'
name = '张宏伟'
print('学号：'+id+'，姓名：'+name)
```

输出结果为：

```
学号：2004010020，姓名：张宏伟
```

（4）序列相乘

在 Python 中，使用数字 *n* 乘一个序列会生成新的序列，其内容为原来序列被重复 *n* 次的结果。例如：

```
str = 'Python 爱好者'    #定义字符串
print(str*3)           #输出相同的字符串 3 次
lt = [4,5,6]           #定义列表
print(lt*5)            #输出相同的列表数据 5 次
```

输出结果为：

```
Python 爱好者 Python 爱好者 Python 爱好者
[4, 5, 6, 4, 5, 6, 4, 5, 6, 4, 5, 6, 4, 5, 6]
```

（5）检查元素是否包含在序列中

在 Python 中，可以使用关键字 in 检查某元素是否包含在序列中，其语法格式为：

```
value in sequence
```

其中，value 表示要检查的元素，sequence 表示指定的序列。

例如，检查字符 c 是否包含在字符串“biancheng”中，可以运行如下代码：

```
str="biancheng"
print('c'in str)
```

运行结果为：

```
True
```

和关键字 in 用法相同，但功能恰好相反的，还有关键字 not in，它用来检查某个元素是否不包含在指定的序列中，例如：

```
str="biancheng"
print('c' not in str)
```

输出结果为：

```
False
```

（6）和序列相关的内置函数

Python 提供了与序列相关的内置函数（见表 4-1），用于实现与序列相关的一些常用操作。

表 4-1　与序列相关的内置函数

函数	功能
len()	计算序列的长度，即返回序列中包含多少个元素
max()	找出序列中的最大元素
min()	找出序列中的最小元素
list()	将序列转换为列表
str()	将序列转换为字符串
sum()	计算序列元素之和。使用该函数时，序列中的元素必须是数字，不能是字符或字符串，否则该函数将抛出异常，因为解释器无法判定是要做连接操作（“+”可以连接两个序列），还是做加法操作
sorted()	对元素进行排序
reversed()	反向序列中的元素
enumerate()	将序列组合为一个索引序列，多用在 for 循环中

这里给出几个例子：

```
str="biancheng"
print(max(str))          #找出最大的字符并输出
print(min(str))          #找出最小的字符并输出
print(sorted(str))       #对字符串中的元素进行排序并输出
```

输出结果为：

```
n
a
['a', 'b', 'c', 'e', 'g', 'h', 'i', 'n', 'n',]
```

4.2

2. 列表

从形式上看，列表会将所有元素都放在一对方括号“[]”里面，相邻元素之间用逗号分隔，如下所示：

```
[element1, element2, element3, ..., elementn]
```

上述格式中，element1～elementn 表示列表中的元素，元素个数没有限制，但必须是 Python 支持的数据类型。从内容上看，列表可以存储整数、小数、字符串、列表、元组、对象等任何类型的数据，并且同一个列表中元素的类型也可以不同。比如：

```
["I like Python!", 1, [2,3,4] , 3.0]
```

可以看到，列表中同时包含字符串、整数、列表、浮点数等数据类型。

注意，虽然可以将不同类型的数据放入同一个列表，但通常情况下不建议这么做，同一列表中只放入同一类型的数据，这样可以提高代码的可读性。

另外，列表的数据类型为 list，通过 type()函数就可以查看：

```
>>> print(type(["I like Python!", 1, [2,3,4] , 3.0] ))
```

输出结果为：

```
<class 'list'>
```

（1）创建列表

在 Python 中，创建列表的方法有两种，下面分别进行介绍。

- 使用“[]”直接创建列表。

使用“[]”创建列表后，一般使用“=”将它赋值给某个变量，具体格式如下：

```
listname = [element1 , element2 , element3 , ... , elementn]
```

其中，listname 表示变量名，element1～elementn 表示列表元素。

例如，下面创建的列表都是合法的。使用此方法创建列表时，列表中的元素可以有多个，也可以一个都没有。

```
num = [16, 24, 38, 4, 75, 6, 87]
program = ["C++", "Python", "Java"]
emptylist = [ ]
```

- 使用 list()函数创建列表。

Python 提供内置函数 list()，使用它可以将其他数据类型转换为列表类型。例如：

```
list1 = list("hello")              #将字符串转换成列表
print(list1)
tuple1 = ('Python', 'Java', 'C++', 'JavaScript')
list2 = list(tuple1)               #将元组转换成列表
print(list2)
dict1 = {'a':100, 'b':42, 'c':9}
list3 = list(dict1)                #将字典转换成列表
print(list3)
range1 = range(1, 6)
list4 = list(range1)               #将区间转换成列表
print(list4)
print(list())                      #创建并输出空列表
```

运行结果：

```
['h', 'e', 'l', 'l', 'o']
['Python', 'Java', 'C++', 'JavaScript']
['a', 'b', 'c']
[1, 2, 3, 4, 5]
[]
```

（2）访问列表元素

列表是 Python 序列的一种，我们可以使用索引访问列表中的某个元素，也可以使用切片访问列表中的一组元素。使用索引访问列表元素的格式为：

```
listname[i]
```

其中，listname 表示列表名字，i 表示索引。列表的索引可以是正数，也可以是负数。

使用切片访问列表元素的格式为：

```
listname[start : end : step]
```

其中，listname 表示列表名字，start 表示起始索引，end 表示结束索引，step 表示步长。例如：

```
url = list("Python is easy to learn, so I like it very much.")
#使用索引访问列表中的某个元素
print(url[3])                #使用正索引并输出元素
print(url[-4])               #使用负索引并输出元素
#使用切片访问列表中的一组元素
```

```
print(url[9: 18])           #使用正数切片并输出元素
print(url[9: 18: 3])        #指定步长并输出元素
print(url[-6: -1])          #使用负数切片并输出元素
```

运行结果：

```
h
u
[' ', 'e', 'a', 's', 'y', ' ', 't', 'o', ' ']
[' ', 's', 't']
[' ', 'm', 'u', 'c', 'h']
```

（3）删除列表

对于已经创建的列表，如果不再使用，可以使用 del 关键字将其删除。实际开发中并不经常使用 del 关键字来删除列表，因为 Python 自带的垃圾回收机制会自动销毁无用的列表，即使开发者不手动删除，Python 也会自动将其回收。

del 关键字的语法格式为：

```
del listname
```

其中，listname 表示要删除的列表的名称。例如：

```
intlist = [1, 45, 8, 34]
print(intlist)
del intlist
print(intlist)
```

运行结果如下，可见使用 del 关键字删除列表后再访问该列表会出现异常：

```
[1, 45, 8, 34]
Traceback (most recent call last):
  File "C:\Users\mozhiyan\Desktop\demo.py", line 4, in <module>
    print(intlist)
NameError: name 'intlist' is not defined
```

（4）添加列表元素

① 使用“+”连接列表。

可以使用“+”运算符将多个序列连接起来，生成一个新的列表，原有的列表不会改变。

```
language = ["Python", "C++", "Java"]
birthday = [1991, 1998, 1995]
info = language + birthday
print("language =", language)
print("birthday =", birthday)
print("info =", info)
```

运行结果：

```
language = ['Python', 'C++', 'Java']
birthday = [1991, 1998, 1995]
info = ['Python', 'C++', 'Java', 1991, 1998, 1995]
```

② 使用 append()函数添加列表元素。

append()函数用于在列表的末尾添加元素。该函数的语法格式如下：

```
listname.append(obj)
```

其中，listname 表示要添加元素的列表，obj 表示添加到列表末尾的数据，它可以是单个元素，也可以是列表、元组等。

```
l = ['Python', 'C++', 'Java']
l.append('PHP')        #追加元素
print(l)
```

```
t = ('JavaScript', 'C#', 'Go')
l.append(t)            #追加元组，整个元组被当成一个元素
print(l)
l.append(['Ruby', 'SQL'])#追加列表，整个列表被当成一个元素
print(l)
```

运行结果为：

```
['Python', 'C++', 'Java', 'PHP']
['Python', 'C++', 'Java', 'PHP', ('JavaScript', 'C#', 'Go')]
['Python', 'C++', 'Java', 'PHP', ('JavaScript', 'C#', 'Go'), ['Ruby', 'SQL']]
```

可以看到，当给 append()函数传递列表或者元组时，此函数会将它们视为一个整体，作为一个元素添加到列表中，从而形成包含列表或元组的新列表。

③ 使用 extend()函数添加列表元素。

extend()函数和 append()函数的不同之处在于，extend()函数不会把列表或者元组视为一个整体，而是把它们包含的元素逐个添加到列表中。

extend()函数的语法格式如下：

```
listname.extend(obj)
```

其中，listname 指的是要添加元素的列表，obj 表示添加到列表末尾的数据，它可以是单个元素，也可以是列表、元组等，但不能是单个数字。

```
l = ['Python', 'C++', 'Java']
l.extend('C')                #追加元素
print(l)
t = ('JavaScript', 'C#', 'Go')
l.extend(t)                  #追加元组，元祖被拆分成多个元素
print(l)
l.extend(['Ruby', 'SQL'])    #追加列表，列表被拆分成多个元素
print(l)
```

运行结果：

```
['Python', 'C++', 'Java', 'C']
['Python', 'C++', 'Java', 'C', 'JavaScript', 'C#', 'Go']
['Python', 'C++', 'Java', 'C', 'JavaScript', 'C#', 'Go', 'Ruby', 'SQL']
```

④ 使用 insert()函数插入列表元素。

append()函数和 extend()函数只能在列表末尾添加元素，如果需要在列表中间某个位置插入元素，那么可以使用 insert()函数。

insert()函数的语法格式如下：

```
listname.insert(index , obj)
```

其中，index 表示指定位置的索引。insert()函数会将 obj 表示的数据插入 listname 表示的列表的第 index 个元素的位置上。当插入列表或者元组时，insert()函数也会将它们视为一个整体，作为一个元素插入列表，这一点和 append()函数是一样的。

```
l = ['Python', 'C++', 'Java']
l.insert(1, 'C')                 #插入元素
print(l)
t = ('C#', 'Go')
l.insert(2, t)                   #插入元组，整个元组被当成一个元素
print(l)
l.insert(3, ['Ruby', 'SQL'])     #插入列表，整个列表被当成一个元素
print(l)
```

```
l.insert(0, "http://c.biancheng.net")#插入字符串，整个字符串被当成一个元素
print(l)
```

输出结果为：

```
['Python', 'C', 'C++', 'Java']
['Python', 'C', ('C#', 'Go'), 'C++', 'Java']
['Python', 'C', ('C#', 'Go'), ['Ruby', 'SQL'], 'C++', 'Java']
['http://c.biancheng.net', 'Python', 'C', ('C#', 'Go'), ['Ruby', 'SQL'], 'C++', 
'Java']
```

（5）删除列表元素

在 Python 列表中删除元素主要有以下 3 种场景：根据目标元素所在位置的索引进行删除，可以使用 del 关键字或者 pop()函数；根据元素本身的值进行删除，可使用列表提供的 remove()函数；将列表中所有元素全部删除，可使用列表提供的 clear()函数。

① 使用 del 关键字根据索引删除列表元素。

del 是 Python 的关键字，专门用来执行删除操作，它不仅可以删除整个列表，还可以删除列表中的某些元素。

del 可以删除列表中的单个元素，格式为：

```
del listname[index]
```

其中，listname 表示列表名称，index 表示元素的索引。例如：

```
lang = ["Python", "C++", "Java", "PHP", "Ruby", "MATLAB"]
del lang[2]  #使用正索引
print(lang)
del lang[-2]  #使用负索引
print(lang)
```

运行结果：

```
['Python', 'C++', 'PHP', 'Ruby', 'MATLAB']
['Python', 'C++', 'PHP', 'MATLAB']
```

del 也可以删除列表中间一段连续的元素，格式为：

```
del listname[start : end]
```

其中，start 表示起始索引，end 表示结束索引。del 会删除从索引 start 到 end 之间的元素，不包括 end 位置的元素。例如：

```
lang = ["Python", "C++", "Java", "PHP", "Ruby", "MATLAB"]
del lang[1: 4]
print(lang)
lang.extend(["SQL", "C#", "Go"])
del lang[-5: -2]
print(lang)
```

运行结果：

```
['Python', 'Ruby', 'MATLAB']
['Python', 'C#', 'Go']
```

② 使用 pop()函数根据索引删除列表元素。

pop()函数用来删除列表中指定索引处的元素，具体格式如下：

```
listname.pop(index)
```

其中，listname 表示列表名称，index 表示索引。如果不指定 index 参数，默认会删除列表中的最后一个元素，类似于数据结构中的“出栈”操作。

```
nums = [40, 36, 89, 2, 36, 100, 7]
nums.pop(3)
```

```
print(nums)
nums.pop()
print(nums)
```

运行结果：

```
[40, 36, 89, 36, 100, 7]
[40, 36, 89, 36, 100]
```

③ 使用 remove()函数根据元素值删除列表元素。

remove()函数会根据元素本身的值来执行删除操作。需要注意的是，remove()函数只会删除第一个和指定值相同的元素，而且必须保证该元素是存在的，否则会引发 ValueError。

```
nums = [40, 36, 89, 2, 36, 100, 7]
nums.remove(36)  #第一次删除 36
print(nums)
nums.remove(36)  #第二次删除 36
print(nums)
nums.remove(78)  #删除 78
print(nums)
```

运行结果：

```
[40, 89, 2, 36, 100, 7]
[40, 89, 2, 100, 7]
Traceback (most recent call last):
   File "C:\Users\mozhiyan\Desktop\demo.py", line 9, in <module>
        nums.remove(78)
ValueError: list.remove(x): x not in list
```

最后一次删除，因为 78 不在列表中导致报错，所以我们在使用 remove()函数删除元素时最好提前判断一下。

④ 使用 clear()函数删除列表所有元素。

clear()函数用来删除列表的所有元素，即清空列表。

```
url = list("I like Python!")
url.clear()
print(url)
```

运行结果：

```
[]
```

（6）修改列表元素

Python 提供了两种修改列表元素的方法，可以每次修改单个元素，也可以每次修改一组元素。

修改单个元素非常简单，直接对元素赋值即可。例如：

```
nums = [40, 36, 89, 2, 36, 100, 7]
nums[2] = -26 #使用正索引
nums[-3] = -66.2 #使用负索引
print(nums)
```

运行结果：

```
[40, 36, -26, 2, -66.2, 100, 7]
```

Python 支持通过切片给一组元素赋值。在进行这种操作时，如果不指定步长，Python 就不要求新赋值的元素个数与原来的元素个数相同。这意味着该操作既可以为列表添加元素，也可以为列表删除元素。例如：

```
nums = [40, 36, 89, 2, 36, 100, 7]
nums[1: 4] = [45.25, -77, -52.5]#修改第 1~4 个元素的值（不包括第 4 个元素）
print(nums)
```

运行结果：

```
[40, 45.25, -77, -52.5, 36, 100, 7]
```

如果对空切片赋值，就相当于插入一组新的元素。例如：

```
nums = [40, 36, 89, 2, 36, 100, 7]
nums[4: 4] = [-77, -52.5, 999] #在索引为 4 的位置插入元素
print(nums)
```

运行结果：

```
[40, 36, 89, 2, -77, -52.5, 999, 36, 100, 7]
```

使用切片赋值时，Python 不支持单个值，例如下面的写法就是错误的：

```
nums[4: 4] = -77
```

但是如果使用字符串赋值，Python 会自动把字符串转换成序列，其中的每个字符都是一个元素，例如：

```
s = list("Hello")
s[2:4] = "XYZ"
print(s)
```

运行结果：

```
['H', 'e', 'X', 'Y', 'Z', 'o']
```

使用切片语法时也可以指定步长，但这个时候就要求所赋值的新元素的个数与原有元素的个数相同，例如：

```
nums = [40, 36, 89, 2, 36, 100, 7]
nums[1: 6: 2] = [0.025, -99, 20.5]#步长为 2，为第 1、3、5 个元素赋值
print(nums)
```

运行结果：

```
[40, 0.025, 89, -99, 36, 20.5, 7]
```

（7）查找列表元素

Python 列表提供了 index()函数和 count()函数，它们都可以用来查找列表元素。

① index()函数。

index()函数用来查找某个元素在列表中的位置，如果该元素不存在，则会导致 ValueError，所以在查找之前最好使用 count()函数判断一下。

index()函数的语法格式为：

```
listname.index(obj, start, end)
```

其中，listname 表示列表名称，obj 表示要查找的元素，start 表示起始位置，end 表示结束位置。start 和 end 可以省略，此时会检索整个列表；如果只使用 start，不使用 end，那么表示检索从 start 到列表末尾的元素；如果 start 和 end 都使用，那么表示检索 start 和 end 之间的元素。index()函数会返回元素在列表中的索引。例如：

```
nums = [40, 36, 89, 2, 36, 100, 7, -20.5, -999]
print( nums.index(2) )           #检索并输出列表中的所有元素
print( nums.index(100, 3, 7) ) #检索并输出索引为 3~7 的元素
print( nums.index(7, 4) )        #检索并输出索引为 4 之后的元素
print( nums.index(55) )          #检索并输出索引为一个不存在的元素
```

运行结果：

```
3
5
6
Traceback (most recent call last):
  File "D:/workspace/chapter04/test.py", line 5, in <module>
    print( nums.index(55) )        #检索并输出一个不存在的元素
ValueError: 55 is not in list
```

② count()函数。

count()函数用来统计某个元素在列表中出现的次数，基本语法格式为：

```
listname.count(obj)
```

其中，listname 代表列表名称，obj 表示要统计的元素。如果 count()函数返回 0，就表示列表中不存在该元素。因此，count()函数也可以用来判断列表中是否存在某个元素。例如：

```
nums = [40, 36, 89, 2, 36, 100, 7, -20.5, 36]
print("36 出现了%d 次" % nums.count(36))  #统计并输出元素出现的次数
if nums.count(100):        #判断一个元素是否存在
    print("列表中存在 100 这个元素")
else:
    print("列表中不存在 100 这个元素")
```

运行结果：

```
36 出现了 3 次
列表中存在 100 这个元素
```

（8）遍历列表

列表是一个可迭代对象，它可以通过 for 循环遍历元素。假设某列表中存储的是学生的名字，可以通过 for 循环遍历该列表，依次向学生推送会议时间和地点。例如：

```
sList = ['张国强','李子奇','胡丽丽','宋倩倩','高红可']
for i in sList:
   print(i,'，今天在 1011 教室召开主题班会，请准时参加！')
```

运行结果：

```
张国强 ，今天在 1011 教室召开主题班会，请准时参加！
李子奇 ，今天在 1011 教室召开主题班会，请准时参加！
胡丽丽 ，今天在 1011 教室召开主题班会，请准时参加！
宋倩倩 ，今天在 1011 教室召开主题班会，请准时参加！
高红可 ，今天在 1011 教室召开主题班会，请准时参加！
```

3. Random 库

4.3

Random 库为随机数库，该库中定义了多个可产生各种随机数的函数。Random 库常用函数如表 4-2 所示。

表 4-2　Random 库常用函数

函数	说明
random()	返回(0,1]的随机实数
randint(x,y)	返回[x,y]的随机整数
choice(seq)	从序列 seq 中随机返回一个元素
uniform(x,y)	返回[x,y]的随机浮点数

在使用 random 库之前，先使用 import 语句导入该库。下面通过实例对 random 库常用函数的使用方法进行说明。

```
import random
a = random.random() #随机生成 0～1 的实数
n = random.randint(1,100) #随机生成 1～100 的整数
colors = ['red','blue','green','yellow','black']
color = random.choice(colors) #随机选取列表中的一个元素
print('随机生成的实数是：',a)
print('随机生成的整数是：',n)
print('随机生成的颜色是：',color)
```

运行结果如下，多次运行的结果不相同。

```
随机生成的实数是： 0.47427543360474667
随机生成的整数是： 9
随机生成的颜色是： green
```

4. 相关 turtle 库函数说明

- turtle.bgcolor(*args)：设置或返回背景颜色。
- turtle.clear()：从屏幕中删除海龟的绘图。不移动海龟，海龟的状态和位置以及其他海龟的绘图不受影响。
- turtle.update()：屏幕刷新，在禁用追踪时使用。

4.4

三、任务分析

通过图 4-1 可知，画布背景为黑色，需要设置标题，隐藏海龟形状，另外为了方便计算点的位置，需要设置画布大小。

定义一个颜色列表，在绘制点时随机从颜色列表中选取颜色。定义一个新列表，用于存放 100 个点的位置。

图 4-1 中的点的位置在变化，其颜色也在变化，可以考虑使用清空画布操作，重新设置点的位置和颜色后绘制，重复上述过程，即可实现霓虹灯闪烁效果。需要使用 tracer()函数关闭动画的自动刷新功能。

经过上述分析，程序需要循环实现以下功能。

- 清空画布，清空位置列表。
- 随机生成 100 个位置并加入位置列表。
- 遍历位置列表，随机选取颜色，在相应位置绘制彩点。
- 更新屏幕显示内容。
- 随机设置休眠时间。

动画实现原理如图 4-4 所示。

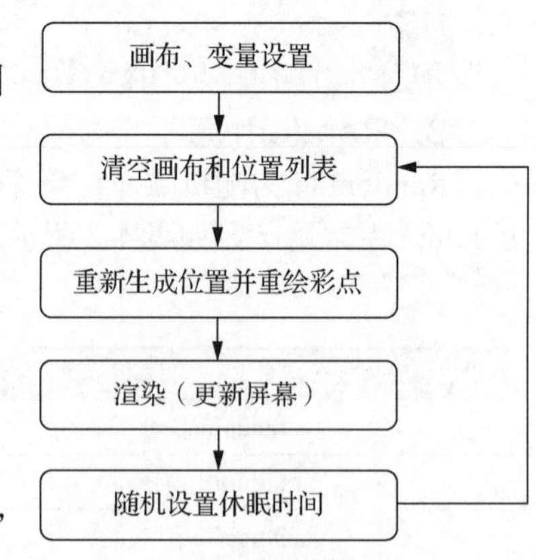

图 4-4 动画实现原理

四、任务实现

（1）在 PyCharm 中，选择“File”→“NewProject...”，在弹出的对话框中将项目命名为“chapter04”，单击“Create”按钮，创建新项目。

（2）在PyCharm中，右击左侧列表中的项目名称“chapter04”，选择“New”→“Python File”，在弹出的对话框中将文件命名为“4-1 夜幕下的霓虹灯.py”，按“Enter”键，进入代码编辑界面。

（3）在新建文件中导入库。除了导入海龟作图库turtle，还需要导入time库和random库，用于控制点的颜色、位置和闪烁时间间隔。

```
import time                #导入time库
import turtle  as t        #导入海龟作图库
import random              #导入random库
```

（4）设置画布大小为800×600、背景为黑色、标题为“夜幕下的霓虹灯”，关闭自动刷新功能，隐藏海龟形状，设置笔的状态为抬起。

```
t.setup(800,600)           #设置画布大小
t.bgcolor('black')         #设置背景为黑色
t.title('夜幕下的霓虹灯')   #设置标题
t.tracer(0,0)              #关闭自动刷新功能
t.hideturtle()             #隐藏海龟形状
t.penup()                  #抬起笔
```

（5）定义颜色列表并设置列表值，定义一个位置列表。位置会随时变化，所以位置列表的初始值为空。

```
#定义颜色列表
cs = ['red','orange','yellow','green','white','gray','cyan','blue','purple',
'pink','magenta']
poses = []  #定义空位置列表
```

（6）循环实现以下功能：清空画布；清空位置列表；随机生成100个位置并加入位置列表；遍历位置列表，随机设置颜色，在相应位置绘制彩点；更新屏幕显示内容；随机设置休眠时间；休眠。

```
while True:
    t.clear()  #清空画布
    poses.clear()   #清空位置列表
    #随机生成100个位置并加入位置列表
    for _ in range(100):
        x = random.randint(-400, 400)
        y = random.randint(-300, 300)
        poses.append([x, y])
    #遍历位置列表，随机设置颜色，在相应位置绘制彩点
    for pos in poses:
        t.color(random.choice(cs))
        t.goto(pos)
        t.dot(20)
    t.update() #更新屏幕显示内容
    ti = min(0.1+random.random(),0.5) #随机设置休眠时间
    time.sleep(ti)  #休眠
```

小贴士：夜幕下的霓虹灯的形状为固定的圆点，比较单调。而实际生活中的霓虹灯形状各异，请学习者探究，如何改造程序，实现不同形状的霓虹灯在闪烁的效果。

4.5

任务 4.2 旋转摩天轮——元组

一、任务描述

在游乐园里，我们经常看到摩天轮，乘客坐在旋转的摩天轮上，可以从高处俯瞰四周景色。请使用海龟作图库 turtle 实现摩天轮旋转的动画效果。背景图片如图 4-5 所示。摩天轮的座舱围绕中心匀速旋转，如图 4-6 所示。

图 4-5 背景图片

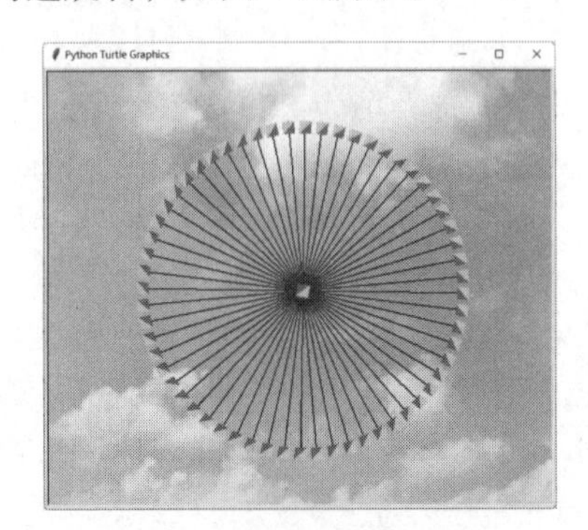

图 4-6 旋转摩天轮效果图

二、相关知识

1. 元组概述

元组是 Python 中另一个重要的序列结构。和列表类似，元组也是由一系列按特定顺序排列的元素组成。

元组和列表的不同之处在于，列表的元素是可以更改的，包括修改元素值、删除和插入元素，所以列表是可变序列；而元组一旦被创建，它的元素就不可更改，所以元组是不可变序列。通常情况下，元组用于保存无须修改的内容。

从形式上看，元组的所有元素都放在一对圆括号“()”中，相邻元素之间用逗号分隔，格式为：

```
(element1, element2, ... , elementn)
```

其中，element1～elementn 表示元组中的各个元素，数目没有限制，但必须是 Python 支持的数据类型。

从存储内容上看，元组可以存储整数、实数、字符串、列表、元组等任何类型的数据，并且在同一个元组中，元素的类型可以不同，例如：

```
("biancheng", 1, [2,'a'], ("abc",3.0))
```

在这个元组中，有多种类型的数据，包括整数、字符串、列表、元组。

在 Python 中，元组的数据类型为 tuple，通过 type()函数即可查看：

```
>>> print(type( ("biancheng",1,[2,'a'],("abc",3.0)) ))
```

运行结果：

```
<class 'tuple'>
```

2. 创建元组

Python 提供两种创建元组的方法，下面一一进行介绍。

（1）使用“()”直接创建元组

使用“()”创建元组后，一般使用“=”将它赋值给某个变量，具体格式为：

```
tuplename = (element1, element2, ..., elementn)
```

其中，tuplename 表示变量名，element1～elementn 表示元组元素。例如，下面的元组都是合法的：

```
num = (7, 14, 21, 28, 35)
course = ("人邮教育", "https://www.ryjiaoyu.com")
abc = ( "Python", 19, [1,2], ('c',2.0) )
```

在 Python 中，元组通常都是使用一对圆括号标识所有元素的，但圆括号不是必需的，只要将各元素用逗号隔开，Python 就会将其视为元组。请看下面的例子：

```
course = "人邮教育", "https://www.ryjiaoyu.com"
print(course)
```

运行结果为：

```
('人邮教育', 'https://www.ryjiaoyu.com')
```

需要注意的一点是，当创建的元组中只有一个元素时，该元素后面必须加一个逗号，否则 Python 解释器会将它视为该元素对应的类型。请看下面的例子：

```
a =(" https://www.ryjiaoyu.com",)#最后加上逗号
print(type(a))
print(a)
b = ("https://www.ryjiaoyu.com")#最后不加逗号
print(type(b))
print(b)
```

运行结果为：

```
<class 'tuple'>
('https://www.ryjiaoyu.com',)
<class 'str'>
https://www.ryjiaoyu.com
```

（2）使用 tuple()函数创建元组

Python 还提供了内置函数 tuple()，将其他数据类型转换成元组类型。tuple()函数的语法格式如下：

```
tuple(data)
```

其中，data 表示可以转换成元组的数据，包括字符串、元组、range 对象等。tuple()函数使用示例：

```
tup1 = tuple("hello")      #将字符串转换成元组
print(tup1)
list1 = ['Python', 'Java', 'C++', 'JavaScript']
tup2 = tuple(list1)        #将列表转换成元组
print(tup2)
dict1 = {'a':100, 'b':42, 'c':9}
tup3 = tuple(dict1)        #将字典转换成元组
print(tup3)
range1 = range(1, 6)
tup4 = tuple(range1)       #将区间转换成元组
print(tup4)
print(tuple())             #创建空元组并输出
```

运行结果为：

```
('h', 'e', 'l', 'l', 'o')
('Python', 'Java', 'C++', 'JavaScript')
('a', 'b', 'c')
```

```
(1, 2, 3, 4, 5)
()
```

3. 访问元组元素

和列表一样，可以使用索引访问元组中的某个元素，也可以使用切片访问元组中的一组元素。使用索引访问元组元素的格式为：

```
tuplename[i]
```

其中，tuplename 表示元组名称，i 表示索引。元组的索引可以是正数，也可以是负数。

使用切片访问元组元素的格式为：

```
tuplename[start : end : step]
```

其中，start 表示起始索引，end 表示结束索引，step 表示步长。

```
url = tuple("https:// www.ryjiaoyu.com/book")
#使用索引访问元组中的某个元素
print(url[3])              #使用正索引并输出
print(url[-4])             #使用负索引并输出
#使用切片访问元组中的一组元素
print(url[9: 18])          #使用正数切片并输出
print(url[9: 18: 3])       #使用指定步长切片并输出
print(url[-6: -1])         #使用负数切片并输出
```

运行结果：

```
p
b
('w', 'w', '.', 'r', 'y', 'j', 'i', 'a', 'o')
('w', 'r', 'i')
('m', '/', 'b', 'o', 'o')
```

4. 修改元组

元组是不可变序列，元组中的元素不能被修改，所以只能创建一个新的元组去替代旧的元组。例如，对元组变量重新赋值：

```
tup = (100, 0.5, -36, 73)
print(tup)
tup =('人邮教育',"https://www.ryjiaoyu.com/book")#对元组重新赋值
print(tup)
```

运行结果为：

```
(100, 0.5, -36, 73)
('人邮教育', 'https://www.ryjiaoyu.com/book')
```

另外，还可以通过连接多个元组（使用“+”可以连接元组）的方式向元组中添加新元素，例如：

```
tup1 = (100, 0.5, -36, 73)
tup2 = (3+12j, -54.6, 99)
print(tup1+tup2)
print(tup1)
print(tup2)
```

运行结果为：

```
(100, 0.5, -36, 73, (3+12j), -54.6, 99)
(100, 0.5, -36, 73)
((3+12j), -54.6, 99)
```

使用“+”连接元组以后，tup1 和 tup2 的内容没有发生改变，这说明生成的是一个新的元组。

5. 删除元组

当创建的元组不再使用时，可以通过 del 关键字将其删除，例如：

```
tup = ('人邮教育',"https:// www.ryjiaoyu.com/book")
print(tup)
del tup
print(tup)
```

运行结果为：

```
('人邮教育', 'https://www.ryjiaoyu.com/book')
Traceback (most recent call last):
   File "C:\Users\mozhiyan\Desktop\demo.py", line 4, in <module>
      print(tup)
NameError: name 'tup' is not defined
```

Python 自带垃圾回收功能，会自动销毁不用的元组，所以一般不需要通过 del 来手动删除。

6. 相关 turtle 库函数说明

- turtle.shape(type_, data)：表示海龟形状的数据结构建模。type_的取值为字符串"polygon"、"image"或"compound"。"polygon"表示多边形元组，"image"表示图片，"compound"表示复合形状，必须使用 addcomponent()函数来构建。
- addcomponent(poly, fill, outline=None)：可以用来构造复合的形状 poly 表示多边形，即由数值对构成的元组，fill 表示填充颜色，outline 用于指定多边形的轮廓。
- turtle.register_shape(name, shape=None)：注册自定义形状，name 表示形状名称，shape 表示复合类对象。

三、任务分析

4.6

摩天轮的座舱需要学习者自行绘制，座舱是由一个粉色三角形和一个灰色三角形组成的。座舱可以用 turtle 库的复合形状来绘制。turtle 库中有一个 shape 类，通过 shape 类可以实例化一个造型，通过 addcomponent()函数将各种形状添加为造型，最后用 register_shape()函数把造型注册到造型字典中，我们就可以在程序中使用新建的造型了。

座舱可以使用 turtle 库中的印章功能来实现，可以看出座舱的个数为 60。实现方式为：海龟从中心点移动半径距离，之后盖座舱印章，再回到中心点，旋转 360°/60，即 6°，以此类推，共循环 60 次，最后海龟回到中心点。

旋转动画的实现思路为，关闭画布自动刷新功能，循环执行以下操作：清空画布，绘制摩天轮，海龟向左旋转 1°，更新画布内容。

四、任务实现

（1）在 PyCharm 中，右击左侧列表中的项目名称“chapter04”，选择“New”→“Python File”，在弹出的对话框中将文件命名为“4-2 旋转摩天轮.py”，按“Enter”键，进入代码编辑界面。

（2）在新建文件中导入 turtle 库并设置别名为“t”。

```
import turtle as t
```

（3）创建并注册座舱造型：使用 shape ("compound")创建复合形状对象并取名为 diamond；造型左上部分实际上是由折线组成的粉色三角形，将其设置成记录三角形顶点的元组 ploy1，同理，造型右下部分设置成记录三角形顶点的元组 ploy2，假设座舱中心点坐标为(0,0)，座舱边长为 14，则各顶点的坐标设置如图 4-7 所示；使用复合形状对象的 addcomponent (ploy1, "gray")函数将 ploy1 添加到造型中，并设置为粉色，同理将 ploy2 加入造型；最后，使用 register_shape("diamond",diamond)函数把复合形状对象 diamond 注册到造型字典中，并取名为 diamond。

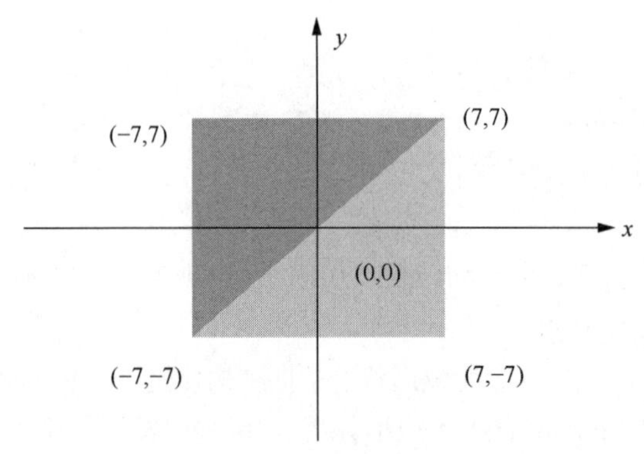

图 4-7　座舱造型设计

```
diamond = t.Shape("Compound")                #新建复合形状对象
poly1 = ((-7,-7), (7,-7), (7,7))             #右下灰折线顶点元组
diamond.addcomponent(poly1, "gray")          #将形状 ploy1 添加到造型中，颜色为灰色
poly2 = ((-7,-7), (-7,7), (7,7))             #左上粉折线顶点元组
diamond.addcomponent(poly2, "pink")          #将形状 ploy2 添加到造型中，颜色为粉色
t.register_shape("diamond", diamond)         #将复合形状注册到造型字典中，并取名为
                                             #diamond
```

（4）设置窗体标题、背景图片，将海龟形状设置为新定义的座舱造型，设置笔的颜色和宽度。

```
t.title('旋转摩天轮')                 #设置窗体标题
t.bgpic('bluesky.png')                #设置背景图片
t.color('red')                        #设置画笔颜色
t.pensize(2)                          #设置画笔宽度
t.shape("diamond")                    #将海龟形状设置为新创建的造型 diamond
```

（5）绘制摩天轮：海龟原始位置在中心点，先前进 200 个单位长度，在该位置盖印章留下一个座舱印章，再退回到中心点，旋转 6°，可使 60 个座舱均匀分布，依次类推，循环 60 次。

```
for _ in range(60):                   #循环 60 次
    t.fd(200)                         #海龟前进 200 个单位长度
    t.stamp()                         #盖印章，在当前位置留下一个座舱印章
    t.bk(200)                         #退回到中心点
    t.rt(360/60)                      #旋转 6°，这样计算可使 60 个座舱均匀分布
```

（6）实现旋转动画。关闭画布自动刷新功能，循环执行以下操作：清空画布，绘制摩天轮，海龟旋转 1°，为下次绘制做准备，更新画布内容。

```
    t.tracer(0)                    #关闭画布自动刷新功能
    while True:
        t.clear()                  #清空画布
        for _ in range(60):        #绘制摩天轮
            t.fd(200)              #海龟前进 200 个单位长度
            t.stamp()              #盖印章，在当前位置留下一个座舱印章
            t.bk(200)              #退回到中心点
            t.rt(360/60)           #旋转 6° ，这样计算可使 60 个座舱均匀分布
        t.left(1)                  #海龟向左旋转 1°
        t.update()                 #更新画布内容
    t.mainloop()
```

小贴士： 模仿创建与注册座舱的方法，绘制出更漂亮的图形，在旋转摩天轮动画的基础上进行改造，创造更绚丽的动画。

4.7

任务 4.3　人民币大写转化——字典

一、任务描述

在金融业务中，人民币大写与小写并存，为的是更加正确无误地办理业务。大小写互相参照的方式对账目的准确性以及核对有效性提供了更加便利的、有效的依据。银行、单位和个人填写的各种票据和结算凭证是办理支付结算和现金收付的重要依据。但人民币大写很容易写错，本任务主要实现的功能是，在提示窗口中输入人民币小写金额，单击“OK”按钮后生成与小写金额对应的大写金额，如图 4-8 所示。

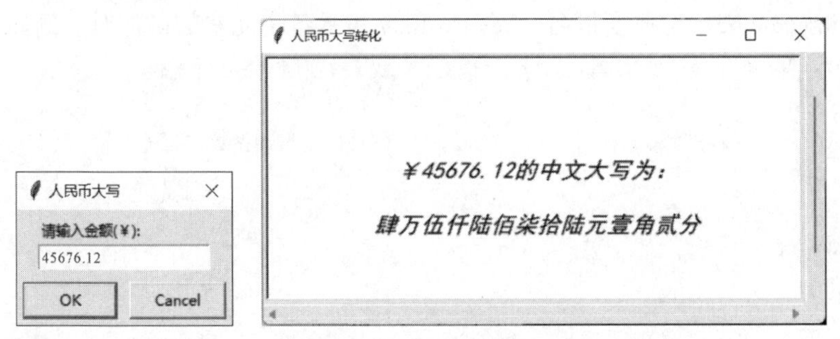

图 4-8　人民币大写转换

二、相关知识

1. 字典概述

字典（dict）是一种无序的、可变的类型，它的元素以“键值对”（key-value）的形式存储。字典是 Python 中唯一的映射类型。“映射”是数学术语，它指的是元素之间相互对应的关系，即通过一个元素，可以唯一找到另一个元素。在字典中，习惯将各元素对应的索引称为键（key），各个键对应的元素称为值（value），键及其对应的值称为“键值对”。字典不支持索引、切片、相加和相乘等操作。

字典的主要特征如表 4-3 所示。

表 4-3 字典的主要特征

主要特征	解释
字典是通过键来获取元素的	字典有时也称为关联数组或者哈希（hash）表。它通过键将一系列的值联系起来，这样就可以通过键从字典中获取指定项，但不能通过索引来获取
字典是任意数据类型的无序集合	列表和元组通常会将索引为 0 对应的元素称为第一个元素，而字典中的元素是无序的
字典是可变的，可以任意嵌套	字典可以在原处增长或者缩短（无须生成一个副本），支持任意深度的嵌套，即字典存储的值也可以是列表或其他字典
字典中的键是唯一的	在字典中，不支持同一个键出现多次的情况，否则只会保留最后一个键值对
字典中的键是不可变的	字典中每个键值对的键是不可变的，只能使用数字、字符串或者元组，不能使用列表

字典也有它自己的类型。在 Python 中，字典的数据类型为 dict，通过 type()函数即可查看：

```
>>> a = {'one': 1, 'two': 2, 'three': 3}  #a 是一个字典
>>> print(type(a))
```

运行结果：

```
<class 'dict'>
```

2. 创建字典

创建字典的方式有很多，下面一一介绍。

（1）使用“{}”创建字典

由于字典中每个元素都包含两部分，即键和值，因此在创建字典时，键和值之间使用冒号分隔，相邻元素之间使用逗号分隔，所有元素放在花括号“{}”中。使用“{}”创建字典的语法格式如下：

```
dictname = {'key1':value1, 'key2':value2, ..., 'keyn':valuen}
```

其中，dictname 表示字典变量名，key*n*:value*n* 表示各个元素的键值对。例如：

```
scores = {'数学': 95, '英语': 92, '语文': 84} #使用字符串作为键
print(scores)
dict1 = {(20, 30): 'great', 30: [1,2,3]} #使用元组和整数作为键
print(dict1)
dict2 = {} #创建空字典
print(dict2)
```

运行结果为：

```
{'数学': 95, '英语': 92, '语文': 84}
{(20, 30): 'great', 30: [1, 2, 3]}
{}
```

可以看到，字典的键可以是整数、字符串或者元组，只要符合唯一和不可变的特性，字典的值可以是 Python 支持的任意数据类型。

（2）通过 fromkeys()函数创建字典

在 Python 中，还可以使用 dict 提供的 fromkeys()函数创建带有默认值的字典，具体格式为：

```
dictname = dict.fromkeys(list, value=None)
```

其中，list 参数表示字典中所有键的列表；value 参数表示默认值，如果省略，则为空值 None。例如：

```
knowledge = ['语文', '数学', '英语']
scores = dict.fromkeys(knowledge, 60)
print(scores)
```

运行结果为：

```
{'语文': 60, '英语': 60, '数学': 60}
```

可以看到，knowledge 列表中的元素全部作为 scores 字典的键，而各个键对应的值都是 60。这种创建方式通常用于初始化字典，设置值的默认值。

（3）通过 dict()函数创建字典

通过 dict()函数创建字典的格式有多种，下面罗列了常用的几种格式，它们创建的都是同一个字典“{'one': 1, 'two': 1, 'three': 3}”。

- 传入键值对，其中键为字符串类型。

```
a = dict(str1=value1, str2=value2, str3=value3)
```

str 表示字符串类型的键，value 表示键对应的值。使用此方式创建字典时，字符串不能带引号。例如：

```
a = dict(one=1,two=1,three=3)
print(a)
```

运行结果为：

```
{'one': 1, 'two': 1, 'three': 3}
```

- 传入元组或列表。

```
demo = [('two',2), ('one',1), ('three',3)]  #方式 1
demo = [['two',2], ['one',1], ['three',3]]  #方式 2
demo = (('two',2), ('one',1), ('three',3))  #方式 3
demo = (['two',2], ['one',1], ['three',3])  #方式 4
a = dict(demo)
```

向 dict()函数传入列表或元组，而它们中的元素又是各自包含 2 个元素的列表或元组，其中第一个元素作为键，第二个元素作为值。

- 与 zip()函数配合使用。

```
keys = ['one', 'two', 'three'] #键还可以是字符串或元组
values = [1, 2, 3] #值还可以是字符串或元组
a = dict( zip(keys, values) )
```

通过 dict()函数和 zip()函数，可将两个列表转换为对应的字典。

注意，无论采用以上哪种方式创建字典，列表不能作为键，因为列表是可变的。如果不为 dict()函数传入任何参数，则代表创建一个空字典，例如：

```
d = dict() #创建空字典
print(d)
```

运行结果为：

```
{}
```

3. 访问字典

字典通过键来访问其对应的值。因为字典中的元素是无序的，每个元素的位置都不固定，所以字典也不能像列表和元组那样，采用切片的方式一次性访问多个元素。Python 访问字典元素的具体格式为：

```
dictname[key]
```

其中，dictname 表示字典变量名，key 表示键。注意，键必须是存在的，否则会发出异常。

例如：

```
tup = (['two',26], ['one',88], ['three',100], ['four',-59])
dic = dict(tup)
print(dic['one'])  #键存在并输出
print(dic['five'])  #键不存在并输出
```

运行结果：

```
88
Traceback (most recent call last):
   File "C:\Users\mozhiyan\Desktop\demo.py", line 4, in <module>
       print(dic['five'])  #键不存在并输出
KeyError: 'five'
```

除了上面这种方式外，Python 更推荐使用 dict 提供的 get()函数来获取指定键对应的值。当指定的键不存在时，get()函数不会发出异常。get()函数的语法格式为：

```
dictname.get(key[,default])
```

其中，dictname 表示字典变量名；key 表示指定的键；default 用于指定要查询的键不存在时，此方法返回的默认值，如果不指定，会返回 None。get()函数使用示例：

```
a = dict(two=0.65, one=88, three=100, four=-59)
print( a.get('one') )
```

运行结果：

```
88
```

注意，当键不存在时，get()函数返回空值 None，如果想明确提示用户该键不存在，那么可以设置 get()函数的第二个参数，例如：

```
a = dict(two=0.65, one=88, three=100, four=-59)
print( a.get('five', '该键不存在') )
```

运行结果：

```
该键不存在
```

4. 删除字典

和删除列表、元组一样，删除字典也可以使用 del 关键字，例如：

```
a = dict(two=0.65, one=88, three=100, four=-59)
print(a)
del a
print(a)
```

运行结果：

```
{'two': 0.65, 'one': 88, 'three': 100, 'four': -59}
Traceback (most recent call last):
   File "C:\Users\mozhiyan\Desktop\demo.py", line 4, in <module>
       print(a)
NameError: name 'a' is not defined
```

Python 自带回收功能，会自动销毁不用的字典，所以不需要通过 del 来删除。

5. 字典基本操作

4.8

字典常见的操作有向字典中添加键值对、修改字典中的键值对、从字典中删除指定的键值对、判断字典中是否存在指定的键值对等。

（1）向字典中添加键值对

向字典添加键值对很简单，直接给不存在的键赋值即可，具体语法格式如下：

```
dictname[key] = value
```

其中，dictname 表示字典名称，key 表示新的键，value 表示新的值，例如：

```
a = {'数学':95}
print(a)
a['语文'] = 89#添加键值对
print(a)
a['英语'] = 90#添加键值对
print(a)
```

运行结果：

```
{'数学': 95}
{'数学': 95, '语文': 89}
{'数学': 95, '语文': 89, '英语': 90}
```

（2）修改字典中的键值对

Python 字典中键的名称不能修改，只能修改值。字典中各元素的键必须是唯一的，因此，如果新添加元素的键与已存在元素的键相同，那么此键所对应的值就会被新的值替换掉，以此达到修改元素值的目的。例如：

```
a = {'数学': 95, '语文': 89, '英语': 90}
print(a)
a['语文'] = 100
print(a)
```

运行结果：

```
{'数学': 95, '语文': 89, '英语': 90}
{'数学': 95, '语文': 100, '英语': 90}
```

可以看到，字典中没有添加“'语文':100”键值对，而是对原有键值对“'语文': 89”中的值做了修改。

（3）从字典中删除指定的键值对

如果要删除字典中的键值对，可以使用 del 关键字。例如：

```
a = {'数学': 95, '语文': 89, '英语': 90}
del a['语文']  #使用 del 关键字删除键值对
del a['数学']
print(a)
```

运行结果为：

```
{'英语': 90}
```

（4）判断字典中是否存在指定的键值对

如果要判断字典中是否存在指定的键值对，首先应判断字典中是否有对应的键，可以使用 in 或 not in 关键字。需要指出的是，对于字典而言，in 或 not in 关键字都是基于键来判断的。例如：

```
a = {'数学': 95, '语文': 89, '英语': 90}
print('数学' in a) #判断 a 中是否包含名为'数学'的键并输出结果
print('物理' in a) #判断 a 中是否包含名为'物理'的键并输出结果
```

运行结果为：

```
True
False
```

6. 字典的常用函数

（1）keys()、values()和 items()函数

keys()、values()、items()函数都是用来获取字典中的特定数据的。keys()函数用于返回字典中的所有键，values()函数用于返回字典中所有键对应的值，items()函数用于返回字典中所有的键值对。

```
scores = {'数学': 95, '语文': 89, '英语': 90}
print(scores.keys())
print(scores.values())
print(scores.items())
```

运行结果：

```
dict_keys(['数学', '语文', '英语'])
dict_values([95, 89, 90])
dict_items([('数学', 95), ('语文', 89), ('英语', 90)])
```

可以发现，keys()、values()和 items()返回值的类型分别为 dict_keys、dict_values 和 dict_items。在 Python 3.x 中如果想使用这 3 个函数返回的数据，一般有下面两种方法。

- 使用 list()函数，将其返回的数据转换成列表，例如：

```
a = {'数学': 95, '语文': 89, '英语': 90}
b = list(a.keys())
print(b)
```

运行结果为：

```
['数学', '语文', '英语']
```

- 使用 for 循环遍历这 3 个方法的返回值，例如：

```
a = {'数学': 95, '语文': 89, '英语': 90}
for k in a.keys():
      print(k,end=' ')
print("\n---------------")
for v in a.values():
      print(v,end=' ')
print("\n---------------")
for k,v in a.items():
      print("key:",k," value:",v)
```

运行结果为：

```
数学 语文 英语
---------------
95 89 90
---------------
key: 数学  value: 95
key: 语文  value: 89
key: 英语  value: 90
```

（2）copy()函数

copy()函数用于返回一个字典的副本，即返回一个具有相同键值对的新字典，例如：

```
a = {'one': 1, 'two': 2, 'three': [1,2,3]}
b = a.copy()
print(b)
```

运行结果为：

```
{'one': 1, 'two': 2, 'three': [1, 2, 3]}
```

（3）update()函数

update()函数可以使用一个字典所包含的键值对来更新已有的字典。在使用 update()函数时，如果被更新的字典中已包含对应的键值对，那么原值会被覆盖；如果被更新的字典中不包含对应的键值对，则该键值对被添加进去。例如：

```
a = {'one': 1, 'two': 2, 'three': 3}
a.update({'one':4.5, 'four': 9.3})
print(a)
```

运行结果为：

```
{'one': 4.5, 'two': 2, 'three': 3, 'four': 9.3}
```

从运行结果可以看出，由于被更新的字典中已包含键为“one”的键值对，因此更新时该键值对的值将被改写；被更新的字典中不包含键为“four”的键值对，所以更新时会为原字典增加一个新的键值对。

（4）pop()函数和 popitem()函数

pop()函数和 popitem()函数都用来删除字典中的键值对，不同的是，pop()函数用来删除指定的键值对，而 popitem()函数用来随机删除一个键值对，它们的语法格式如下：

```
dictname.pop(key)
dictname.popitem()
```

其中，dictname 表示字典名称，key 表示键。例如：

```
a = {'数学': 95, '语文': 89, '英语': 90, '化学': 83, '生物': 98, '物理': 89}
print(a)
a.pop('化学')
print(a)
a.popitem()
print(a)
```

运行结果：

```
{'数学': 95, '语文': 89, '英语': 90, '化学': 83, '生物': 98, '物理': 89}
{'数学': 95, '语文': 89, '英语': 90, '生物': 98, '物理': 89}
{'数学': 95, '语文': 89, '英语': 90, '生物': 98}
```

（5）setdefault()函数

setdefault()函数用来返回某个键对应的值，其语法格式如下：

```
dictname.setdefault(key, defaultvalue)
```

其中，dictname 表示字典名称，key 表示键，defaultvalue 表示默认值（可以省略，省略的话表示 None）。当指定的键不存在时，setdefault()函数会先为这个不存在的键设置一个默认的 defaultvalue，然后返回 defaultvalue。也就是说，setdefault()函数总能返回指定键对应的值。例如：

```
a = {'数学': 95, '语文': 89, '英语': 90}
print(a)
a.setdefault('物理', 94)    #键不存在，指定默认值
print(a)
a.setdefault('化学')        #键不存在，不指定默认值
print(a)
a.setdefault('数学', 100) #键存在，指定默认值
print(a)
```

运行结果为：

```
{'数学': 95, '语文': 89, '英语': 90}
{'数学': 95, '语文': 89, '英语': 90, '物理': 94}
{'数学': 95, '语文': 89, '英语': 90, '物理': 94, '化学': None}
{'数学': 95, '语文': 89, '英语': 90, '物理': 94, '化学': None}
```

三、任务分析

回顾一下小学数学中的读数知识。读数规律蕴藏在下面的口诀中。

读数写数歌

读数写数并不难，只要规律记心间。
从低到高先分级，找准标志画点记。
每级开头中间“0”，切记只读一个“0”。
每级末位“0”不读，小数按照顺序读。
写数从高到低排，小数部分顺次来。
哪个数位没单位，就用“0”来占位。

把一个数字读出来，需要分级，每 4 位为一级；每级开头有 0 或中间有 0，无论 0 的个数有多少只读一个 0；每级末尾的 0 不用读；小数部分没有单位，但在人民币数据表示中有角和分；在读每一级 4 位数时，数位“千”“百”“十”需要读出，而数位“个”不需要读。每级又有层级单位如“万亿”“亿”“万”等。如图 4-9 所示，可以看出￥105060700.19 读作“壹亿零伍佰零陆万零柒佰元壹角玖分”。

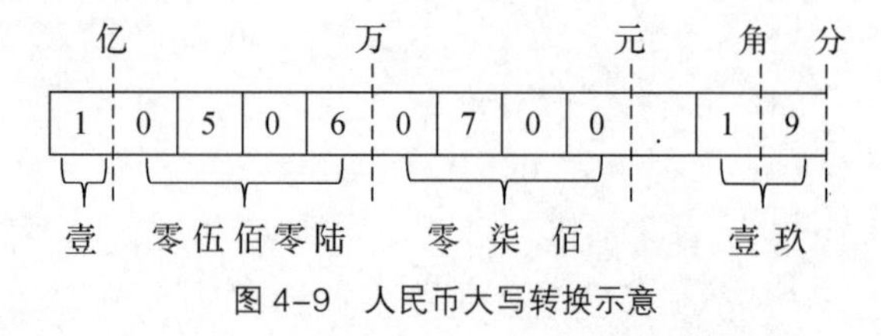

图 4-9 人民币大写转换示意

找出规律后，用编程来实现人民币大小写转换，主要思路如下。

（1）定义 3 个字典，分别存放大小写数字转换、层级单位（“万亿”“亿”“万”“元”“角”“分”）、数位（“仟”“佰”“拾”）。

（2）将数字分成整数部分和小数部分。

（3）将整数部分进行分级，4 位一级，对每级的各个数位进行转换，之后加上层级单位。在分级时，先处理后 4 位，即最后一级，再处理前一级，依次类推。在对每级数据进行逐位转换时，采用倒序方式，即按照个、十、百、千的顺序，这样方便处理每级末尾“0”不读的情况。在编写程序过程中可以看出，倒序方便“0”的转换处理。

（4）对小数部分进行处理，四舍五入保留两位，再转换成大写。

（5）将整数部分和小数部分转换内容连接起来。

四、任务实现

（1）在 PyCharm 中，右击左侧列表中的项目名称“chapter04”，选择“New”→“Python File”，在弹出的对话框中将文件命名为“4-3 人民币大写转化.py”，按“Enter”键，进入代码编辑界面。

（2）在新建文件中导入 turtle 库，设置窗体标题、窗口大小。

```
import turtle as t
t.title('人民币大写转化')
t.setup(800,400)
```

（3）定义 3 个字典，分别为大小写数字对照字典 largenum、层级单位字典 level、数位字典 digit。

```
#设置大小写数字对照字典
largenum = {0:'零',1:'壹',2:'贰',3:'叁',4:'肆',5:'伍',6:'陆',7:'柒',8:'捌',
9:'玖'}
#设置层级单位字典
level = {-2:'分',-1:'角',0:'元',1:'万',2:'亿',3:'万亿'}
#设置每级数位，个位不读，用空字符串代替，每 4 位为一级
digit = {0:'',1:'拾',2:'佰',3:'仟'}
```

（4）输入人民币小写金额并转换成字符串，并将金额的整数部分和小数部分分开。

```
#提示输入金额，设置最大值 9999999999999999.99
money = str(t.numinput('人民币大写','请输入金额(¥):',45676.12,0,
9999999999999999.99))
#整数部分和小数部分分开，放在列表中
moneylist = money.split('.')
integerpart = moneylist[0] #整数部分
decimalpart = moneylist[1] #小数部分
```

（5）循环截取整数部分的后 4 位，直至截取的字符串长度小于 4 或代表整数部分的字符串全部截取完毕。

```
while True:
    substr = integerpart[-4:] #截取整数部分的后 4 位
    lensub = len(substr)  #计算截取的长度，最后一次有可能小于 4
    print(substr)
    #截断整数部分的后四位，为下一轮循环做准备
    integerpart = integerpart[:-4]
    #截取的字符串长度小于 4
    #integerpart 为空，表示已经循环到最后一级
    if lensub < 4 or integerpart=='':
        break
```

（6）对步骤（5）进行细化，对截取的字符串 substr 对应的数字进行大写转换，替换步骤（5）中的“print(substr)”。反向截取 substr 的每一个字符（即按照个、十、百、千的顺序截取）。如果截取的数字不为 0，则将其转换为大写并加上数位，将组合好的字符串合并到记录每级大写的字符串 sublargestr 中；如果截取的数字为 0，需要判断是否在每级的末尾，如果在末尾则不读出，如果不在末尾则需判断 sublargestr 的第一位是否为零，避免“零”重复。

```
while True:
    substr = integerpart[-4:] #截取整数部分的后 4 位
    lensub = len(substr)  #计算截取的长度，最后一次有可能小于 4
    sublargestr = ''  #记录本级小写转换为大写的字符串
    for i in range(lensub):  #循环截取的数位次数
        #反向截取本级的数位（即个、十、百、千的顺序）
        num = substr[lensub - i - 1]
```

```
            #截取的数据不为 0，将数字转换为大写+数位，将其放入 sublargestr 前面
            if num != '0':
                sublargestr = largenum[int(num)]+digit[i] + sublargestr
            else:
                #如果截取的数据为 0 且 sublargestr 为空，表示是每级末尾的 0
                #sublargestr 有数据且第一个数据不为“零”，则在前面加“零”，避免“零”重复
                if sublargestr != '':
                    if sublargestr[0] != '零':
                        sublargestr = '零' + sublargestr
        print(sublargestr)
        #截断整数部分的后 4 位，为下一轮循环做准备
        integerpart = integerpart[:-4]
        #截取的字符串长度小于 4
        #integerpart 为空，表示已经循环到最后一级
        if lensub < 4 or integerpart=='':
            break
```

（7）继续细化步骤（6）。将每级转换好的大写金额 sublargestr 与层级单位组合（即元、万、亿、万亿等），存入记录整数部分大写金额的字符串 largemoney。j 是用来记录整数部分层级单位对应的字典的键。

```
largemoney = ''  #记录大写金额的字符串
j = 0 #记录级数，即有几个 4 位
while True:
……… ………
……… ………
#循环之后 sublargestr 仍为空，说明该级各个数位上的数字均为 0
    if sublargestr != '':  #不为空，将该级大写金额+层级单位，加入 largemoney
        largemoney = sublargestr + level[j] + largemoney
    #如果为空，并且 largemoney 第一位不是“零”，加“零”
    elif len(largemoney) > 0 and largemoney[0] != '零':
        largemoney = '零' + largemoney
    j = j + 1  #级数加 1，为正确获取 level 对应的层级单位
    #截断整数部分的后 4 位，为下一轮循环做准备
    integerpart = integerpart[:-4]
    #截取的字符串长度小于 4
    #integerpart 为空，表示已经循环到最后一级
    if lensub < 4 or integerpart=='':
        break
```

（8）小数部分比较简单，只保留 2 位，即层级单位到“分”为止。用 round()函数，通过四舍五入保留两位小数。如果小数部分为 0 则不需要读出，第一位为 0、第二位不为 0 则第一位读零。

```
#小数部分，只保留两位，四舍五入，并转换成字符串
decimalpart = str(round(float('0.' + decimalpart),2))
decimalstr = '' #记录小数部分的大写金额字符串
decimallen = len(decimalpart)  #小数部分的长度，包含“0.”
#循环获取小数点后面的数字，从最后一位开始向前截取
for i in range(decimallen-1,1,-1):
```

```
        #如果截取的数字不为 0，转换成大写并加上层级单位“角”或“分”
        if decimalpart[i] !='0':
            decimalstr = largenum[int(decimalpart[i])]+level[1-i] + decimalstr
        #如果截取的数字为 0，并且 decimalstr 不为空，说明最后一位不是“零”，需要在 decimalstr 前加“零”
        elif decimalstr!='':
            decimalstr = '零'+decimalstr
```

（9）将整数部分和小数部分组合。

```
#整数部分和小数部分整合
largemoney = largemoney+decimalstr
```

（10）将转换好的大写金额写入窗体，横向居中。

```
ft =('黑体',16,'italic')
t.hideturtle()
t.penup()
t.color('black')
t.write("￥"+money+'的中文大写为：',font = ft,align='center')
t.goto(0,-50)
t.write(largemoney,font=ft,align='center')
t.mainloop()
```

拓展任务：生词本——集合

Python 中集合的概念和数学中的集合概念一样，可以用来保存不重复的元素，即集合中的元素都是唯一的，互不相同。从形式上看，集合和字典类似。

4.10

列表、元组、字典和集合都是 Python 中的组合数据类型，它们都拥有不同的特点，下面分别从可变性、唯一性和有序性这 3 个特点进行比较，如表 4-4 所示。

表 4-4　列表、元组、字典和集合的区别

类型	可变性	唯一性	有序性
列表	可变	可重复	有序
元组	不可变	可重复	有序
字典	可变	可重复	无序
集合	不可变	不可重复	无序

综合实训 4——成绩管理系统

4.11

项目背景：以某小学某班级为例，开发一个简易的成绩管理系统，实现对班级学生成绩的维护、查找，以及班级成绩统计分析功能。期末考试结束后，班主任可以对每个学生、每门课程、班级整体情况进行统计分析，为评优提供依据。经过调研分析，得到图 4-10 所示的成绩管理系统功能分析示意。

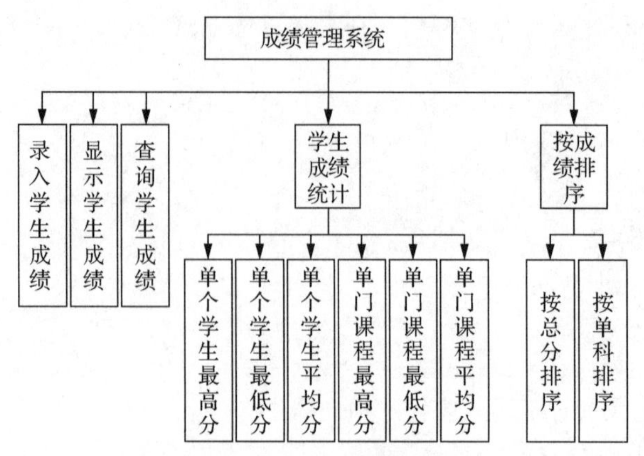

图 4-10　成绩管理系统功能分析

编程任务：小组分工合作，共同完成成绩管理系统的开发，学生信息存储在组合数据类型中，根据实际情况选择合适的数据类型。每个模块的描述如下。

（1）录入学生成绩：首先提示输入班级人数，之后按照提示录入每个学生的学号、姓名、语文成绩、数学成绩、英语成绩、科学成绩。

（2）显示学生成绩：输出班级所有同学的成绩。

（3）查询学生成绩：提示输入学号，之后输出与学号对应的学生的成绩信息。

（4）学生成绩统计：根据输入的学号统计单个学生 4 门课程中的最高分、最低分、平均分，统计单门课程的最高分、最低分、平均分。

（5）按成绩排序：支持两种排序的形式，分别是按总分排序和按单科排序。按总分排序就是计算每个学生 4 门课程的总分，按照从高到低的顺序输出学生信息及总分。按单科排序就是分别输出 4 门课程成绩排序后的学生信息。

单元小结

本单元讲解了 Python 中的列表、元组和字典的基本使用方法。首先介绍了列表，包括列表的创建、访问列表、列表的遍历和排序，以及添加、删除和修改列表元素等。然后介绍了元组，包括元组的创建、访问元组的元素等。最后介绍了 Python 中的字典，包括字典的创建、访问字典的基本操作。在拓展任务介绍了集合的相关概念和与列表、元组、字典的对比等。通过本单元的学习，希望学习者能够掌握列表、元组的基本使用方法，并灵活运用列表和元组进行 Python 程序开发，能够熟练使用字典和集合存储数据，为后续开发打好基础。

拓展练习

一、填空题

1. 序列元素的编号称为__________，访问序列元素时用__________标识。

2. 设有列表 L=[1,2,3,4,5,6,7,8,9]，则 L[2:4]的值是__________，L[::2]的值是__________，L[-1]的值是__________。

3. Python 中列表的元素可通过索引或__________方式访问。

4. 元组可以使用内置的__________函数创建。

5. 字典中每个元素都包含两部分，分别是__________和__________，其中__________不允许重复。

二、单选题

1. 使用列表的（　　）函数可以快速反转列表中的元素。

A. reverse()　　B. pop()　　C. append()　　D. sort()

2. 可利用字典对象的（　　）函数，以参数的方式传入要修改的键与修改后的值。

A. popitem()　　B. update()　　C. pop()　　D. edit()

3. 已知有列表 nums=[11,22,33]，对该列表进行以下操作：

```
nums[0] = 55
nums[0:2] = [0,1]
list1 = [5,6]
nums += list1
```

nums 的值变为（　　）。

A. [55,1,33,5,6]　　B. [0,1,33,5,6]　　C. [55,0,1,33,5,6]　　D. [55,0,1,5,6]

4. Python 列表中的元素使用（　　）标识，各元素之间使用逗号分隔。

A. []　　B. ()　　C. {}　　D. ''

5. 阅读下面程序：

```
li_one = [2, 1, 5, 6]
print(sorted(li_one[:2]))
```

输出结果正确的是（　　）。

A. [1, 2]　　B. [2, 1]　　C. [1, 2, 5, 6]　　D. [6, 5, 2, 1]

6. 下列选项中，默认删除列表的最后一个元素是（　　）。

A. del　　B. remove()　　C. pop()　　D. extend()

7. 阅读下面程序：

```
li_one = ['p', 'c', 'q', 'h']
li_two = ['o']
li_one.extend(li_two)
li_one.insert(2, 'n')
print(li_one)
```

输出结果正确的是（　　）。

A. ['p', 'c', 'n', 'q', 'h', 'o']　　B. ['p', 'c', 'h', 'q', 'n', 'o']

C. ['o', 'p', 'c', 'n', 'q', 'h']　　D. ['o', 'p', 'n', 'c', 'q', 'h']

8. 下列语句中，可以正确创建元组的语句是（　　）。

A. tu_one = tuple('1', '2')　　B. tu_two = ('q')

C. tu_three = ('on',)　　D. tu_four = (4)

9. 下列方法中，可以获取字典中所有键的是（　　）。

A. keys()　　B. value()　　C. list()　　D. values()

10. 阅读下面程序：

```
lan_info = {'01': 'Python', '02': 'Java', '03': 'PHP'}
lan_info.update({'03': 'C++'})
print(lan_info)
```

运行程序，输出结果是（　　）。

A. {'01': 'Python', '02': 'Java', '03': 'PHP'}　　B. {'01': 'Python', '02': 'Java', '03': 'C++'}

C. {'03': 'C++','01': 'Python', '02': 'Java'}　D. {'01': 'Python', '02': 'Java'}

11. 下列方法中，不能删除字典中元素的是（　　）。

A. del()　B. remove()　C. pop()　D. popitem()

12. 阅读下面程序：

```
set_01 = {'a', 'c', 'b', 'a'}
set_01.add('d')
print(len(set_01))
```

运行程序，以下输出结果正确的是（　　）。

A. 5　B. 4　C. 3　D. 2

三、判断题

1. 通过 list()函数可以将已有的元组或字符串转换为列表。（　　）
2. Python 中的序列支持单项索引。（　　）
3. sort()方法用于对列表中的元素排序，该方法的参数 reverse 的值为 False 时，表示降序排列。（　　）
4. 使用圆括号创建元组时，圆括号可视情况省略，但在创建空元组时圆括号不能省略。（　　）
5. 列表和元组基本相同，但列表可变，元组不可变。（　　）
6. 集合和字典中的元素都使用圆括号标识。（　　）
7. 使用 list()函数创建列表时，接收的参数必须是一个可迭代的数据。（　　）
8. Python 要求放入集合中的元素必须是不可变类型。（　　）
9. key()函数用于查看字典中所有的键。（　　）
10. 字典的 pop()函数可以根据指定键删除字典中的指定元素。（　　）

四、简答题

1. 概述 Python 中的组合数据类型列表、元组、字典和集合的区别。
2. 概述 Python 中的组合数据类型列表、元组、字典的创建方式。

五、编程题

1. 从控制台输入若干整数，以“end”结束，将输入的整数存入列表，之后对列表进行排序并输出到控制台。

2. 创建一个字典存储学生信息，循环录入学生的学号和姓名，以“#”结束，将录入信息存入字典，并输出字典内容。

3. 编写一个程序，输出 10 行杨辉三角（除了第 1 行、第 1 列和最后一列为 1 外，其余数字均为自身上方两个数字之和），具体输出结果如下：

```
1 : [1]
2 : [1, 1]
3 : [1, 2, 1]
4 : [1, 3, 3, 1]
5 : [1, 4, 6, 4, 1]
6 : [1, 5, 10, 10, 5, 1]
7 : [1, 6, 15, 20, 15, 6, 1]
8 : [1, 7, 21, 35, 35, 21, 7, 1]
9 : [1, 8, 28, 56, 70, 56, 28, 8, 1]
10 : [1, 9, 36, 84, 126, 126, 84, 36, 9, 1]
```

第5单元

函数

学习导读

当某种功能需要在程序中的不同位置重复使用时，开发人员通常会将其中的功能性代码定义成一个函数，在需要该功能的位置调用该函数。函数提高了程序的复用性，降低了程序冗余，使得程序结构更加清晰。函数是被封装起来的实现某种功能的一段程序，它可以被其他函数调用。本单元将学习函数的功能及使用方法。

学习目标

1. 知识目标

- 掌握函数的概念。
- 了解常用的内置函数。
- 掌握函数的定义与调用方法。
- 掌握函数的参数传递方式。
- 掌握局部变量和全局变量的使用方法。
- 了解匿名函数与递归函数的使用方法。

2. 技能目标

- 能够根据需要使用常用的内置函数。
- 能够根据需要定义函数并调用函数以实现目标功能。
- 能够根据实际情况选择合适的参数传递方式。
- 能够根据需要定义局部变量和全局变量。
- 能够使用匿名函数和递归函数简化程序。

3. 素质目标

- 培养标准化的编码规范能力。
- 培养创新能力，以及分析问题和解决问题的能力。
- 培养团队意识和沟通能力。

思维导图

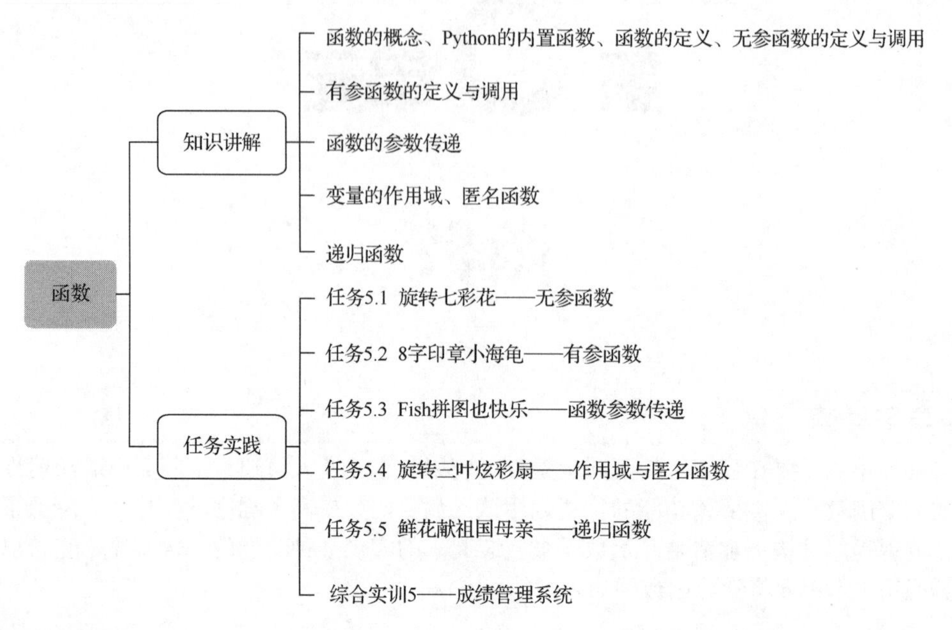

5.1

任务 5.1 旋转七彩花——无参函数

一、任务描述

还记得七彩花的童话故事吗？Python 不仅可以绘制七彩花，还可以让它动起来。使用海龟作图库 turtle 实现旋转花瓣动画，一朵由七种颜色的叶子组成的小花朵，在屏幕中间旋转。旋转七彩花如图 5-1 所示。

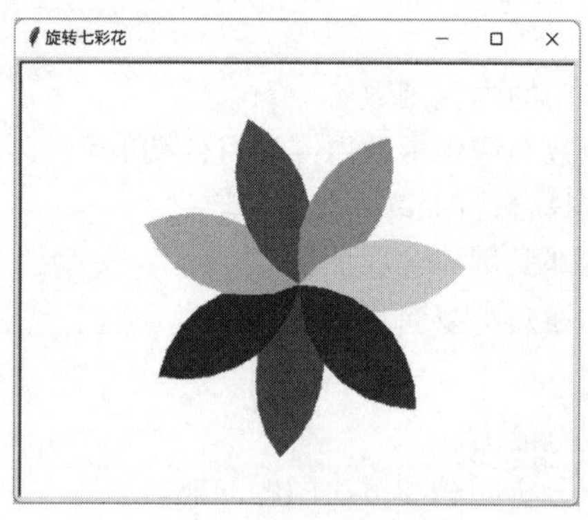

图 5-1 旋转七彩花

二、相关知识

1. 函数的概念

从本质上来说，函数就是一段被封装起来的代码，可以被其他 Python 程序重用。如果不被主动调用，是不会运行的。如果其他程序要与被函数封装的代码交互，就会涉及数据交换。数据交换就是指数据的输入和输出，也就是外部代码需要将数据传给函数，而函数又要将内部的数据传给外部代码。为了完成这项工作，函数需要具备两类元素：参数和返回值。外部代码调用函数就像访问一样，需要为函数取个名字，即函数名。如果要用一句话定义 Python 函数，那么函数就是一个拥有名称、参数和返回值的代码块。

Python 安装包、标准库中的函数统称为内置函数，用户自己编写的函数称为自定义函数，不管是哪种函数，其定义和调用方式都是一样的。

2. Python 的内置函数

Python 内置了一些可以实现特定功能的函数，这些函数无须重新定义就可直接使用，如表 5-1 所示。

表 5-1　Python 内置函数

函数	说明
abs()	用于计算绝对值，其参数必须是数字类型
len()	用于返回序列对象（如字符串、列表、元组等）的长度
map()	根据提供的函数对指定的序列做映射
help()	用于返回函数或库的使用说明
ord()	用于返回 Unicode 字符对应的码值
chr()	与 ord()功能相反，用于返回码值对应的 Unicode 字符
filter()	用于过滤序列，返回由符合条件的元素组成的新列表

（1）abs()函数

abs()函数用于计算绝对值，其参数必须是数字类型。如果参数是一个复数，那么 abs()函数返回的绝对值是此复数与它的共轭复数乘积的平方根。

```
print(abs(-5))
print(abs(3.14))
print(abs(8 + 3j))
```

运行结果为：

```
5
3.14
8.54400374531753
```

（2）ord()函数

ord()函数用于返回字符在 Unicode 编码表中对应的码值，其参数为单个字符。

```
print(ord('a'))
print(ord('A'))
```

运行结果为：

```
97
65
```

（3）chr()函数

chr()和 ord()函数的功能相反，可根据码值返回相应的 Unicode 字符。chr()函数的参数是一个整数，取值范围为 0～255。

```
print(chr(97))
print(chr(65))
```

运行结果为：

```
a
A
```

其他函数的使用方法可自行研究。

3. 函数的定义

函数名、函数参数和返回值是函数的 3 个重要元素，其中函数名是必需的。如果函数只是简单地运行某段代码，不需要与外部交互，那么函数参数与返回值是可以省略的。

Python 定义函数使用 def 关键字，一般格式如下：

```
def 函数名([参数列表]):
    ["函数文档字符串"]
    函数体
    return[语句]
```

定义说明如下。

- 函数代码块以 def 关键词开头，后接函数名和圆括号。
- 任何参数和自变量必须放在圆括号内，圆括号内可用于定义参数。
- 函数的第一行语句可以选择性地使用文档字符串，用于存放函数说明。
- 函数内容以冒号开始，之后换行并且使用缩进。
- return [语句]用于结束函数，选择性地返回一个值给调用方，不带语句的 return 相当于返回 None。

4. 无参函数的定义与调用

若函数的参数列表为空，表示该函数不需要从外部代码接收数据，那么这个函数称为无参函数。例如，按照一定的格式输出天气情况，定义函数如下：

```
def weather():
   print("*" * 13)
   print("日期：4 月 8 日")
   print("温度：14℃～28℃")
   print("空气状况：良")
   print("*" * 13)
```

定义好的函数直到被程序调用时才会运行，weather()函数是无参、无返回值的函数。无参、无返回值函数的调用格式如下：

```
函数名()
```

调用 weather()函数的代码为：

```
weather()
```

运行结果为：

```
*************
日期：4 月 8 日
温度：14℃～28℃
空气状况：良
*************
```

如果需要将函数内部数据传给外部代码，就需要使用 return 语句返回值。例如，定义计算 1～500 所有整数之和的函数为：

```
def sum1to500():
    sum=0
    for i in range(1,501):
        sum=sum+i
    return sum
```

调用该函数，计算 1～500 的所有整数之和，定义变量接收返回值：

```
sum = sum1to500()
```

或者直接将返回值输出到控制台：

```
print( sum1to500())
```

三、任务分析

本任务使用动画原理，把所画的七彩花不断擦除再重新画上，并且画完后旋转一定的角度，为下次绘图做准备，这样就能看到旋转的动画。在程序中可以使用 tracer()函数关闭动画的自动刷新显示，当绘制完一朵七彩花后，需要调用 update()函数让它在新的坐标位置显示出来。动画实现原理如图 5-2 所示。

5.2

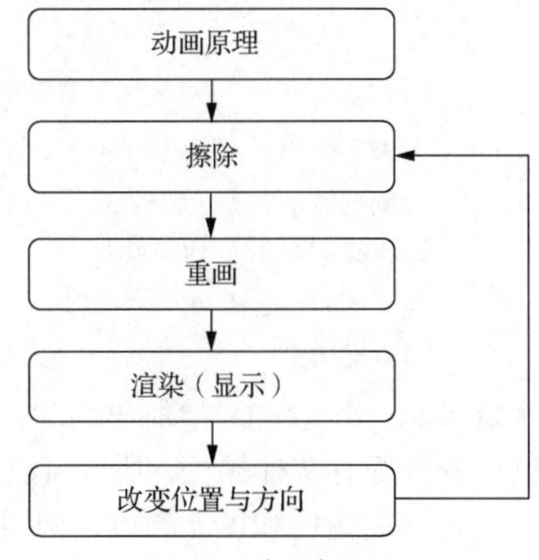

图 5-2　动画实现原理

画图的核心代码是绘制函数，本任务定义两个函数，一个函数用来绘制一个花瓣，另一个函数通过调用绘制花瓣函数绘制一朵七彩花。

四、任务实现

（1）在 PyCharm 中，选择“File”→“NewProject…”命令，在弹出的对话框中将项目命名为“chapter05”，单击“Create”按钮，创建新项目。

（2）在 PyCharm 中，右击左侧列表中的项目名称 chapter05，选择“New”→“Python File”命令，在弹出的对话框中将文件命名为“5-1 旋转七彩花.py”，按“Enter”键，进入代码编辑界面。

（3）在新建文件中完成基础框架的搭建。首先，导入 turtle 和 time 两个库，海龟作图库 turtle 用于绘制图形，time 库用于设置七彩花旋转的速度。其次，初始化窗体样式，包括设置窗体的背景色、窗体的宽和高、隐藏画笔形状、关闭绘图轨迹等。再次，七彩花有 7 种颜色，所以定义包含 7 种颜色的列表。最后，按照任务分析的思路，完成绘制一个花瓣的函数、绘制一朵七彩花的函数、实现动画效果这三部分的注释工作。

```
import turtle
import time
turtle.setup(480,360)           #设置窗体的宽和高
turtle.title('旋转七彩花')        #设置窗口标题
turtle.hideturtle()             #隐藏画笔形状
turtle.penup()                  #抬起笔
turtle.tracer(False)            #关闭绘图轨迹
cs =['green','purple','pink','red', 'orange','yellow','blue']
#定义绘制一个花瓣函数 draw_petal()

#定义绘制一朵七彩花函数 draw_flower()

#实现动画效果
```

（4）定义绘制一个花瓣的函数 draw_petal()。绘制思路为：先用 circle()函数画一个 90° 的圆弧，之后画笔向左旋转 90° ，再绘制一个 90° 的圆弧，形成一个闭合的图形。在图形内部填充颜色，一个花瓣绘制完成。需要强调的是，在绘制第二个圆弧后，画笔需要再向左旋转 90° ，回到绘制花瓣前的原始方向，为下一次绘制做好准备。

```
#定义绘制花瓣函数 draw_petal()
def draw_petal():
    turtle.begin_fill()         #开始填充
    turtle.circle(100, 90)      #画一个 90° 的圆弧
    turtle.left(90)             #画笔向左旋转 90°
    turtle.circle(100, 90)      #再画一个 90° 的圆弧
    turtle.left(90)             #画笔向左旋转 90° ，回到绘制花瓣前的原始方向
    turtle.end_fill()           #结束填充
```

（5）定义绘制一朵七彩花函数 draw_flower()。绘制思路为：七彩花有 7 个花瓣，绘制七彩花需要使用循环语句，而颜色列表恰好有 7 种颜色，所以可以通过迭代颜色列表实现循环。循环体内部实现的主要功能为：设置画笔颜色和填充颜色，调用 draw_petal()函数绘制一个花瓣，右转（360/7）° ，为下一次绘制花瓣做准备。

```
#定义绘制一朵七彩花函数 draw_flower()
def draw_flower():
    for c in cs:                            #迭代颜色表
        turtle.color(c)                     #设置 c 为画笔颜色
        draw_petal()                        #画一个花瓣
        turtle.right(360 / len(cs))         #右转（360/7）°
```

（6）实现动画效果。循环执行如下操作：清除所画内容，调用 draw_flower()函数绘制一朵七彩花，更新屏幕内容，画笔向右旋转 2° 为下一次绘制做准备，调用 time 库中的 sleep()函数控制旋转的速度。

```
while True:
    turtle.clear()              #清除所画内容
    draw_flower()               #绘制一朵七彩花
    turtle.update()             #更新屏幕内容
    turtle.right(2)             #画笔向右旋转 2°
    time.sleep(0.01)            #等待 0.01s
```

小贴士：通过该任务，我们学习了使用 turtle 库实现动画效果的原理。在旋转七彩花代码的基础上，发挥想象力，可以创造出更精彩的动画效果。

5.3

任务 5.2 8 字印章小海龟——有参函数

一、任务描述

当你看到一群快乐的红色小海龟，在沙滩上沿着 8 字形状快乐地追逐时，你是不是也会快乐无比呢？使用海龟作图库 turtle 实现 8 字印章小海龟动画，即一群漂亮的小海龟排着队，走出 8 字形状，效果如图 5-3 所示。

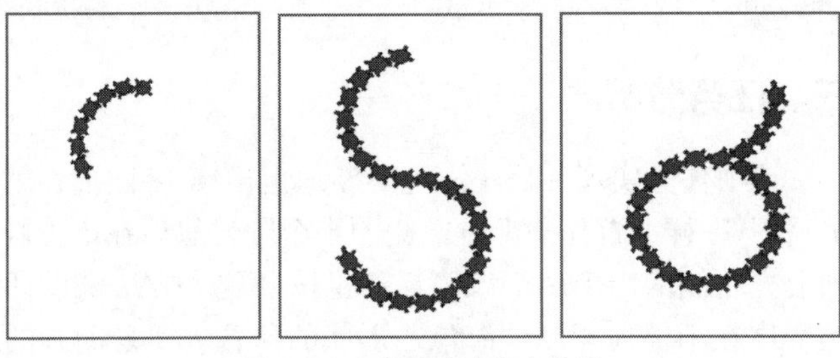

图 5-3 8 字图章小海龟效果

二、相关知识

有参函数的定义与调用

如果外部代码需要将数据传给函数，那么在定义函数时需要使用参数列表。由于 Python 是动态语言，函数参数与返回值都不需要事先指定数据类型。函数参数直接使用参数名即可，如果函数有多个参数，参数之间用逗号分隔。如果函数有返回值，使用 return 语句返回即可。return 语句可以返回一个具体数值、一个变量、一个对象，或另一个函数的返回值。如果函数没有返回值，可以省略 return 语句。

例如，按照一定的格式输出天气情况，天气信息需要从函数外部获取，该函数定义如下：

```
def modify_weather(today, temp, air_quality):
    print("*" * 13)
    print(f"日期：{today}")
    print(f"温度：{temp}")
    print(f"空气状况：{air_quality}")
    print("*" * 13)
```

在调用有参函数时，需要传入实参列表，调用格式如下：

```
函数名(实参列表)
```

调用 modify_weather()函数的代码为：

```
modify_weather('4月6日', '15℃~30℃', '优')
```

运行结果为：

```
*************
日期：4月6日
```

```
温度：15℃～30℃
空气状况：优
*************
```

该函数没有返回值。若定义一个函数来计算某个区间的整数之和，此时需要两个参数，即某个区间的起始值和终止值，同时需要将计算结果返回，代码如下：

```
def sumAll(start,end):
    sum=0
    for i in range(start,end+1):
        sum=sum+i
    return sum
```

调用上述函数，计算 100～500 的所有整数之和，并定义变量接收该函数的返回值：

```
sum = sumAll(100,500)
```

或者直接将返回值输出到控制台：

```
print(sumAll(100,500))
```

5.4

三、任务分析

该项任务实现一群小海龟不断地走出 8 字图形，就像我们写阿拉伯数字“8”一样，首先画上方左侧的半个圆，然后在下方画一个整圆，最后再画上方右侧的半个圆，该项任务也按照这个方法来设计。我们看到的海龟移动效果，实际上是程序在不停地印制“海龟”形状的印章。实现动画的思路为：首先，在屏幕的上方同一位置预先印制 20 个海龟印章，之后沿着写“8”字的轨迹前进一段距离，在新位置上印制一个新印章，再把最先印制的一个印章删除，如此重复，就能看到像贪吃蛇一样的效果。

从程序设计的角度来分析，我们可以先定义初始化函数、海龟移动函数，然后通过调用海龟移动函数定义沿着半圆和整圆轨迹移动的移动轨迹函数，最后通过循环调用移动函数实现动画效果。在循环体内，首先调用沿着上方左侧半圆轨迹移动的移动轨迹函数，然后调用沿着下方整圆轨迹移动的移动轨迹函数，最后调用沿着上方右侧半圆轨迹移动的移动轨迹函数，实际上就是写“8”的轨迹。

四、任务实现

（1）在 PyCharm 中，右击左侧列表中的项目名称 chapter05，选择“New”→“Python File”命令，在弹出的对话框中将文件命名为“5-2 8 字印章小海龟.py”，按“Enter”键，进入代码编辑界面。

（2）在新建文件中导入 turtle 和 time 两个库，turtle 库用于绘图，time 库用于控制海龟的移动速度。

```
import turtle                        #导入 turtle 库
import time                          #导入 time 库
```

（3）为使代码更加规范、整洁，将与初始化相关的代码定义为初始化函数 init()。初始化函数 init()主要实现的功能包括设置画笔初始位置、画笔的造型、画笔颜色和填充颜色、画笔方向，以及印制重叠在一起的 20 个海龟印章等。

```
def init():
    turtle.hideturtle()              #隐藏画笔形状
```

```
    turtle.penup()                      #抬起画笔避免留下移动痕迹
    turtle.goto(0, 100)                 #画笔移动到(0,100)
    turtle.showturtle()                 #显示画笔形状
    turtle.shape("turtle")              #设定画笔为海龟造型
    turtle.color("black", "red")        #设定画笔颜色为黑色、填充颜色为红色
    turtle.setheading(180)              #设定画笔运动方向为 180°
    for i in range(20):                 #预先盖 20 个海龟印章，重叠在一起
        turtle.stamp()                  #在当前位置盖印章
```

（4）定义海龟移动函数 move_and_turn()。海龟移动涉及两项内容，即移动距离和旋转角度，将这两项内容作为函数参数。该函数的主要功能为：旋转一定角度，前进一段距离，在当前位置印制海龟印章，延迟一段时间，清除最先盖的一个印章，延迟一段时间。其中，sleep()函数用来控制海龟移动速度。

```
def move_and_turn(angle,distance): #angle 表示旋转角度，distance 表示移动距离
    #"""移动并且向左旋转海龟"""
    turtle.left(angle)                  #左转 angle°
    turtle. forward(distance)           #前进 distance 距离
    turtle.stamp()                      #印制海龟印章
    time.sleep(0.001)                   #延迟 0.001s
    turtle.clearstamps(1)               #清除最先印制的一个海龟印章
    time.sleep(0.001)                   #延迟 0.001s
```

（5）定义海龟移动轨迹函数 move_circle()。该函数实现海龟移动半圆、移动整圆两种类型的轨迹，参数 type 指明是哪种类型的轨迹，type=1 时移动整圆轨迹，type=0 时移动半圆轨迹。另外，函数需要指明移动轨迹中需要多少个海龟印章，用参数 nums 表示，海龟每次移动距离用 distance 表示。该函数需要调用 move_and_turn()函数使海龟旋转并前进，旋转角度由轨迹中海龟印章的数量以及轨迹类型来决定，如果轨迹为整圆则旋转角度为（360/nums）°，轨迹为半圆则旋转角度为（180/nums）°。

```
def move_circle(type,nums,distance):
    #type 表示轨迹类型，nums 表示海龟印章数量， distance 表示每次移动距离
    for i in range(nums):
        if type==1:                     #type=1 则画整圆
            move_and_turn(-360/nums,distance) #向右旋转，前进一段距离
        else:                           #type=0 则画半圆
            move_and_turn(180/nums,distance) #向左旋转，前进一段距离
```

（6）实现 8 字印章小海龟动画效果。首先调用 init()函数进行初识化，然后循环运行：调用 move_circle()函数先沿着上方左侧半圆轨迹移动，再沿着下方整圆的轨迹移动，最后沿着上方右侧半圆轨迹移动。

```
init()  #初始化
while True:
    move_circle(0, 9, 20)       #上方左侧半圆轨迹移动
    move_circle(1, 18, 20)      #下方整圆轨迹移动
    move_circle(0, 9, 20)       #上方右侧半圆轨迹移动
```

小贴士：尝试修改代码，让这群红色的小海龟变成一群彩色的小海龟，走出更复杂的路径。

5.5

任务 5.3 Fish 拼图也快乐——函数参数传递

一、任务描述

还记得曾经玩过的拼图吗？通过编程实现拼图效果，别有一番风味。使用海龟作图库 turtle，绘制三角形、正方形、圆形、扇形，并用绘制的图形拼成鱼的形状，Fish 拼图效果如图 5-4 所示。

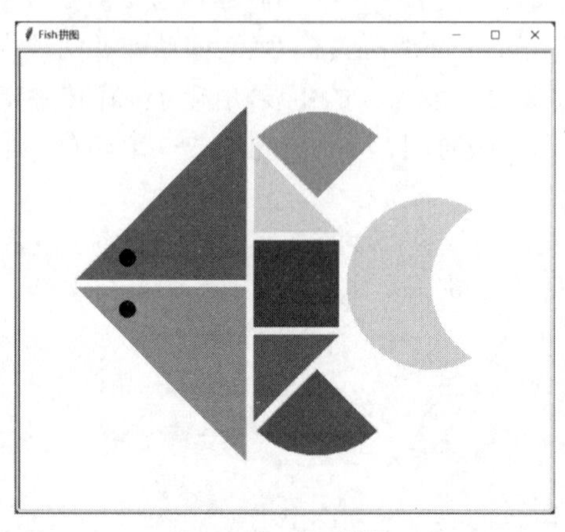

图 5-4 Fish 拼图

二、相关知识

函数的参数传递

函数的参数传递是指将实际参数传递给形式参数的过程。根据不同的传递形式，函数的参数可分为位置参数、关键字参数、默认参数、不定长参数。

（1）位置参数

位置参数是指在调用函数时，编译器会将函数的实际参数按照位置顺序依次传递给形式参数的参数，即将第一个实际参数传递给第一个形式参数，将第二个实际参数传递给第二个形式参数，依此类推。前面我们定义的函数，其参数类型均为位置参数。

定义一个计算某个数的 *n* 次幂的函数 power()，具体代码如下：

```
def power(num,n):
    s=1
    while n>0:
        n=n-1
        s=s*num
    return s
```

用以下代码调用 power()函数，计算 6 的 2 次幂的值：

```
result =power(6,2)
```

上述代码调用 power()函数时，传入实际参数 6 和 2。根据实际参数和形式参数的位置关系，6 被传递给形式参数 num，2 被传递给形式参数 n。

（2）关键字参数

使用位置参数传递参数值时，如果函数中存在多个参数，记住每个参数的位置及其含义并不是一件容易的事情，此时可以使用关键字参数进行传递。关键字参数和函数调用关系紧密，关键字参数传递通过“形式参数=实际参数”的格式，将实际参数与形式参数相关联，根据形式参数的名称进行参数传递。

用关键字参数调用 power()函数的代码如下：

```
result =power(num=6,n=2)
```

或者：

```
result =power(n=2, num=6)
```

使用关键字参数允许函数调用时参数的顺序与声明时不一致，因为 Python 解释器能够用参数名匹配参数值。

（3）默认参数

定义函数时，可以指定形式参数的默认值。调用函数时，若没有给带有默认值的形式参数传值，则直接使用该参数的默认值。若给带有默认值的形式参数传值，则实际参数的值会覆盖默认值。

当函数有多个参数时，把变化大的参数放前面，变化小的参数放后面。变化小的参数就可以作为默认参数。使用默认参数最大的好处是能降低调用函数的难度。

举个例子，假如需要写一个一年级小学生信息注册的函数，注册信息包括姓名、性别年龄、所在城市。可以发现对于一个学校的一年级学生来说，学生所在城市和年龄基本一致，可以将其设置成默认值，在调用时可以只传入 name 和 gender 两个参数。

```
def enroll(name, gender, age=6, city='Beijing'):
    print('name:', name)
    print('gender:', gender)
    print('age:', age)
    print('city:', city)
```

调用函数：

```
enroll('Sarah', 'F')
enroll('Bob', 'M', 7)
enroll('Adam', 'M', city='Beijing')
```

可见，默认参数降低了函数调用的难度，而一旦需要更复杂的调用时，又可以传递更多的参数。调用有多个默认参数的函数时，既可以按顺序提供默认参数，也可以不按顺序提供部分默认参数。当不按顺序提供部分默认参数时，需要把参数名写上。

（4）不定长参数

若要传入函数中的参数的个数不确定，可以使用不定长参数。不定长参数也称为可变参数。这种参数接收参数量可以任意改变，包含可变参数的函数语法格式如下：

```
def 函数名([formal_args,] *args, **kwargs):
        "函数_文档字符串"
        函数体
        return[语句]
```

以上语法格式中*args 和**kwargs 都是不定长参数，它们可搭配使用，亦可单独使用。

不定长参数*args 用于接收不定数量的位置参数，调用函数时传入的所有参数被*args 接收后以元组形式保存。定义一个包含参数*args 的函数，用于显示用户信息，代码如下：

```
def showInfor( name, *othersInfor ):
   #输出任何传入的参数
   print (name)
   print (othersInfor)
```

调用以上函数，传入多个参数，具体代码如下：

```
showInfor("Joe",37,"male","12345678910","杭州")
```

运行结果为：

```
Joe
(37, 'male', '12345678910', '杭州')
```

可以看出，除了第一个传入的参数值对应固定参数 name，其余的传入参数值均放在一个元组中。

不定长参数**kwargs 用于接收不定数量的关键字参数，调用函数时传入的所有参数被**kwargs 接收后以字典形式保存。

修改函数 showInfor()，在参数列表中使用不定长参数**kwargs，代码如下：

```
def showInfor( name, **othersInfor ):
  #输出任何传入的参数
   print (name)
   print (othersInfor)
```

调用以上函数，传入多个参数，具体代码如下：

```
showInfor("Joe",age=37,sex="male",phone="12345678910",city="杭州")
```

运行结果为：

```
Joe
{'age': 37, 'sex': 'male', 'phone': '12345678910', 'city': '杭州'}
```

可以看出，在调用函数时，除了第一个传入的参数值对应固定参数 name 外，其余的参数以"形式参数=实际参数"的格式传入，并且放在一个字典中。

5.6

三、任务分析

先来分析图 5-4 中的拼图形状，有三角形、圆形、正方形、扇形等，鱼的尾巴可以看作黄色和白色圆形的叠加形状。如果形状的绘制通过函数来实现，那么需要分别定义绘制三角形、圆形、正方形、扇形这 4 个函数。

绘制三角形的方法为：抬起画笔，将画笔移动到某个位置，设置画笔运动方向，落下画笔并设置画笔颜色，前进或后退一定距离（直角边长），向上或向下旋转 90°，再前进一定距离（直角边长），最后回到起始位置。通过以上分析，可以确定绘制三角形函数的参数应该包括起始点、直角边长、旋转角度、颜色。在此，我们使用位置参数。

绘制圆形的方法为：抬起画笔，将画笔移动到某个位置，设置画笔运动方向，落下画笔，设置圆形的半径和填充颜色，调用 circle()函数绘制圆形。绘制圆形函数的参数应该包括起始点、半径、颜色。由于鱼的两只眼睛的半径大小和颜色都一致，所以半径和颜色可以设置为带有默认值的参数。

绘制正方形的方法为：抬起画笔，将画笔移动到某个位置，设置画笔运动方向为 0°，设置填充颜色，落下画笔，绘制正方形。绘制正方形函数的参数应该包括起始点、颜色、边长。在此，我们使用不定长参数*args。

绘制扇形的方法为：抬起画笔，将画笔移动到某个位置，设置画笔运动方向和颜色，落下画笔，设置填充颜色，前进半径长度距离，旋转 90°，绘制弧形，再旋转 90°，前进半径距离。绘制扇形函数的参数应该包括起始点、运动起始方向、颜色、半径、弧度。在此，我们使用不定长参数**kwargs。

函数定义完成后，通过调用函数，传递合适的参数，绘制 Fish 拼图。

四、任务实现

（1）在 PyCharm 中，右击左侧列表中的项目名称 chapter05，选择“New”→“Python File”，在弹出的对话框中将文件命名为“5-3 Fish 拼图.py”，按“Enter”键，进入代码编辑界面。

（2）在新建文件中导入 turtle 库，设置窗口标题为“Fish 拼图”，窗口尺寸为 800×600。

```
import turtle
turtle.title("Fish 拼图")   #设置窗口标题
turtle.setup(800,600)      #设置宽口尺寸
```

（3）定义绘制三角形的函数。根据前面的分析，该函数有起始点、直角边长、旋转角度（90° 或-90° ）和颜色这 4 个参数。函数的实现过程为：抬起画笔，首先将画笔移动到指定位置，设置画笔运动方向为 0° ，落下画笔，设置颜色；然后绘制直角边，旋转角度（90° 或-90° ），再绘制直角边；最后回到起始位置。

```
#绘制三角形函数，参数包括（起始点、直角边长、旋转角度、颜色）
def draw_triangle(start,distance,angle,color):
     turtle.penup()              #抬起画笔
     turtle.goto(start)          #移动到指定位置
     turtle.setheading(0)        #设置画笔运动方向为 0°
     turtle.pendown()            #落下画笔
     turtle.color(color)         #设置颜色
     turtle.begin_fill()         #开始填充
     turtle.forward(distance) #绘制直角边
     turtle.left(angle)          #旋转 90° 或-90°
     turtle.forward(distance) #绘制直角边
     turtle.goto(start)          #回到起始点
     turtle.end_fill()           #结束填充
```

（4）定义绘制圆形的函数。根据前面的分析，该函数有起始点、半径和颜色这 3 个参数。函数的实现过程为：抬起画笔，首先将画笔移动到指定位置，设置画笔运动方向为 0° ，落下画笔，设置颜色，然后绘制圆形。

```
#绘制圆形函数，pos 表示位置，radius 表示半径，color 表示颜色
def draw_circle(pos,radius=10,color="black"):
     turtle.penup()              #抬起画笔
     turtle.goto(pos)            #移动到指定位置
     turtle.setheading(0)        #设置画笔运动方向为 0°
     turtle.pendown()            #落下画笔
     turtle.color(color)         #设置颜色
     turtle.begin_fill()         #开始填充
     turtle.circle(radius)       #绘制圆形
     turtle.end_fill()           #结束填充
```

（5）定义绘制正方形的函数。根据前面的分析，该函数有起始点、边长和颜色这 3 个参数。函数的实现过程为：抬起画笔，首先将画笔移动到指定位置，设置画笔运动方向为 0° ，落下画笔，设置颜色；然后使用循环语句绘制正方形。

```
#绘制正方形函数，color 表示颜色，start 表示位置，size 表示边长
def draw_square(*args):#start,color,size
```

```
    turtle.penup()                #抬起画笔
    turtle.goto(args[0])          #移动到指定位置
    turtle.setheading(0)          #设置画笔运动方向为 0°
    turtle.pendown()              #落下画笔
    turtle.color(args[1])         #设置颜色
    turtle.begin_fill()           #开始填充
    for i in range (4):           #绘制正方形
        turtle.forward(args[2])
        turtle.left(90)
    turtle.end_fill()             #结束填充
```

（6）定义绘制扇形的函数。根据前面的分析，该函数有起始点、弧度、运动起始方向、半径和颜色这 5 个参数。函数的实现过程为：抬起画笔，首先将画笔移动到指定位置、设置颜色、设置画笔运动起始方向，落下画笔，然后画笔前进半径距离，左转 90° ，绘制弧形，再次左转 90° ，再次前进半径距离。

```
#绘制扇形函数， pos 表示位置，angle 表示弧度，heading 表示朝向，radius 表示半径，color 表示颜色
def draw_sector(**kwargs):
    turtle.penup()                                          #抬起画笔
    turtle.goto(kwargs['pos'])                              #移动到指定位置
    turtle.color(kwargs['color'])                           #设置颜色
    turtle.setheading(kwargs['heading'])                    #设置画笔运动起始方向
    turtle.pendown()                                        #落下画笔
    turtle.begin_fill()                                     #开始填充
    turtle.forward(kwargs['radius'])                        #前进半径距离
    turtle.left(90)                                         #左转 90°
    turtle.circle(kwargs['radius'],kwargs['angle'])         #绘制弧形
    turtle.left(90)                                         #再次左转 90°
    turtle.forward(kwargs['radius'])                        #前进半径距离
    turtle.end_fill()                                       #结束填充
```

（7）绘制 Fish 拼图。需要注意的是，海龟作图窗口的中心点坐标为(0,0)，中心点右侧横坐标值为正数，左侧横坐标值为负数，中心点上方纵坐标值为正数，下方纵坐标值为负数。绘制 Fish 拼图的过程为：调用绘制三角形函数绘制头部和中间的三角形，调用绘制正方形函数绘制中间的蓝色正方形，调用绘制扇形函数绘制中间的两个扇形，调用绘制圆形的函数绘制鱼的眼睛和尾巴，具体位置和大小可以多次尝试，直至画出漂亮的 Fish 拼图。

```
#调用函数绘制 Fish 拼图
draw_triangle((-250,5),200,90,"red")                   #绘制头部上三角形
draw_triangle((-250,-5),200,-90,"#55ff55")             #绘制头部下三角形
draw_circle((-200,10))                                 #绘制头部上眼睛
draw_circle((-200,-30))                                #绘制头部下眼睛
draw_square((-40,-50),"blue",100)                      #绘制正方形
draw_triangle((60,60),-100,-90,"yellow")               #绘制中间上三角形
draw_triangle((60,-60),-100,90,"red")                  #绘制中间下三角形
#绘制中间上扇形
draw_sector(pos=(35,100),angle=90,heading=45,radius=100,color='#55ff55')
#绘制中间下扇形
```

```
draw_sector(pos=(35,-100),angle=90,heading=-135,radius=100,color='green')
draw_circle((170,-100),100,'yellow')                    #绘制黄色圆形
draw_circle((270,-100),100,'white')                     #绘制白色圆形
turtle.mainloop()
```

小贴士：发挥你的想象力，利用简单图形，拼出更复杂的图案吧！

5.7

任务 5.4　旋转三叶炫彩扇——作用域与匿名函数

一、任务描述

本任务要求使用海龟作图库 turtle，绘制旋转三叶炫彩扇。

如下代码已经实现了绘制一个静态的三叶炫彩扇，代码运行效果如图 5-5 所示。

```
import turtle
import coloradd
turtle.bgcolor('white')                              #设定屏幕颜色
turtle.title('三叶炫彩扇')                             #设定屏幕标题
turtle.colormode(255)
color = (0,255,255)                                  #青色元组
turtle.pensize(5)                                    #画笔宽度
turtle.tracer(10)                                    #每 10ms 刷新屏幕一次
for i in range(600):                                 #迭代 600 次
    turtle.forward(i/2)                              #移动 i/2 单位长度
    turtle.right(120.2)                              #右转
    turtle.backward(i/2)                             #倒退
    if i % 8 ==0 :                                   #如果是 8 的倍数
        color = coloradd.coloradd(color,0.01)        #改变颜色
    turtle.color(color)                              #画笔颜色
turtle.mainloop()                                    #主循环，刷新组件
```

图 5-5　三叶炫彩扇

在现有代码基础上，实现旋转三叶炫彩扇，三叶炫彩扇在旋转的过程中像霓虹灯一样不断变换颜色，效果如图 5-6 所示。

 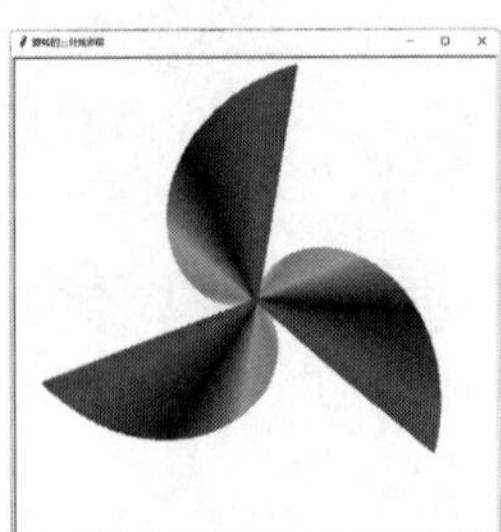 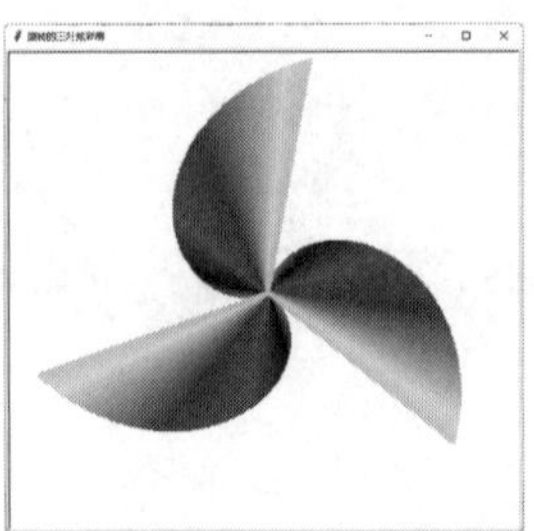 

图 5-6　旋转三叶炫彩扇

二、相关知识

1. 变量的作用域

所谓变量的作用域，是指变量的有效范围，也就是变量可以在哪个范围以内使用。有些变量可以在整段代码的任意位置使用，有些变量只能在函数内部使用，有些变量只能在 for 循环内部使用。变量的作用域由变量定义的位置决定，在不同位置定义的变量，其作用域是不同的。Python 中的变量分为局部变量与全局变量。

（1）局部变量

在函数内部定义的变量，其作用域仅限于函数内部，函数外不能使用，这样的变量称为局部变量。要知道，当调用函数时，Python 会为其分配一块临时的内存空间，所有在函数内部定义的变量，都会存储在这块空间中。而在函数运行完毕后，这块临时内存空间会被释放并回收，该空间中存储的变量自然也就无法使用。例如：

```
def demo():
    add = "https://www.ryjiaoyu.com"
    print("函数内部 add =",add)

demo()
print("函数外部 add =",add)
```

程序运行结果为：

```
函数内部 add = https://www.ryjiaoyu.com
Traceback (most recent call last):
  File "C:\Users\mengma\Desktop\file.py", line 6, in <module>
    print("函数外部 add =",add)
NameError: name 'add' is not defined
```

可以看到，如果试图在函数外部访问其内部定义的变量，Python 解释器会报 NameError，并提示我们没有定义要访问的变量，这也证实了当函数运行完毕后，其内部定义的变量所在内存空间会被释放并回收。值得一提的是，函数参数也属于局部变量，只能在函数内部使用。例如：

```
def demo(name,add):
    print("函数内部 name =",name)
    print("函数内部 add =",add)

demo("人邮教育","https:// www.ryjiaoyu.com")
print("函数外部 name =",name)
print("函数外部 add =",add)
```

程序执行结果为：

```
函数内部 name =人邮教育
函数内部 add = https: //www.ryjiaoyu.com
Traceback (most recent call last):
  File "C:\Users\mengma\Desktop\file.py", line 7, in <module>
    print("函数外部 name =",name)
NameError: name 'name' is not defined
```

由于 Python 解释器是逐行运行代码的，因此这里仅提示 name 没有定义，实际上，在函数外部访问 add 变量也会报同样的错误。

（2）全局变量

除了在函数内部定义变量，Python 还允许在所有函数的外部定义变量，这样的变量称为全局变量。和局部变量不同，全局变量的默认作用域是整个程序，即全局变量既可以在各个函数的外部使用，也可以在各函数内部使用。

定义全局变量的方式有以下 2 种。

① 在函数体外定义的变量，一定是全局变量。例如：

```
add = " https: //www.ryjiaoyu.com "
def text():
    print("函数体内访问: ",add)
text()
print('函数体外访问: ',add)
```

运行结果为：

```
函数体内访问：https: //www.ryjiaoyu.com
函数体外访问：https: //www.ryjiaoyu.com
```

② 在函数体内定义全局变量，即使用 global 关键字对变量进行修饰后，该变量就会变为全局变量。例如：

```
def text():
    global add
    add= "https: //www.ryjiaoyu.com"
    print("函数体内访问: ",add)

text()
print('函数体外访问: ',add)
```

运行结果为：

```
函数体内访问：https: //www.ryjiaoyu.com
函数体外访问：https: //www.ryjiaoyu.com
```

在使用全局变量时需要注意，函数中只能访问全局变量，但不能修改全局变量。若要在函数内部修改全局变量，需先在函数内使用关键字 global 进行声明。例如：

```
count = 10
def use_var():
    count = 0          #修改全局变量
use_var()
print(count)
```

调用函数修改 count 变量的值，但全局变量 count 的值仍然是 10。此时，函数 use_var() 内部的 count 变量实际为局部变量。需做如下修改：

```
count = 10
def use_var():
    global count     #声明为全局变量
    count = 0
use_var()
print(count)
```

此时，全局变量的值变为 0，在使用 global 关键字修饰变量名时，不能直接给变量赋初始值，否则会出现语法错误。

2. 匿名函数

匿名函数是无须用函数名标识的函数，它的函数体只能是单个表达式。Python 中使用关键字 lambda 定义匿名函数。其格式为：

```
lambda [arg1 [,arg2,...,argn]]:expression
```

其中，[arg1 [,arg2,...,argn]]表示匿名函数的参数，expression 表示一个表达式。普通函数与匿名函数的区别如表 5-2 所示。

表 5-2 普通函数与匿名函数的区别

普通函数	匿名函数
需要使用函数名进行标识	无须使用函数名进行标识
函数体中可以有多条语句	函数体只能是一个表达式
可以实现比较复杂的功能	只能实现比较单一的功能
可以被其他程序使用	不能被其他程序使用

为了方便使用匿名函数，应使用变量记录这个函数，在调用变量时传入参数值。例如：

```
area = lambda a, h: (a * h) * 0.5
print(area(3, 4))
```

上述代码包含两个参数 a 和 h，函数实现的功能为(a*h)*0.5，运行结果为 6。

三、任务分析

5.8

旋转动画的实现原理为：清除画面，绘制三叶炫彩扇，刷新屏幕显示，旋转一定角度为下次绘制彩扇做准备，重复以上操作即可实现动画效果。程序运行过程中需要频繁绘制三叶炫彩扇，所以可以将这项功能定义成函数。彩扇在旋转过程中不断变换颜色，即在函数内部修改颜色值，故将颜色变量设置为全局变量。

另外，可以在此任务中对匿名函数加以实践，颜色渐变的代码可以用匿名函数进行定义。分析下面关于颜色渐变的代码，可以看出 i 是变量，所以匿名函数的参数为 i。

```
if i % 8 ==0 :                                #如果 i 是 8 的倍数
    color = coloradd.coloradd(color,0.01)     #改变颜色增加
```

定义实现颜色渐变功能的匿名函数，并定义变量记录匿名函数，代码如下：

```
changecolor = lambda i:coloradd.coloradd(color,0.01) if i%8==0 else color
```

四、任务实现

（1）实现颜色渐变功能需要安装 coloradd 库，打开 Windows 操作系统的命令提示符窗口，

输入以下命令并按“Enter”键。

```
pip install coloradd
```

如出现图 5-7 所示信息，则说明 coloradd 库已经安装过。如没有安装，会显示安装进度，直至安装完成。

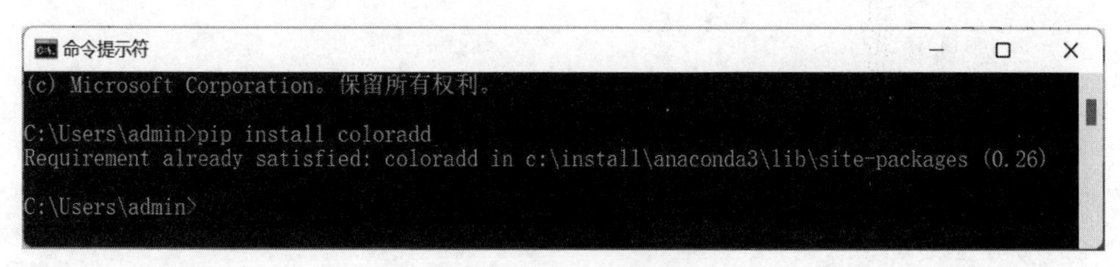

图 5-7　安装 coloradd 库

（2）在 PyCharm 中，右击左侧列表中的项目名称 chapter05，选择“New”→“Python File”，在弹出的对话框中将文件命名为“5-4 旋转三叶炫彩扇.py”，按“Enter”键，进入代码编辑界面。

（3）在新建文件中输入已有代码中的初始化部分。

```
import turtle,time
import coloradd
turtle.colormode(255)                    #颜色模式设置为 255
turtle.tracer(False)
turtle.title('旋转三叶炫彩扇')            #设定屏幕标题
color = (0, 255, 255)                    #青色元组
turtle.hideturtle()                      #隐藏海龟
turtle.pensize(5)                        #画笔宽度
angle = 0                                #海龟初始角度为 0°
```

（4）定义匿名函数，实现颜色渐变。匿名函数的参数为 i，当 i 为 8 的倍数时改变颜色值，否则颜色值不变。

```
#定义匿名函数，赋给变量
changecolor = lambda i:coloradd.coloradd(color,0.01) if i%8==0 else color
```

（5）定义绘制静态三叶炫彩扇函数。参数 a 为画笔运动的起始角度，设置颜色变量为全局变量以便在函数内部改变颜色值，通过调用匿名函数修改颜色值。

```
#定义绘制静态三叶炫彩扇函数
def draw_fan(a):
    global color                         #声明为全局变量
    turtle.setheading(a)
    for i in range(600):                 #迭代 600 次
        turtle.fd(i/2)                   #移动 i/2 个单位长度
        turtle.rt(120.2)                 #右转
        turtle.bk(i/2)                   #倒退
        color = changecolor(i)           #调用匿名函数改变颜色值
        turtle.color(color)              #画笔颜色
    turtle.goto(0,0)                     #回到中心点
```

（6）实现旋转三叶炫彩扇动画效果。动画实现思路为：擦除画面，调用函数绘制三叶炫

彩扇，刷新屏幕显示，旋转固定角度为下一次绘制做准备，休眠一定时间以控制旋转速度，重复以上操作实现动画效果。

```
while True:
    turtle.clear()                          #擦除画面
    draw_fan(angle)                         #绘制三叶扇子
    turtle.update()                         #刷新屏幕显示
    angle = angle + 5                       #角度增加
    time.sleep(0.1)                         #调整旋转速度
```

小贴士：在旋转三叶炫彩扇代码的基础上，发挥想象力，利用颜色渐变函数，创造出更绚丽的动画效果。

任务 5.5　鲜花献祖国母亲——递归函数

5.9

一、任务描述

10 月 1 日是祖国母亲的生日，是普天同庆的好日子，绘制一束火红的鲜花送给祖国母亲，祝愿祖国繁荣昌盛、国泰民安。下面的代码使用海龟作图库 turtle，利用递归函数绘制简单二叉树，运行效果如图 5-8 所示。

```
import turtle
turtle.bgcolor("white")                  #背景为白色
turtle.title("画树基本算法")              #设定窗口标题
turtle.shape('turtle')                   #形状为海龟
turtle.color("black")                    #画笔颜色为黑色
turtle.setheading(90)                    #画笔运动方向朝上
turtle.bk(300)                           #后退 300 单位长度

def draw_tree(length,level):             #画树，参数为长度和递归层数
    if level == 0: return                #level 为 0，返回上一层调用
    turtle.fd(length)                    #前进 length 单位长度
    turtle.left(45)                      #左转 45°
    draw_tree(length/2,level-1)          #画长度为 length 一半单位长度的树，层次减一
    turtle.right(90)                     #右转 90°
    draw_tree(length/2,level-1)          #画长度为 length 一半单位长度的树，层次减一
    turtle.left(45)                      #左转 45°
    turtle.bk(length)                    #后退 length 单位长度

draw_tree(300,5)                         #画 5 层树
turtle.mainloop()                        #进入主循环，不断刷新组件
```

在现有代码的基础上，实现绘制一束火红鲜花的功能，效果如图 5-9 所示。

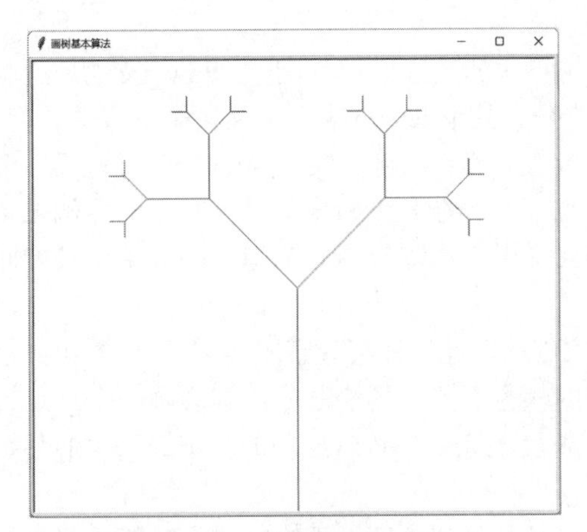

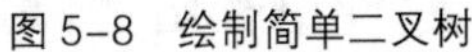

图 5-8　绘制简单二叉树

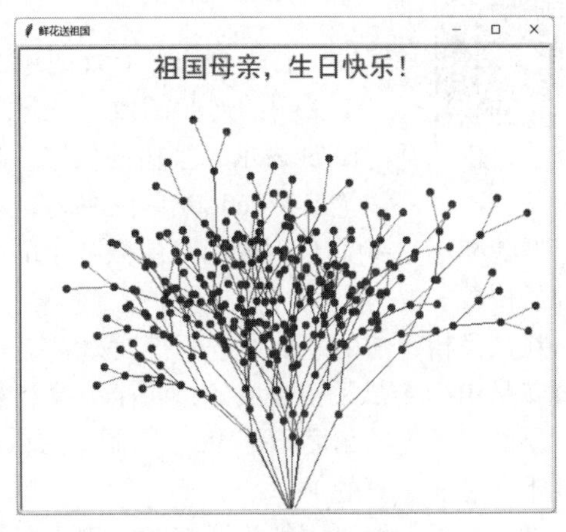

图 5-9　鲜花送祖国

二、相关知识

递归函数

通过前面的学习，可知在函数内部可以调用其他函数。如果一个函数在内部调用了本身，这个函数就是递归函数。它通常把一个大型的复杂问题层层转化为一个与原问题相似，但规模较小的问题进行求解。递归函数只需少量代码就可实现解题过程所需要的多次重复计算，这大大减少了代码量。举个例子，我们来计算阶乘 $n! = 1\times2\times3\times\cdots\times n$，用函数 fact(n)表示，可以看出，fact(n)=n!=1*2*3*⋯*(n−1)*n=(n−1)!*n=fact(n−1)*n。所以，fact(n)可以表示为 n*fact(n−1)，只有 n=1 时需要特殊处理。于是，fact(n)用递归的方式写出来就是：

```
def fact(n):
    if n==1:
        return 1
    return n * fact(n - 1)
print(fact(5))
print(fact(7))
```

上面就是一个递归函数，通过调用该函数可以求 5!、7! 等。以调用 fact()递归函数计算 5!为例，可以根据函数定义得到如下计算过程：

```
===> fact(5)
===> 5 * fact(4)
===> 5 * (4 * fact(3))
===> 5 * (4 * (3 * fact(2)))
===> 5 * (4 * (3 * (2 * fact(1))))
===> 5 * (4 * (3 * (2 * 1)))
===> 5 * (4 * (3 * 2))
===> 5 * (4 * 6)
===> 5 * 24
===> 120
```

调用递归函数时，需要确定两点：一是递归公式，二是边界条件。递归公式是递归求解过程中的归纳项，用于处理原问题以及与原问题规律相同的子问题，即 n*fact(n−1)。边界条件即终止条件，用于终止递归，即 n=1。

递归函数的优点是定义简单、逻辑清晰。理论上，所有的递归函数都可以写成循环的方式，但循环的逻辑不如递归的清晰。

5.10

三、任务分析

首先分析已有代码中二叉树算法的基本原理，函数 draw_tree()是绘制二叉树的递归函数，包含两个参数，其中 length 表示二叉树第一层的长度，level 表示二叉树的层数。递归函数的终止条件为 level=0，递归过程为：画笔前进 length 单位距离，左转 45°，绘制长度减半且层数减 1 的左侧二叉树，右转 90°，绘制长度减半且层数减 1 的右侧二叉树，左转 45°，后退 length 单位长度回到起始位置。

在二叉树算法的基础上进行扩展，绘制一束火红的鲜花。仔细观察图 5-9，可以看出，这束鲜花是由多个二叉树组成的，每个二叉树树干的颜色不同，每绘制一层都会画一个红点，同一层的二叉树的角度不是 90°，同一层的树干长度不完全一致，绘制的多个二叉树的起始角度不同（非竖直的）。

经过分析，绘制火红的鲜花的实现思路为：定义颜色列表，用于绘制树干时随机获取颜色；定义比例列表，用于绘制树干时随机获取长度的缩小比例；定义绘制二叉树的递归函数，该函数有两个参数，其中 length 表示二叉树第一层的长度，level 表示二叉树的层数，递归函数的终止条件是 level=0，递归过程为：随机获取颜色，前进 length 单位长度，左转 20°，随机获缩小比例，绘制长度减小且层数减 1 的左侧二叉树，绘制一个红点，右转 40°，绘制长度减小且层数减 1 的右侧二叉树，绘制一个红点，左转 20°，随机获取颜色，后退 length 单位长度回到起始位置。

四、任务实现

（1）在 PyCharm 中，右击左侧列表中的项目名称 chapter05，选择“New”→“Python File”，在弹出的对话框中将文件命名为“5-5 一束火红的鲜花.py”，按“Enter”键，进入代码编辑界面。

（2）在新建文件中输入已有代码中的初始化部分：导入 turtle 和 random 库，设置窗体标题、背景，将画笔移动到窗体上方并书写红色文字，最后将画笔移动到窗体下方，为绘制鲜花做好准备。

```
import turtle
import random
turtle.bgcolor("white")          #背景为白色
turtle.title("鲜花送祖国")        #窗口标题
turtle.hideturtle()              #隐藏画笔
turtle.penup()                   #抬起画笔
turtle.color("red")              #画笔颜色为红色
turtle.setheading(90)            #画笔运动方向朝上
turtle.forward(230)              #前进 230 单位长度
turtle.write("祖国母亲，生日快乐！",align='center',font=("黑体",24,"normal"))
#写字，居中对齐
turtle.backward(500)             #倒退 500 单位长度
turtle.pendown()                 #落下画笔
```

（3）定义颜色列表 color_list 和比例列表 ratio。

```
color_list = ["gray","purple","red","brown","green","blue"] #颜色列表
ratio = [1.2,1.6]  #比例列表
```

（4）定义绘制一枝鲜花的递归函数，递归过程如上述分析。

```
#绘制一枝鲜花的递归函数
def draw_tree(length,level):                  #画二叉树，参数为长度与递归层数
    if level == 0: return                     #level 为 0，返回上一层调用
    turtle.pencolor(color_list[level-1]) #选择一种颜色作为画笔颜色
    turtle.forward(length)                    #前进 length
    turtle.left(20)                           #左转 20°
    i = random.randint(0,1)                   #随机缩小比例
    draw_tree(length/ratio[i],level-1) #画长度为 length/i、层数减 1 的左侧二叉树
    turtle.dot(10,"red")                      #画一个红点
    turtle.right(40)                          #右转 40°
    draw_tree(length/ratio[(1-i)],level-1)
                                              #画长度为 length/(1-i)、层数减 1 的右侧二叉树
    turtle.dot(10,"red")                      #画一个红点
    turtle.left(20)                           #左转 20°
    turtle.pencolor(color_list[level-1]) #选择一种颜色作为画笔颜色
    turtle.backward(length)                   #后退 length，回到起始位置
```

（5）调用递归函数绘制一束火红的鲜花：每棵树的起始朝向不一样，在 60°～120° 随机选择，每棵树的起始长度也不一样，在 80～150 随机选择。多次调用递归函数绘制一束鲜花。

```
#绘制一束（10 枝）火红的鲜花
for i in range(10):                           #画很多树才有效果.
      #每棵树的起始朝向为 60° ～120°
      turtle.setheading(random.randint(60,120))
      draw_tree(random.randint(80,150),5)         #起始长度也是不一样的
turtle.mainloop()
```

综合实训 5——成绩管理系统

5.11

编程任务：在第 4 单元的综合实训 4 中要求学习者完成简易成绩管理系统的开发。在第 5 单元的学习中引入函数概念，本单元的综合实训 5 要求学习者对简易成绩管理系统的代码进行优化。请小组成员分工合作，共同完成成绩管理系统的优化。

小贴士：在团队项目开发过程中，注意编程规范，函数命名使用统一的规则，便于团队成员沟通交流，以及项目后续维护。

单元小结

本单元主要讲述了 Python 中的函数，包括函数的定义和调用、函数的参数传递、变量的作用域、匿名函数、递归函数，以及 Python 常用的内置函数等。通过本单元的学习，希望学习者能够灵活定义和使用函数。

拓展练习

一、填空题

1. Python 中使用关键字__________声明一个函数。
2. 函数可以有多个参数，参数之间使用__________分隔符。
3. Python 中使用关键字__________定义匿名函数。
4. 在函数内部对全局变量进行修改，需要先使用__________关键字声明。
5. 使用__________语句可以返回函数值并退出函数。

二、单选题

1. 下列关于函数参数的说法中，错误的是（　　）。

A. 如果需要传入函数的参数个数不确定，可使用不定长参数

B. 使用关键字参数时需要指出具体形式参数名

C. 定义函数时可以为参数设置默认值

D. *args 以字典形式保存不定数量的关键字参数

2. 现已定义了如下函数：

```
def connect(ip, port=3306):
      print(f"连接地址为：{ip}")
      print(f"连接端口号为：{port}")
      print("连接成功")
```

下列选项中，无法正确调用该函数的是（　　）。

A. connect('127.0.0.1')　　B. connect(ip='127.0.0.1', port=8080)

C. connect(port=8080, ip='127.0.0.1')　　D. connect(port=8080,'127.0.0.1')

3. 阅读下面程序：

```
num_one = 12
def sum(num_two):
    global num_one
    num_one = 90
    return num_one + num_two
print(sum(10))
```

运行程序，输出结果是（　　）。

A. 102　　B. 100　　C. 22　　D. 12

4. 函数的不定长参数*args 用于接收不定数量的位置参数，调用函数时该参数接收的所有参数以（　　）形式保存。

A. 元组　　B. 列表　　C. 字典　　D. 集合

5. ord()函数用于返回字符在（　　）编码表中对应的码值，其参数是一个长度为 1 的字符串。

A. Unicode　　B. UTF-8　　C. GBK　　D. ASCII

6. 下列关于 Python 函数的说法中，错误的是（　　）。

A. 递归函数就是在函数体中调用了自身的函数

B. 匿名函数没有函数名

C. 匿名函数与使用关键字 def 定义的函数没有区别

D. 匿名函数中可以使用 if 语句

7. 阅读下面程序：

```
def fact(num):
    if num == 1:
        return 1
    else:
        return num + fact(num - 1)
print(fact(5))
```

运行程序，输出结果是（　　）。

A. 21　　B. 15　　C. 3　　D. 1

8. 阅读下面程序：

```
def many_param(num_one, num_two, *args):
    print(args)
many_param(11, 22, 33, 44, 55)
```

运行程序，输出结果是（　　）。

A. (11,22,33)　　B. (22,33,44)　　C. (33,44,55)　　D. (11,22)

9. 不是 Python 定义函数时的必要部分的选项是（　　）。

A. def　　B. ()　　C. return 语句　　D. 以上全部

10. 阅读下面程序：

```
def f(x=2,y=0):
    return x-y
y=f(y=f(),x=5)
print(y)
```

运行程序，输出结果是（　　）。

A. -3　　B. 2　　C. 3　　D. 5

11. 函数的不定长参数**kwargs 用于接收不定数量的关键字参数，调用函数时该参数接收的所有参数以（　　）形式保存。

A. 元组　　B. 列表　　C. 字典　　D. 集合

12. 已知 f=lambda x,y:x+y，则 f([4],[1,2,3])的值为（　　）。

A. [4,1,2,3]　　B. 10　　C. [1,2,3,4]　　D. {1,2,3,4}

三、判断题

1. 全局变量既可以在各个函数的外部使用，也可以在各函数内部使用。（　　）
2. 当函数的参数列表为空时，函数名后的圆括号可以省略。（　　）
3. 局部变量是在函数内定义的变量，只在定义它的函数内生效。（　　）
4. 函数可以提高代码的可复用性。（　　）
5. 函数的位置参数有严格的位置关系。（　　）
6. 函数中的默认参数不能传递实际参数。（　　）
7. Python 标准库中的函数统称为内置函数，用户自己编写的函数称为自定义函数。（　　）
8. 不定长参数也称可变参数，使用此种参数的函数可以接收任意数量实际参数。（　　）
9. 定义好的函数直到被程序调用时才会运行。（　　）
10. chr()函数用于计算绝对值，其参数必须是数字类型。（　　）

四、简答题

1. 简述函数的参数传递形式。

2. 简述变量的作用域中涉及的局部变量和全局变量的区别。

五、编程题

1. 编写一个函数，输出 1～100 的偶数之和。

2. 下面是绘制一片莲花花瓣的代码，其运行结果如图 5-10 所示。

```
import turtle
from coloradd import *
turtle.pensize(4)                                  #设置画笔宽度
turtle.bgcolor("white")                            #设为白色背景
turtle.title("莲花花瓣")                            #设定标题
turtle.colormode(255)                              #设定颜色模式
for _ in range(2):                                 #重复 2 次
    for i in range(10):                            #重复 10 次
        turtle.pencolor(colorset(i*5 + 10))        #设定画笔颜色
        turtle.forward(10)                         #前进 10 个单位
        turtle.left(9)                             #往左旋转 9°
    turtle.left(90)                                #往左旋转 90°
turtle.mainloop()
```

请根据已有代码，编写函数并调用该函数绘制一朵漂亮的莲花，效果如图 5-11 所示。

图 5-10　绘制莲花花瓣

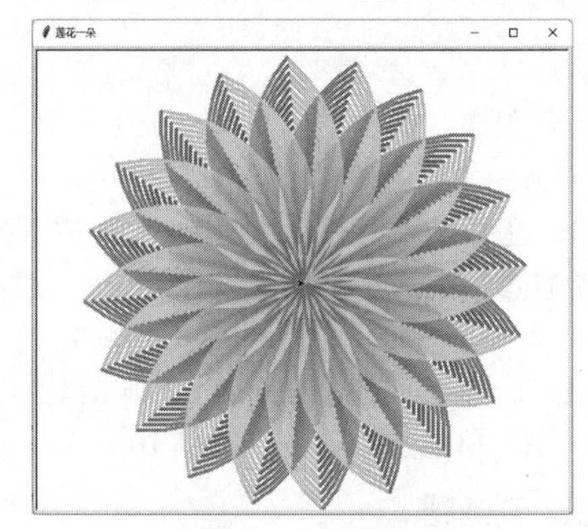

图 5-11　绘制莲花

3. 编写函数，统计字符串中字母、数字、空格、其他字符的数目，并返回结果。

4. 斐波那契数列是这样一个数列：1,1,2,3,5,8,13,21,34,55,89,144,233,377,610,987,1597,2584,4181,6765,10946,17711,28657,46368…这个数列前两项均为 1，从第 3 项开始，每一项都等于前两项之和。定义一个函数，利用递归获取斐波那契数列中的第 28 项，并将其值返回给调用者。

第6单元

面向对象（上）

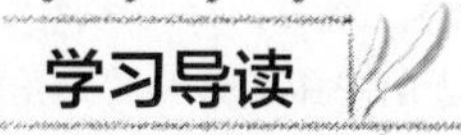

学习导读

面向对象程序设计（Object-Oriented Programming，OOP）的思想主要是在软件工程领域中针对软件设计而提出的。这种软件开发思想较自然地模拟了人类对客观世界的认识，成为当前软件设计的主流方法。Python 是真正面向对象的高级动态编程语言，完全支持面向对象的基本功能。学习 Python 程序设计，掌握面向对象编程思想至关重要。本单元将针对类与对象等知识进行详细讲解。

学习目标

1. 知识目标

- 理解 OOP 的概念。
- 理解类和对象的概念和关系。
- 掌握类的定义方法。
- 掌握对象的创建与使用方法。
- 掌握类的成员访问方法。
- 掌握类的构造方法和析构方法的作用。

2. 技能目标

- 能用面向对象的思想设计程序。
- 能根据需求设计类和创建对象。
- 能够在定义类时合理设置类成员的访问限制。
- 能够在定义类时正确使用构造方法和析构方法。

3. 素质目标

- 培养标准化的编码规范能力。
- 培养创新能力以及分析问题和解决问题的能力。
- 培养团队意识和沟通能力。

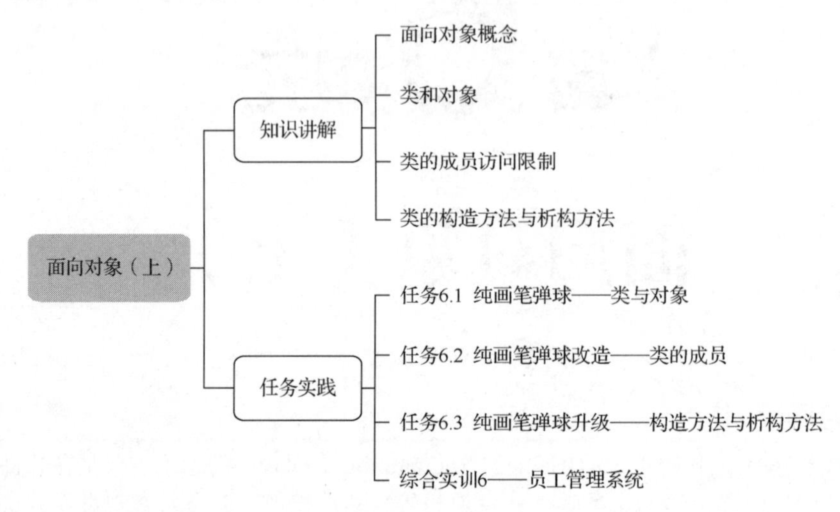

任务 6.1　纯画笔弹球——类与对象

一、任务描述

运动的球碰到墙壁会弹回，使用海龟作图库 turtle 实现纯画笔弹球动画，一只红色的小球，在白色的画布中移动，碰到边界自动弹回，效果如图 6-1 所示。

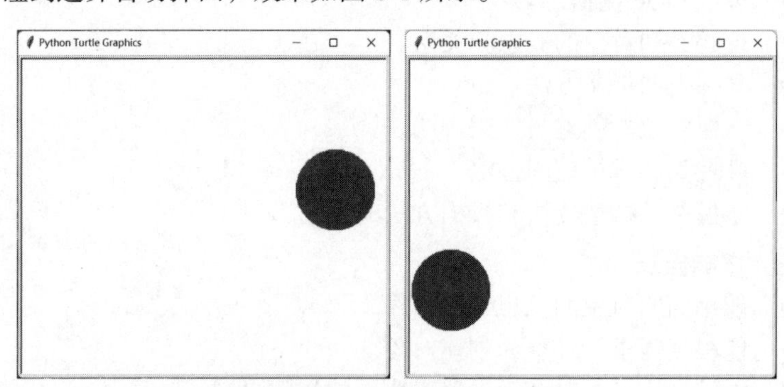

图 6-1　纯画笔弹球

二、相关知识

1. 面向对象的概念

面向对象程序设计使得软件设计更加灵活，并且支持代码复用和设计复用，使代码具有更好的可读性和可扩展性，能大幅度降低软件开发的难度。面向对象编程着眼于角色以及角色之间的联系。使用面向对象编程思想解决问题时，开发人员首先会从问题中提炼出涉及的角色，并将不同角色各自的特征和关系进行封装，以角色为主体，为不同角色定义不同的属性和方法，描述角色各自的行为和属性。

面向对象核心的两个概念是对象和类。面向对象的三大特征为封装、继承和多态。

（1）对象

对象（object）是现实世界中可描述的事物，它可以是有形的也可以是无形的，从一本书到一家图书馆，从单个整数到复杂的序列等都可以称为对象。对象既可以是具体的物理实体的事物，也可以是人为的概念，如一名员工、一家公司、一辆汽车、一个故事等。对象是构成世界的一个独立单位，它由数据（描述事物的属性）和作用于数据的操作（体现事物的行为）构成一个独立整体。从程序设计者的角度看，对象是一个程序模块；从用户来看，对象为他们提供所希望的行为。

（2）类

从具体的事物中把共同的特征抽取出来，形成一般的概念称为"归类"，忽略事物的非本质特性，关注与目标有关的本质特征，找出事物间的共性，抽象出一个概念模型，就是定义一个类（class）。

在面向对象的方法中，类是具有相同属性和行为的一组对象的集合，它提供一个抽象的描述，其内部包括属性和方法两个主要部分。它就像一个模具，可以用它铸造一个个具体的铸件。

（3）面向对象三大特征

实际上，面向对象有三大优点，也就是面向对象的三大特征。

- 封装。

封装是 OOP 最重要的特征之一。封装就是隐藏，将数据和数据处理过程封装成一个整体，以实现独立性很强的模块，这避免了外界直接访问对象属性造成耦合度过高及过度依赖的问题，同时也阻止了外界对对象内部数据的修改而可能引发不可预知的错误。

封装是面向对象的核心思想，将对象的属性和行为封装起来，外界不需要知道具体实现细节。

- 继承。

继承描述的是类与类之间的关系。通过继承，新生类可以在无须赘写原有类的情况下，对原有类的功能进行扩展。继承不仅增强了代码复用性，提高了开发效率，也为程序的扩充提供了便利。在软件开发中，类的继承性使其所建立的软件具有开放性、可扩充性，这是对数据组织和分类行之有效的方法，它降低了创建对象、类的工作量。

- 多态。

多态指同一个属性或行为在父类及其各派生类中具有不同语义的特征。面向对象的多态性使得开发更科学、更符合人类的思维习惯，能有效地提高软件开发效率，缩短开发周期，提高软件可靠性。

封装、继承、多态是 OOP 的三大特征，它们的关系如图 6-2 所示。这三大特征适用于所有的面向对象语言。深入了解这些特征，是掌握 OOP 思想的关键。

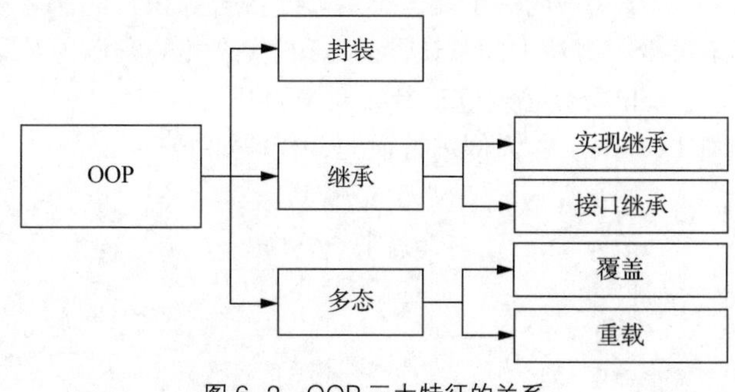

图 6-2　OOP 三大特征的关系

6.2

2. 类和对象

（1）类和对象的关系

OOP 的关键之一在于将数据以及对数据的操作封装在一起，组成一个不可分割的整体，即对象。对相同类型的对象进行分类、抽象后，得出其共同的特征和行为而形成类，如动物类、汽车类等。

类是对多个对象共同特征的抽象描述，它是对象的模板。对象用于描述现实中的个体，它是类的实例。下面通过日常生活中的常见场景来解释类和对象的关系。

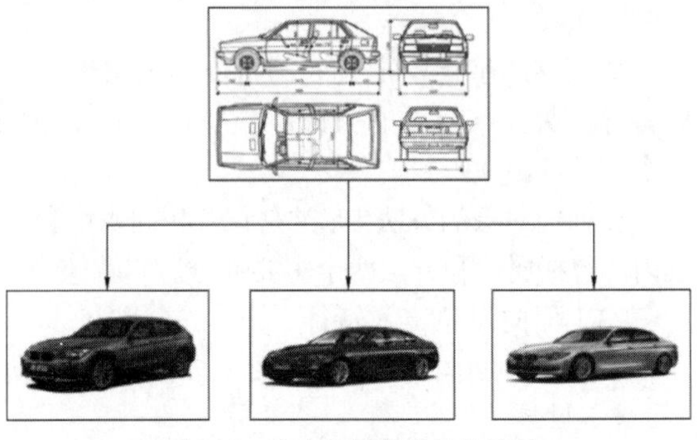
图 6-3 汽车图样与产品的关系

汽车是人类出行乘坐的交通工具之一，厂商在生产汽车之前会进行分析用户需求、设计汽车模型、制作设计图样等操作。设计图样用于描述汽车的各种属性与功能，例如汽车应该有方向盘、发动机、加速器等部件，也应该能执行制动、加速、倒车等操作。设计图样审核通过之后，工厂依照该图样批量生产汽车。汽车的设计图样和产品之间的关系如图 6-3 所示。汽车设计图样可以视为一个类，批量生产的汽车可以视为对象，由于按照同一图样生产，这些汽车对象具有许多共性。

OOP 的关键之一在于如何合理地定义这些类，并且合理组织多个类之间的关系。Python 中对象的概念较广泛，一切内容皆可以称为对象，函数也是对象。在创建类时，类的成员包含以下两部分。

- 用变量形式表示对象特征的成员称为数据成员，也称为属性（attribute）。
- 用函数形式表示对象行为的成员称为成员函数，也称为方法（method）。

数据成员和成员函数统称为类的成员。

（2）类的定义

创建对象之前，需要先定义类。类是对象的抽象，是一种自定义类型，它用于描述一组对象的共同特征和行为。类中可以定义数据成员和成员函数，数据成员用于描述对象特征，成员函数用于描述对象行为。类的定义格式为：

```
class 类名:                    #使用 class 定义类
    属性名 = 属性值            #定义属性
    def 方法名(self):          #定义方法
        方法体
```

Python 使用 class 关键字来声明一个类，类名需要符合标识符的命名规则，一般首字母大写，类名后的冒号必不可少。方法中的默认参数 self 代表类的实例（对象）本身，可以用来引用对象的属性和方法，self 参数必须位于参数列表的开头。

下面以定义一个圆（Circle）类为例进行说明，代码如下：

```
class Circle:                          #类名为 Circle
    r = 5                              #属性 r 的初始值为 5
    def get_area(self):                #定义求面积的方法
        return 3.14*self.r*self.r
    def get_perimeter(self):           #定义求周长的方法
        return 2*3.14*self.r
```

以上代码定义了一个圆类 Circle，该类包含一个描述圆的半径的属性 r、一个求圆的面积的方法 get_area()和一个求圆的周长的方法 get_perimeter()。

（3）对象的创建与使用

在 Python 程序中定义类之后是不能直接使用的，类需要实例化为对象才具有现实意义。可以使用如下语法创建一个对象：

```
对象名 = 类名()
```

例如，创建一个名为 circle01 和 circle02 的圆的对象，代码如下：

```
circle01 = Circle()
circle02 = Circle()
```

对象创建完之后，若想做到真正地使用对象，需要掌握访问对象成员的方法。对象成员分为属性和方法，它们的访问格式如下：

```
对象名.属性
对象名.方法()
```

使用以上格式访问 Circle 类对象 circle01 的属性和方法，代码如下：

```
circle02.r = 10                        #设置圆 circle02 的半径为 10
print(circle01.get_perimeter())        #输出圆 circle01 的周长
print(circle01.get_area())             #输出圆 circle01 的面积
print(circle02.get_perimeter())        #输出圆 circle02 的周长
print(circle02.get_area())             #输出圆 circle02 的面积
```

运行结果为：

```
31.4
78.5
62.8
314.0
```

可见 circle01 的半径值没有改变，仍然为 5，而 circle02 的半径值被改成 10。

三、任务分析

该任务实现的动画效果体现了动画的基本原理。将小球看作一个对象，分析其属性和行为特征。首先，小球具有大小、颜色、位置（x、y）属性，其次，小球移动的速度也是其属性之一，可将移动速度分为横向（x 轴）和纵向（y 轴）两个方向。分析小球的行为，包括移动到新的位置、碰到边界反弹等。

6.3

对于小球移动的速度，除了可以设置其移动速度属性外，还可以配合使用 time 库中的 sleep()，使移动更流畅、逼真。

四、任务实现

（1）在 PyCharm 中，选择“File”→“NewProject...”，在弹出的对话框中将项目命名为“chapter06”，单击“Create”按钮，创建新项目。

（2）在 PyCharm 中，右击左侧列表中的项目名称 chapter06，选择“New”→“Python File”，在弹出的对话框中将文件命名为“6-1 纯画笔弹球.py”，按“Enter”键，进入代码编辑界面。

（3）在新建文件中导入库。除了导入海龟作图库 turtle，还要导入可能用到的 time 库和 random 库，以控制小球的运行速度。

```
import time                          #导入 time 库
import turtle  as t                  #导入 turtle 库
import random                        #导入 random 库
```

（4）定义球类，类名为 Ball，其属性有直径（配合 turtle 库的 dot()函数使用，该函数的参数是直径）diameter、颜色 color、位置坐标 x 和 y、移动速度 dx 和 dy。

```
class Ball:
    diameter = 100                   #设定直径为 100
    dx = random.randint(-10, 10)     #单位水平移动速度，取-10～10 的随机数
    dy = random.randint(-10, 10)     #单位垂直移动速度，取-10～10 的随机数
    x = t.xcor()                     #球的位置，初始值为海龟的 x 坐标
    y = t.ycor()                     #球的位置，初始值为海龟的 y 坐标
    color = 'red'                    #球的颜色，默认为红色
```

（5）定义类 Ball 的移动方法 move()：通过将海龟的 x 坐标、y 坐标分别加上单位水平移动速度、单位垂直移动速度计算出新的位置坐标，将海龟移动到新位置，设置海龟的颜色为球的颜色，在新的位置上绘制实心圆，实心圆的直径为球的直径。

```
def move(self):                      #定义 move()方法
     self.x = self.x + self.dx       #计算海龟的新位置的 x 坐标
     self.y = self.y + self.dy       #计算海龟的新位置的 y 坐标
     t.goto(self.x,self.y)           #将海龟移动到新位置
     t.color(self.color)             #设置海龟的颜色
     t.dot(self.diameter)            #画个点
```

（6）定义类 Ball 的反弹方法 bounce_on_edge()：球碰到边界反弹实际上是将单位移动速度取反，即原来为正值则变为负值，原来为负值则变为正值。判断是否碰到边界需要用到画布宽度和高度，可以通过 window_width()和 window_height()函数获得。

```
def bounce_on_edge(self):            #定义反弹方法
     #如果球的中心点 x 坐标大于 1/2 画布宽度－半径，则取反
     if abs(self.x) > t.window_width()//2-self.diameter//2:
          self.dx = -self.dx
     #如果球的中心点 y 坐标大于 1/2 画布高度－半径，则取反
     if abs(self.y) > t.window_height()//2-self.diameter//2:
          self.dy= -self.dy
```

（7）定义完类后，创建一个对象，关闭自动刷新功能，抬起海龟画笔，隐藏形状，为后续小球移动做好准备。

```
ball =Ball()
t.tracer(0)                     #关闭自动刷新功能
t.penup()                       #抬起画笔
t.hideturtle()                  #和本身形状无关，所以隐藏
```

（8）实现小球移动功能，其实现原理为：擦除画布，小球移动到新位置，如果碰到边界则反弹，刷新画布，控制球的速度，如此重复执行。代码如下：

```
while True:
    t.clear()                   #擦除画布
    ball.move()                 #移动到新位置绘制点
    ball.bounce_on_edge()       #遇到边界反弹
    t.update()                  #刷新画布
    time.sleep(0.01)            #配合使用 sleep()控制球的速度
```

任务 6.2　纯画笔弹球改造——类的成员

6.4

一、任务描述

任务 6.1 中已经实现了纯画笔弹球，在其基础上对代码进行优化，如在判断是否触碰边界时用到了半径，因此可以在类中增加半径，也可以将判断是否触碰边界写成单独的方法。

二、相关知识

类的成员访问限制

在 Python 程序中定义的类的成员可以分为公有成员和私有成员。默认情况下，类中定义的成员为公有成员，该类的对象可以任意访问类的公有成员。为了符合封装原则，Python 支持将类中的成员设置为私有成员，在一定程度上限制对象对类成员的访问。

（1）定义私有成员

如果成员名以两个下画线（__）开头，则表示是私有成员。私有成员可以是私有属性，也可以是私有方法。其语法格式如下：

```
__属性名 = 属性值
__方法名(self):
    方法体
```

在 Circle 类中增加一个私有属性__pi 和私有方法__info()：

```
class Circle:
    r = 5
    __pi = 3.14
    def __info(self):
        print(f'我是一个半径为{self.r}的圆！')
```

（2）访问私有成员

类的私有成员只能在类的内部访问。例如，私有属性和私有方法可以在公有方法中通过默认参数 self 进行访问。

```
class Circle:
    r = 5   #定义公有属性
    __pi = 3.14  #定义私有属性
    def __info(self):  #定义私有方法，在私有方法中访问公有属性和私有属性
        print(f'我是一个半径为{self.r}的圆，有一个私有属性pi，其值为{self.__pi}！')
    def get_area(self):  #定义公有方法
        self.__info()    #在公有方法中访问私有方法
        return self.__pi*self.r*self.r  #在公有方法中访问私有属性
    def get_perimeter(self):
        return 2*self.__pi*self.r
```

上述代码中，私有方法__info()、公有方法 get_area()和 get_perimeter()通过 self 访问私有属性__pi。公有方法 get_area()通过 self 访问私有方法__info()。

公有成员可以在类的内部访问，也可以在类的外部进行访问。而私有成员只能在类的内部进行访问，如果在类的外部进行访问就会报错。

例如，使用对象访问私有属性：

```
circle03 = Circle()
circle03.r = 4
print(circle03.__pi)
```

运行代码，输出以下错误信息。

```
AttributeError: 'Circle' object has no attribute '__pi'
```

使用对象访问私有方法：

```
circle03.__info()
```

运行代码，输出以下错误信息。

```
AttributeError: 'Circle' object has no attribute '__info'
```

由以上错误信息可以得出对象无法直接访问私有成员。

6.5

三、任务分析

因为半径是直径的 1/2，可以直接计算出来，最好不要对其进行修改，所以将半径设置为私有属性更为合理。判断是否触碰边界只在方法 bounce_on_edge()中用到，在类的内部使用，所以也可以将其设置为私有方法。

四、任务实现

（1）在 PyCharm 的左侧项目列表中，右击文件“6-1 纯画笔弹球.py”，在弹出的快捷菜单中选择“Copy”，复制该 Python 文件，如图 6-4 所示。

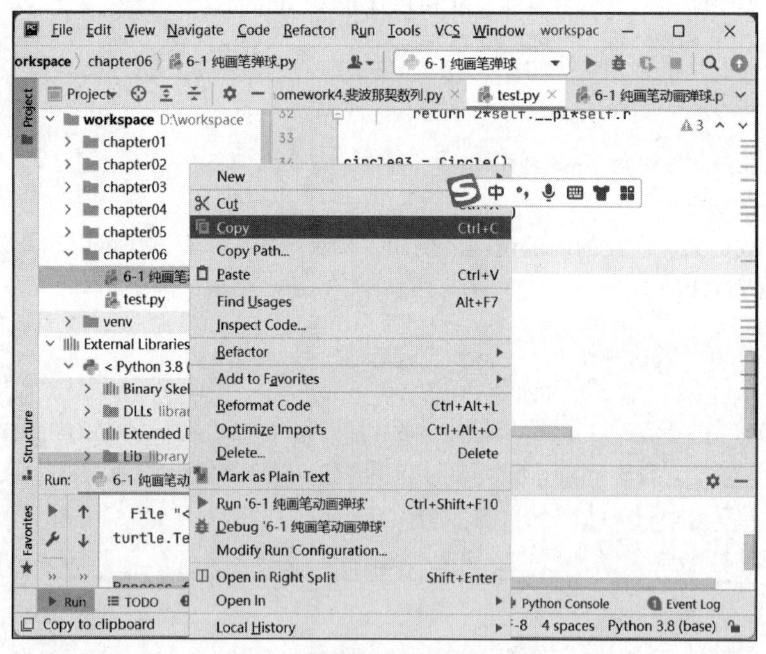

图 6-4　复制项目中的 Python 文件

（2）在 PyCharm 的左侧项目列表中，右击项目名称“chapter06”，在弹出的快捷菜单中选择“Paste”，即在项目中粘贴复制的 Python 文件，并取名为“6-2 纯画笔弹球.py”，如图 6-5 所示，单击“OK”按钮，完成文件的复制。

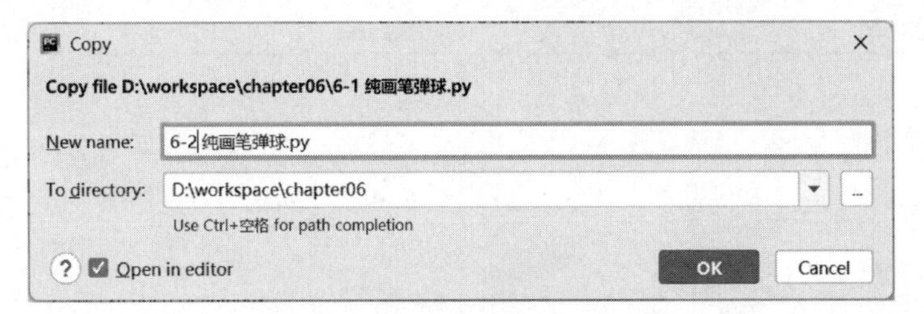

图 6-5　粘贴并更名 Python 文件

（3）在新的 Python 文件“6-2 纯画笔弹球.py”中修改类 Ball 的定义，增加私有属性半径 __raduis，增加判断是否左右碰壁私有方法 __isBounce_left_right()和上下碰壁的私有方法 __isBounce_top_bottom()。

```
class Ball:
    diameter = 100                      #设定直径为 100
    __raduis = diameter//2
    dx = random.randint(-10, 10)        #单位水平移动速度，取-10～10 的随机数
    dy = random.randint(-10, 10)        #单位垂直移动速度，取-10～10 的随机数
    x = t.xcor()                        #球的位置，初始值为海龟的 x 坐标
    y = t.ycor()                        #球的位置，初始值为海龟的 y 坐标
    color = 'red'                       #球的颜色，默认为红色
    #如果左右碰壁则返回 True，否则返回 False
    def __isBounce_left_right(self):
        if abs(self.x) > t.window_width()//2-self.__raduis:
             return True
        else:
          return False
    #如果上下碰壁则返回 True，否则返回 False
    def __isBounce_top_bottom(self):
        if  abs(self.y) > t.window_height()//2-self.__raduis:
             return True
        else:
             return False
```

（4）修改反弹方法 bounce_on_edge()，在其内部调用私有方法。

```
def bounce_on_edge(self):   #定义反弹方法
     #如果球的中心点 x 坐标大于 1/2 画布宽度－半径，则取反
     if self.__isBounce_left_right(): #调用私有方法进行判断
          self.dx = -self.dx
     #如果球的中心点 y 坐标大于 1/2 画布高度－半径，则取反
     if self.__isBounce_top_bottom(): #调用私有方法进行判断
          self.dy= -self.dy
```

（5）创建好 Ball 的对象后，也可以通过对象来修改属性，如直径、颜色和移动速度等。

```
ball =Ball()                 #创建对象
ball.diameter = 50           #设置球的直径为 50
ball.dx = 8                  #设置单位水平移动速度为 8
ball.dy = 5                  #设置单位垂直移动速度为 5
ball.color = 'yellow'        #设置球的颜色为黄色
```

（6）其他代码不做修改，运行程序，发现小球颜色和大小都发生了变化，如图 6-6 所示。

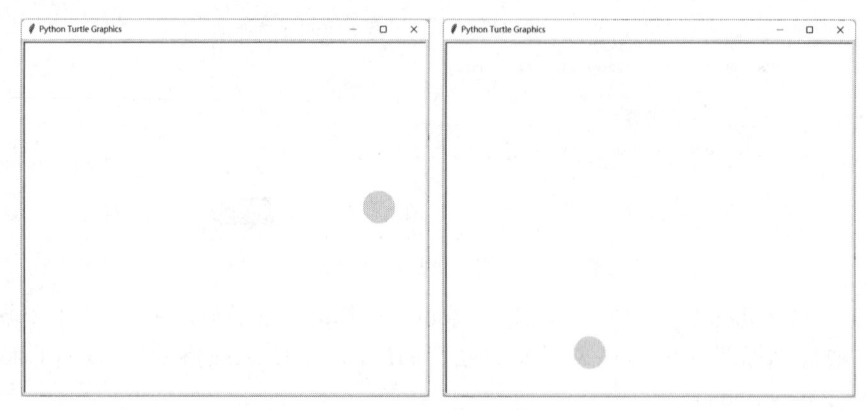

图 6-6 运行效果

任务 6.3 纯画笔弹球升级——构造方法与析构方法

6.6

一、任务描述

任务 6.1 已经实现了纯画笔弹球。在任务 6.1 中，Ball 类的属性实际上为类属性。请对程序进行修改，将 Ball 类的属性定义为对象属性，在创建对象时可以为对象属性赋值。另外，在对象释放时，输出释放信息。最终实现两个颜色和大小都不同的球在画布中运动。

二、相关知识

1. 构造方法

构造方法的作用是初始化对象的属性，即在创建对象时就完成属性的赋值。Python 提供的构造方法的固定名称为__init__（两个下画线开头、两个下画线结尾）。它的好处是在创建类的对象时，系统会自动调用构造方法，从而实现对类进行初始化的操作。每个类都有一个默认的___init__()方法，如果在定义类时显示地定义了__init__()方法，则创建对象时 Python 解释器会调用显示定义的__init__()方法。如果定义类时没有显示定义__init__()方法，那么 Python 解释器会调用默认的__init__()方法。

__init__()方法按照其参数的有无（self 除外）可以分为有参构造方法和无参构造方法。在无参构造方法中可以为属性设置初始值，此时使用该方法创建的所有对象都具有相同的初始值。若希望每次创建的对象都有不同的初始值，则可以使用有参构造方法。

例如，定义一个矩形 Rectangle 类，该类中显示定义了一个无参的__init__()方法和求面积的 get_area()方法。

```
class Rectangle:
    def __init__(self):
        self.a = 4
        self.b = 6
    def get_area(self):
        return self.a*self.b
rec1 = Rectangle()
print(rec1.get_area())
```

```
rect2 = Rectangle()
rect2.a = 6
rect2.b = 10
print(rect2.get_area())
```

上述代码定义了一个包含无参构造方法的Rectangle类，属性a和b设置了初始值，基于该类创建的所有对象的属性a和b具有相同的初始值。要改变属性a、b的值，需要在创建对象后，通过“对象.属性 = 值”的方法来修改。对象rec1的a和b的值分别为4和6，rect2的a和b的值分别为6和10。

如果不需要设置初始值，可以使用有参构造方法，对上例进行修改，代码如下：

```
class Rectangle:
    def __init__(self,a,b):
        self.a = a
        self.b = b
    def get_area(self):
        return self.a*self.b
rec1 = Rectangle(5,6)
print(rec1.get_area())
rect2 = Rectangle(8,9)
print(rect2.get_area())
```

上述代码在创建对象时，通过传入参数值为对象属性赋值。其中，对象rec1的a和b的值分别为5和6，rect2的a和b的值分别为8和9。要注意的是，传入参数值的顺序与构造方法中参数（self除外）的顺序要一一对应。

小贴士：需要强调的是，直接在类中定义的属性是类属性（本单元前面在类中定义的属性都是类属性），可以通过对象或类进行访问；在构造方法中定义的属性是实例属性（或对象属性），只能通过对象进行访问。

2. 析构方法

在创建对象时，Python解释器会自动调用__init__()方法构造。在对象被清理时，Python解释器也会自动调用一个名为__del__()的方法，这个方法叫作析构方法。

在定义Rectangle类时加入析构方法，代码如下：

```
class Rectangle:
    def __init__(self,a,b):
        self.a = a
        self.b = b
    def get_area(self):
        return self.a*self.b
    def __del__(self):
        print('边长为',self.a,self.b,'的对象被释放')
rec1 = Rectangle(5,6)
print(rect1.get_area())
rect2 = Rectangle(8,9)
print(rect2.get_area())
```

运行结果为：

```
30
72
边长为 5 6 的对象被释放
边长为 8 9 的对象被释放
```

通过运行结果可以看出，当程序结束的时候，其占用的内存空间会被释放掉。如果需要手动释放，可以使用 del 关键字删除一个对象，释放它所占用的资源。修改上述代码，使对象 rect1 用完后立即释放，代码如下。

```
class Rectangle:
    def __init__(self,a,b):
        self.a = a
        self.b = b
    def get_area(self):
        return self.a*self.b
    def __del__(self):
        print('边长为',self.a,self.b,'的对象被释放')
rec1 = Rectangle(5,6)
print(rec1.get_area())
del rec1
print("rect1 被释放")
rect2 = Rectangle(8,9)
print(rect2.get_area())
```

运行结果为：

```
30
边长为 5 6 的对象被释放
rect1 被释放
72
边长为 8 9 的对象被释放
```

分析上述运行结果可以看出，在执行 del 前会自动调用__del__()析构方法。Python 有自动垃圾回收机制，当 Python 程序结束的时候，Python 解释器会检测是否需要释放内存空间。如果需要，就自动调用 del 关键字删除。如果用户已经手动调用 del 关键字，就不需要自动删除。

6.7

三、任务分析

类属性是直接定义在类中的，而实例属性（或对象属性）是定义在__init__()方法中的。按照任务要求，需要在 Ball 类中增加__init__()方法，在释放对象时输出释放信息；需要增加__del__()析构方法；实现两个球运动，需要在程序中创建两个对象。

四、任务实现

（1）在 PyCharm 的左侧项目列表中，右击文件“6-1 纯画笔弹球.py”，在弹出的快捷菜单中选择“Copy”，复制该 Python 文件。

（2）在 PyCharm 的左侧项目列表中，右击项目名称“chapter06”，在弹出的快捷菜单中选择“Paste”，在项目中粘贴 Python 文件，并取名为“6-3 纯画笔动画弹球.py”，单击“OK”按钮，完成文件的复制。

（3）修改“6-3 纯画笔动画弹球.py”文件中的代码，在 Ball 类中增加__init__()方法，将原来的类属性移动到__init__()方法中，并对代码进行调整。其中，属性 diameter 和 color 可以在创建对象时赋值，单位移动速度 dx 和 dy 取随机数，x 坐标和 y 坐标设置为海龟所在的位置坐标。类的 move()方法、bounce_on_edge()方法的代码保持不变。

```
class Ball:
    def __init__(self,diameter,color):
        self.diameter = diameter  #设定直径，创建对象时赋值
        self.dx = random.randint(-10, 10)  #单位水平移动速度
        self.dy = random.randint(-10, 10)  #单位垂直移动速度
        self.x = t.xcor()      #球的位置，初始值为海龟的 x 坐标
        self.y = t.ycor()     #球的位置，初始值为海龟的 y 坐标
        self.color = color   #球的颜色，创建对象时赋值
```

（4）在类 Ball 的定义中增加析构方法__del__()，提示对象被释放。

```
def __del__(self):
    print('直径为'+str(self.diameter)+",颜色为"
            +self.color+"的小球被释放！")
```

（5）创建两个不同大小、不同颜色的对象 ball1 和 ball2。在创建对象时，通过传递参数值给对象的 diameter 和 color 属性赋值。

```
ball1 = Ball(50,'green')
ball2 = Ball(80,'purple')
```

（6）修改循环语句，实现两个球的运动。

```
while True:
    t.clear()                          #擦除画布
    ball1.move()                       #移动到新位置绘制点
    ball1.bounce_on_edge()             #遇到边界反弹
    ball2.move()                       #移动到新位置绘制点
    ball2.bounce_on_edge()             #遇到边界反弹
    t.update()                         #刷新画布
    time.sleep(0.01)                   #配合使用 sleep()控制球的速度
```

（7）运行程序，效果如图 6-7 所示，两个不同大小和颜色的小球在屏幕中匀速移动，碰壁后反弹。

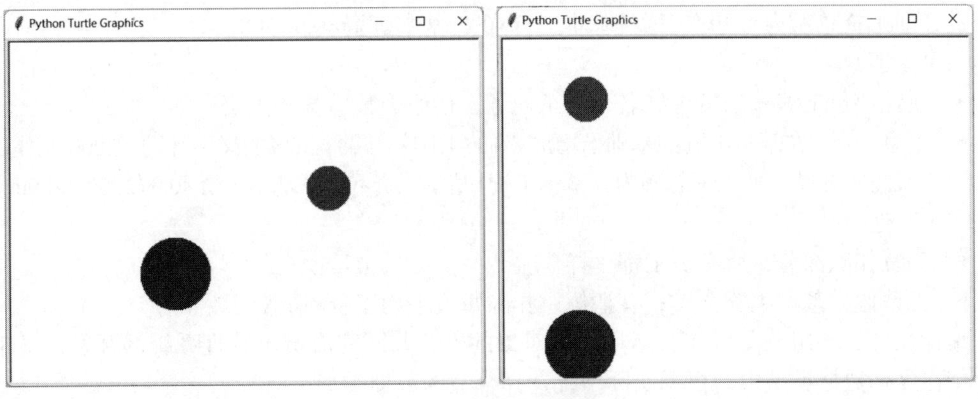

图 6-7　两球运行效果

（8）关闭运行窗口，在 PyCharm 的控制台中输出了如下语句：

```
直径为 50,颜色为 green 的小球被释放!
直径为 80,颜色为 purple 的小球被释放!
```

可以看出，关闭窗口时，Python 会释放对象，调用了析构方法__del__()。

综合实训 6——员工管理系统

项目背景：某公司成立已有一段时间，随着业务扩展，员工越来越多，纸质化管理越来越困难。为了提高员工信息管理的工作效率，需要引进员工管理系统。实现员工信息的增加、删除、修改、查询，以及员工统计分析等功能。请为该公司设计并开发一个简易的员工管理系统。经过调研分析，得到图 6-8 所示的功能分析图。

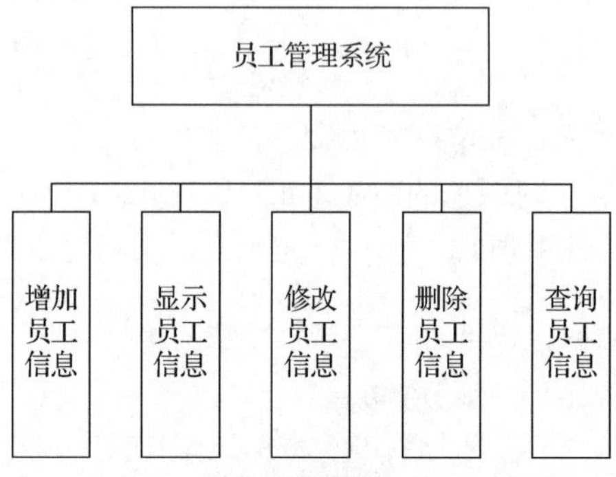

图 6-8　员工管理系统功能分析

员工信息的基本情况如下。

（1）普通员工

- 属性：员工编号、员工姓名、员工职务、请假天数、基本工资。
- 普通员工工资：在基本工资的基础上增加 10%的工作餐补助、50%的岗位补助、200 元住房补助，即工资总额为：基本工资+基本工资×0.1+基本工资×0.5+200。

（2）经理

- 属性：员工编号、员工姓名、员工职务、请假天数、基本工资。
- 经理工资：在基本工资的基础上增加 20%的工作餐补助、50%的岗位补助、500 元住房补助，即工资总额为：基本工资+基本工资×0.2+基本工资×0.5+500。

（3）董事

- 属性：员工编号、员工姓名、员工职务、请假天数、基本工资。
- 董事工资：在基本工资的基础上增加 8%的工作餐补助、30%的岗位补助、2000 元住房补助、3000 元投资补助，即工资总额为：基本工资+基本工资×0.08+基本工资×0.3+2000+ 3000。

（4）其他

- 工资扣除部分，所有员工都一样。
- 无请假，基本工资全发；有请假，扣除每天平均工资×请假天数。

编程任务：小组分工合作，运用面向对象的方式共同完成员工管理系统的开发，员工信息存储在序列数据类型中，根据实际情况选择合适的数据类型。

单元小结

本单元讲述了面向对象的基本知识，包括面向对象的概念、类和对象的关系、类的定义和使用、对象的创建和调用、类的成员访问限制、类的构造方法和析构方法等知识。在知识讲解过程中穿插简单易懂的案例进行实践。另外，本单元设计了 3 个任务，使用海龟作图库 turtle，运用面向对象知识，实现漂亮、有趣的动画效果。通过对本单元的学习，希望学习者能理解面向对象的编程思想，能熟练地定义和使用类与对象，并具备用面向对象编程思想开发程序的能力。

拓展练习

一、填空题

1. Python 中使用关键字__________声明一个类。
2. 在__init__()方法中第一个参数永远是__________。
3. Python 中用于释放类占用资源的方法是__________。
4. Python 中通过在属性名前添加__________的方式将其设置为私有属性。
5. 面向对象的三大特征为__________、__________和多态。

二、单选题

1. 关于类和对象的关系，下列描述正确的是（　　）。
   A. 类和面向对象的核心
   B. 类是现实中事物的个体
   C. 对象是根据类创建的，并且一个类只能对应一个对象
   D. 对象描述的是现实的个体，它是类的实例
2. 构造方法的作用是（　　）。
   A. 一般成员方法　B. 类的初始化　C. 对象的初始化　D. 对象的建立
3. 下列关于类的说法，错误的是（　　）。
   A. 在类中可以定义私有方法和属性　B. 类名一般首字母大写
   C. 实例方法的第一个参数是 self　D. 类的实例无法访问类属性
4. Python 类中包含一个特殊的变量（　　），它表示当前对象自身，可以访问类的成员。
   A. self　B. me　C. this　D. 与类同名
5. 下列选项中，符合类的命名规范的是（　　）。
   A. HolidayResort　B. Holiday Resort
   C. hoildayResort　D. hoilidayresort
6. 阅读下面程序：

```
class Test:
    count = 21
    def print_num(self):
        count = 20
        self.count += 20
        print(count)
test = Test()
test.print_num()
```

运行程序，输出结果是（　　）。
   A. 41　B. 20　C. 40　D. 21

7. 下列例子可以用来解释面向对象中的封装的是（　　）。
   A. 某个十字路口安装了一盏交通信号灯，汽车和行人对同一个信号会有不同的行为
   B. 用户可以通过鼠标和键盘使用计算机，但无须知道计算机内部如何工作
   C. 香蕉、苹果、草莓、梨可以称为水果
   D. 以上全部
8. 通过下列哪个符号可以访问对象的成员。（　　）
   A. .　　B. _　　C. ()　　D. @
9. 当一个对象的引用计数器数值为（　　）时，该对象会被视为垃圾回收。
   A. 1　　B. 0　　C. -1　　D. 2
10. 阅读下面程序：

```
class C:
    x=10
    y=10
    def __init__(self,x,y):
        self.x=x
        self.y=y
pt=C(20,20)
print(pt.x,pt.y)
```

运行程序，输出结果是（　　）。
   A. 10 20　　B. 20 10　　C. 20 20　　D. 10 10

三、判断题

1. 定义类时可以定义__init__()方法，也可以不定义__init__()方法。（　　）
2. 通过类可以创建对象，类有且只有一个对象实例。（　　）
3. 方法和函数的格式是完全一样的。（　　）
4. 创建类的对象时，系统会自动调用构造方法进行初始化。（　　）
5. 创建完对象后，其属性的初始值是固定的，外界无法进行修改。（　　）
6. 使用 del 关键字删除对象，可以手动释放它所占用的资源。（　　）
7. 类方法可以使用类名进行访问。（　　）
8. 忽略事物的非本质特性，关注事物间的本质特征，找出其共性，以抽象的方法构建一个概念模型，就是定义一个类。（　　）
9. 通过类的实例可以直接访问该类的私有成员。（　　）
10. 在类成员名之前添加双下画线后，类成员不再是公有成员，而是受保护成员。（　　）

四、简答题

1. 简述面向对象的特征及使用面向对象思维方式开发程序的优点。
2. 简述构造方法和析构方法的作用。

五、编程题

1. 定义一个 Book 类，其属性有 name、author、isbn、publisher 和 price，该类有一个方法 info()，主要描述书的基本信息，如书名、出版社、作者、价格等。请用 Book 类实例化一个对象 book1，并调用 info()方法，输出书的基本信息。

2. 定义一个 Circle 类，其属性有半径 r，方法有求周长 getPerimeter()、求面积 getArea()。请用 Circle 类实例化一个半径为 10 的圆，调用实例的方法求圆的周长和面积。

3. 定义一个 Star 类，该类包含属性 Size、位置 pos、颜色 color，方法包括绘图 draw()。请使用 Star 类实例化不同颜色、不同大小的五角星，并将五角星绘制在画布上，如图 6-9 所示。

图 6-9　彩色五角星

第7单元

面向对象（下）

学习导读

面向对象程序设计是一种具有对象概念的功能强大的编程范式，它完美地实现了软件工程的重用性、灵活性、可扩展性这 3 个主要目标。在第 6 单元中，我们已经学习了面向对象的概念、类、对象等基础知识，并进行了实践操作。本单元我们将继续学习面向对象的高级知识，如类的方法、单继承、多继承以及多态等内容。

学习目标

1. 知识目标

- 掌握类属性、对象属性的区别。
- 掌握对象方法、类方法、静态方法的区别。
- 掌握单继承、多继承的概念和使用方法。
- 掌握多态的概念和实现方法。

2. 技能目标

- 能用面向对象的思想设计程序。
- 能根据实际情况选择合适的属性和方法。
- 能根据需求使用继承的思想简化程序。
- 能根据实际情况使用多态思想简化代码。

3. 素质目标

- 培养标准化的编码规范能力。
- 培养创新能力以及分析问题和解决问题的能力。
- 培养团队意识和沟通能力。

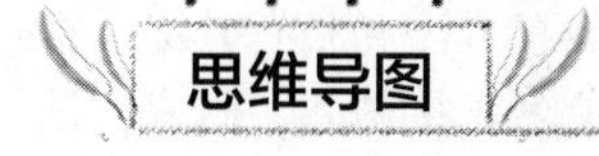

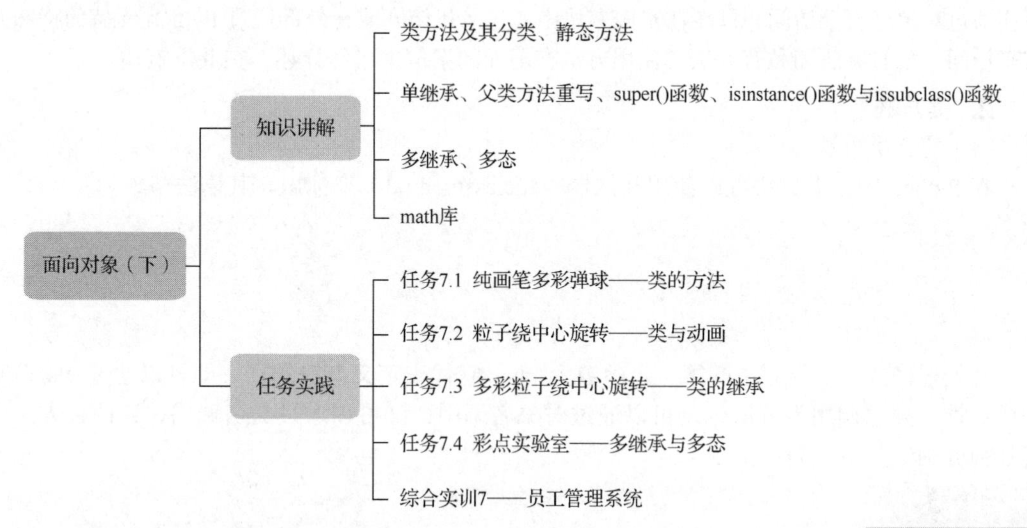

任务 7.1　纯画笔多彩弹球——类的方法

一、任务描述

任务 6.3 已经实现了两个弹球的动画，同理，也可以在一个窗体中实现多个弹球的动画。使用海龟作图库 turtle 实现纯画笔多彩弹球动画，50 个大小、颜色不一的小球在白色的画布中从中心点散开，在画布中移动，碰到边界自动弹回，效果如图 7-1 所示。

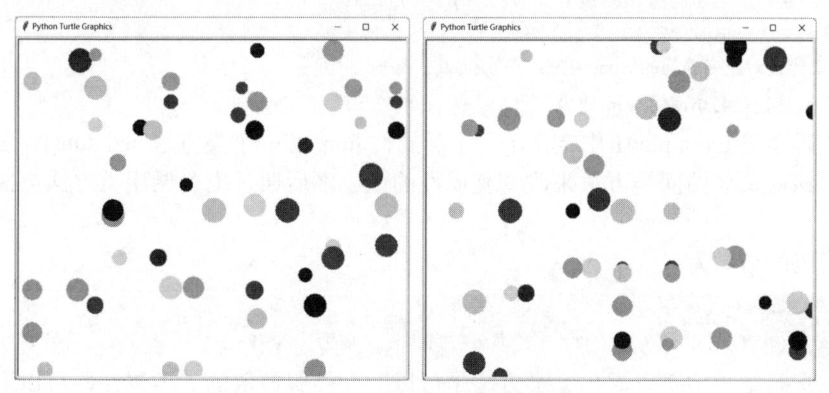

图 7–1　纯画笔多彩弹球

二、相关知识

1. 类的方法分类

方法用来描述对象所具有的行为。例如列表对象的增加元素、删除元素、修改元素等，字符串对象的分隔、连接、替换等。

Python 类中定义的方法可以分为 4 大类：公有方法、私有方法、静态方法和类方法。公有方法、私有方法一般是指对象的实例方法，每个对象都有自己的公有方法和私有方法。在这两类方法中都可以访问所属类及其自身的成员，公有方法通过对象名直接访问，私有方法不能通过对象名直接访问，只能在实例方法中通过 self 访问或在外部通过 Python 支持的特殊方式来访问。公有方法和私有方法的使用方法在前面的案例中已经详述，在此不赘述。

2. 类方法

（1）定义类方法

在 Python 中，类方法可以使用装饰器（@classmethod）来标识。其语法格式为：

```
class 类名:
    @classmethod
    def 类方法名(cls):
        方法体
```

在上述格式中，类方法的第一个参数为 cls，它代表定义方法的类，即可以通过 cls 访问类的属性。要想调用类方法，既可以通过对象名调用，又可以通过类名调用，这两种方法没有任何区别，其格式为：

```
类名.类方法
对象名.类方法
```

定义一个含有类方法和类属性的 Example01 类，代码如下：

```
class Example01:
    num = 0 #定义类属性
    @classmethod
    def setNum(cls,num):
        cls.num = num
exam01 = Example01()
exam01.setNum(100)
print('通过对象名访问的 num 值为：',exam01.num,
      '通过类名访问的 num 值为：',Example01.num)
Example01.setNum(200)
print('通过对象名访问的 num 值为：',exam01.num,
      '通过类名访问的 num 值为：',Example01.num)
```

上述代码在类 Example01 中定义了一个类属性 num 和一个类方法 setNum()，创建了一个对象，通过该对象名访问类方法来改变类属性的值，之后通过类名调用类方法再次改变类属性的值。

运行代码的结果为：

```
通过对象名访问的 num 值为： 100 通过类名访问的 num 值为： 100
通过对象名访问的 num 值为： 200 通过类名访问的 num 值为： 200
```

从上述运行结果中可以看出，类方法是可以改变类属性值的。类属性既可以通过对象名来访问，也可以通过类名来访问，这两种方式访问的结果一致。

（2）修改类属性值

定义一个含有类属性、类方法、实例方法的 Example02 类，代码如下：

```
class Example02:
    num = 0 #定义类属性
    def modifyNum(self,num):
        self.num = num
    @classmethod
```

```
    def setNum(cls,num):
        cls.num = num
exam = Example02()
exam.modifyNum(20)
print('通过对象名访问 num 属性',exam.num,
      '通过类名访问 num 属性',Example02.num)
Example02.setNum(40)
print('通过对象名访问 num 属性',exam.num,
      '通过类名访问 num 属性',Example02.num)
```

上述代码中，类 Example02 包含一个类属性 num、一个实例方法 modifyNum()和一个类方法 setNum()，两个方法都对 num 的值做了修改，之后创建了一个对象，通过对象名调用实例方法修改 num 值，再通过类名调用类方法修改 num 值。

代码运行结果为：

```
通过对象名访问 num 属性 20 通过类名访问 num 属性 0
通过对象名访问 num 属性 20 通过类名访问 num 属性 40
```

从输出结果可以看出，调用实例方法 modifyNum()后，通过对象名访问的 num 值发生了变化，而通过类名访问的 num 值并没有发生变化，说明类属性修改未成功。而调用类方法 setNum()后，通过对象名访问的 num 值没变化，通过类名访问的 num 值发生了变化，说明类属性成功被修改。

这里存在一个问题，实例方法 modifyNum()中明明通过“self.num = num”重新为 num 赋值，为什么类的 num 属性值仍然为 0 呢？这是因为通过“self.num = num”只是创建了一个与类属性同名的实例属性，并为其赋值，而非对类属性重新赋值。

（3）类方法与实例方法比较

对上述案例进行分析，总结类方法与实例方法有以下不同。

- 类方法使用装饰器（@classmethod）修饰。
- 类方法的第一个参数为 cls 而非 self，它代表类本身。
- 类方法既可以由对象调用，亦可以直接由类调用。
- 类方法可以修改类属性，实例方法无法修改类属性。

7.2

3. 静态方法

（1）定义静态方法

在 Python 中，静态方法使用修饰器（@staticmethod）标识。

其语法格式为：

```
class 类名:
    @staticmethod
    def 静态方法名():
        方法体
```

上述格式中，静态方法的参数列表中没有任何参数，这就是它跟前面所介绍的实例方法、类方法的不同。静态方法的参数列表没有 self 参数，导致其无法访问类的实例属性和实例方法。静态方法的参数列表也没有 cls 参数，导致它也无法通过 cls 访问类属性。通过以上描述，可以得出结论：静态方法与定义它的类没有直接关系，只是起到了类似于函数的作用。

静态方法可以通过对象名调用，也可以通过类名调用，两者没有任何区别。其语法格式为：

```
类名.静态方法
对象名.静态方法
```

定义一个含有静态方法和类属性的 Example03 类，代码如下：

```
class Example03:
    num = 10  #定义类属性
    @staticmethod
    def get_class_num():
        print(f"类属性 num 的值为：{Example03.num}")
        print("静态方法中用'类名.类属性'的方式访问类属性")
exam = Example03()
exam.get_class_num()
Example03.get_class_num()
```

上述代码中，Example03 类包含一个类属性 num 和一个静态方法 get_class_num()，之后创建了一个对象，最后用对象名和类名两种方式调用静态方法。运行结果为：

```
类属性 num 的值为：10
静态方法中用'类名.类属性'的方式访问类属性
类属性 num 的值为：10
静态方法中用'对象名.类属性'的方式访问类属性
```

从运行结果可以看出，通过类名和对象名调用静态方法的结果是一样的。在静态方法中，访问类属性必须通过“类名.类属性”的方式进行。

（2）静态方法与实例方法比较

对上述案例进行分析，总结静态方法与实例方法有以下不同。

- 静态方法没有 self 参数，它需要使用@staticmethod 修饰。
- 在静态方法中需要以“类名.方法/属性名”的形式访问类的成员。
- 静态方法既可以由对象调用，亦可以由类调用。

（3）静态方法与类方法比较

- 类方法有一个 cls 参数，使用该参数可以在类方法中访问类的成员。
- 静态方法没有任何默认参数，它无法使用默认参数访问类的成员。
- 静态方法更适合执行与类无关的操作。

7.3

三、任务分析

纯画笔多彩弹球动画的实现思路为：先定义 Ball 类，之后创建 50 个基于 Ball 类的对象，最后通过循环调用 50 个对象的移动和碰撞方法，更新画布，从而实现多彩弹球的动画。

在创建 50 个对象之前，需要定义颜色列表 cs 和存放 Ball 类对象的列表 balls，如果把这两个列表移动到 Ball 类当中，它们只能作为类属性，因为它们不属于对象。

创建 50 个对象时需要用到类属性，创建好的对象要放到类属性 balls 中，所以可以定义一个创建 50 个 Ball 类对象的类方法，因为类方法可以通过 cls 访问类属性。

实现小球运动的代码实际上与类没有关系，这部分代码如果放入类中，则可以将其定义成一个静态方法。

四、任务实现

（1）在 PyCharm 中，选择“File”→“NewProject...”，在弹出的对话框中将项目命名为“chapter07”，单击“Create”按钮，创建新项目。

（2）在 PyCharm 的左侧项目列表中，右击文件“6-3 纯画笔动画弹球.py”，在弹出的快捷菜单中选择“Copy”，复制该 Python 文件。

（3）在 PyCharm 的左侧项目列表中，右击项目名称“chapter07”，在弹出的快捷菜单中选择“Paste”，在项目中粘贴 Python 文件，并取名为“7-1 纯画笔多彩弹球.py”，单击“OK”按钮，完成文件的复制。

（4）在“7-1 纯画笔多彩弹球.py”文件中，将颜色列表 cs、存放 Ball 类对象的 balls 列表放在 Ball 类的内部，作为 Ball 类的类属性。

```
    class Ball:
        cs = ['cyan', 'green', 'purple', 'pink', 'red', 'orange', 'yellow', 'blue']
#定义颜色列表
        balls = []  #定义存放 Ball 类对象的列表
```

（5）在 Ball 类内部增加类方法 create_balls()，该方法实现创建 50 个 Ball 类对象，并存入 balls 列表，在类方法中需要通过 cls 来访问 cs 和 balls 类属性。

```
    @classmethod
    def create_balls(cls):
        #循环创建 50 个 Ball 类对象并存入 balls 列表
        #直径为 20～40 的随机数，颜色从 cs 列表中随机获取
        for _ in range(50):
            cls.balls.append(Ball(random.randint(20, 40),
random.choice(cls.cs)))
```

（6）在 Ball 类中增加一个静态方法 main()，该方法实现 50 个小球动起来的效果。将剩余代码全部移入静态方法 main()，在 while 循环之前通过类名 Ball 调用类方法 create_balls()创建 50 个对象，在 while 循环内通过 Ball 类访问类属性 balls，并通过 for 循环一一调用 50 个对象的 move()和 bounce_on_edge()方法，实现动画效果。

```
    @staticmethod
    def main():
        t.tracer(0)                          #关闭自动刷新功能
        t.up()                               #抬起画笔
        t.ht()                               #和本身形状无关，所以隐藏
        Ball.create_balls()
        while True:
            t.clear()                        #擦除画布
            for ball in Ball.balls:          #让列表中的小球全部动起来
                ball.move()                  #移动到新位置绘制点
                ball.bounce_on_edge()        #遇到边界反弹
            t.update()                       #刷新画布
            time.sleep(0.01)                 #配合使用 sleep()控制球的速度
```

（7）要想程序运行起来，需要调用 Ball 类中的静态方法 main()，如下所示。至此，代码编写完成，运行程序，50 个大小不一、颜色各异的小球在画布中以不同的速度移动。

```
    if __name__ == '__main__':
        Ball.main()
```

小贴士：本能地遵守编码规范是一个程序员真正能力水平的体现。遵守编码规范对程序员来说，是基本的职业技能，也是衡量一个程序员合格与否的重要标准。

任务 7.2 粒子绕中心旋转——类与动画

一、任务描述

7.4

太阳风暴，是一种自然现象，指太阳上的剧烈爆发活动及其在近地空间引发的一系列强烈扰动。使用海龟作图库 turtle 模拟太阳风暴。实现 600 个粒子围绕中心旋转，粒子与中心的距离可以看作公转半径，粒子的旋转速度随着公转半径的增大而减小，即越是外层的粒子旋转速度越慢。粒子绕中心旋转效果如图 7-2 所示。

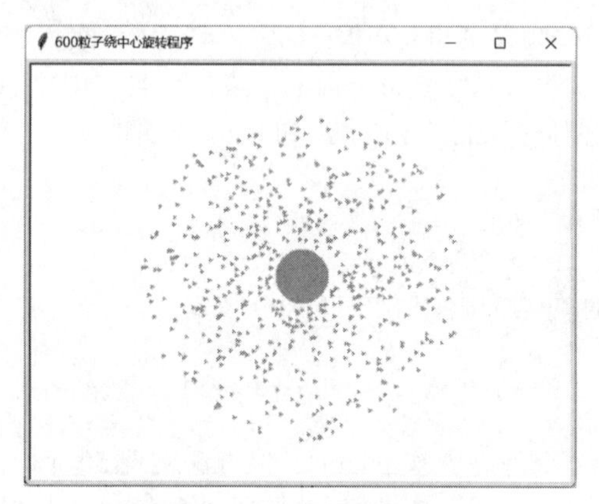

图 7-2 粒子绕中心旋转

二、相关知识

math 库

math 库是 Python 中用来处理常见的数学计算的库。math 库常用常量、函数等如表 7-1 所示。

表 7-1 math 库常用常量、函数

常量、函数	注解
pi、tau、e、inf、nan	常用的数学常量
ceil()、floor()、fabs()、factorial()、gcd()、modf()、fmod()、remainder()、copysign()、frexp()、ldexp()、fsum()、trunc()、isclose()、isfinite()、isinf()、isnan()	通用函数
exp()、expm1()、log()、log1p()、log2()、log10()、pow()、sqrt()	幂函数与对数函数相关操作
acos()、asin()、atan()、atan2()、cos()、sin()、tan()、hypot()	三角函数相关操作
degrees()、radians()	角度转换相关操作
acosh()、asinh()、atanh()、cosh()、sinh()、tanh()	双曲函数相关操作
erf()、erfc()、gamma()、lgamma()	其他数学操作

math 库中的函数名称与数学公式中的基本一致，在此不赘述。示例如下。

（1）通用函数示例。

```
import math
print('1.ceil()用于获取大于或等于输入值的最小整数（向上取整）, math.ceil(5.2): ',
```

```
math.ceil(5.2))
    print('2. floor()用于获取小于或等于输入值的最大整数，math.floor(5.2)：', math.floor(5.2))
    print('3. fabs()用于获取输入值的绝对值，math.fabs(-5.2)：', math.fabs(-5.2))
    print('4. factorial()用于获取输入值的阶乘，math.factorial(5)：', math.factorial(5))
    print('5. gcd()用于获取输入值 x 和 y 的最大公约数，math.gcd(40, 60)：', math.gcd(40, 60))
    print('6. modf()用于获取输入值的小数和整数部分，math.modf(5.2)：', math.modf(5.2))
    print('7. trunc()用于返回输入值 x 的整数部分，math.trunc(5.2)：', math.trunc(5.2))
```

运行结果为：

```
1. ceil()用于获取大于或等于输入值的最小整数（向上取整），math.ceil(5.2)： 6
2. floor()用于获取小于或等于输入值的最大整数，math.floor(5.2)： 5
3. fabs()用于获取输入值的绝对值，math.fabs(-5.2)： 5.2
4. factorial()用于获取输入值的阶乘，math.factorial(5)： 120
5. gcd()用于获取输入值 x 和 y 的最大公约数，math.gcd(40, 60)： 20
6. modf()用于获取输入值的小数和整数部分，math.modf(5.2)： (0.20000000000000018, 5.0)
7. trunc()用于返回输入值 x 的整数部分，math.trunc(5.2)： 5
```

（2）幂函数与对数函数示例。

```
    print('1. exp()用于获取 e 的 x 次幂，math.exp(2)：', math.exp(2))
    print('2. expm1()用于获取 e 的 x 次幂减 1，math.expm1(2)：', math.expm1(2))
    print('3. log()用于获取 x 的对数，默认底为 e，math.log(2)：', math.log(2))
    print('4. log1p()用于获取 1 加 x 的自然对数（底为 e），math.log1p(1)：', math.log1p(1))
    print('5. log2()用于获取 x 以 2 的对数，比 math.log(x,2)更加精确，math.log2(2)：',
math.log2(3))
    print('6. pow()用于获取 x 的 y 次幂，math.pow(2,3)：', math.pow(2,3))
    print('7. sqrt()用于获取 x 的平方根，math.sqrt(8)：', math.sqrt(4))
```

运行结果为：

```
1. exp()用于获取 e 的 x 次幂，math.exp(2)： 7.38905609893065
2. expm1()用于获取 e 的 x 次幂减 1，math.expm1(2)： 6.38905609893065
3. log()用于获取 x 的对数，默认底为 e，math.log(2)： 0.6931471805599453
4. log1p()用于获取 1 加 x 的自然对数（底为 e），math.log1p(1)： 0.6931471805599453
5. log2()用于获取 x 以 2 的对数，比 math.log(x,2)更加精确，math.log2(2)： 1.584962500721156
6. pow()用于获取 x 的 y 次幂，math.pow(2,3)： 8.0
7. sqrt()用于获取 x 的平方根，math.sqrt(8)： 2.0
```

（3）三角函数示例。

```
    print('1. 以弧度为单位返回 x 的反余弦值，math.acos(0.5)：', math.acos(0.5))
    print('2. 以弧度为单位返回 x 的反正弦值，math.asin(0.5)：', math.asin(0.5))
    print('3. 以弧度为单位返回 x 的反正切值，math.atan(0.5)：', math.atan(0.5))
    print('4. 以弧度为单位返回 x/y 的反正切值，math.atan2(1, 2)：', math.atan2(1, 2))
```

运行结果为：

```
1. 以弧度为单位返回 x 的反余弦值，math.acos(0.5)： 1.0471975511965979
2. 以弧度为单位返回 x 的反正弦值，math.asin(0.5)： 0.5235987755982989
3. 以弧度为单位返回 x 的反正切值，math.atan(0.5)： 0.4636476090008061
4. 以弧度为单位返回 x/y 的反余弦值，math.atan2(1, 2)： 0.4636476090008061
```

三、任务分析

7.5

用面向对象的编程思想，将每个粒子看作一个对象，提取这些对象的共同属性和方法，定义成类。

- 类的属性有公转半径 radius、对象初始角度 angle、旋转速度 dangle。dangle 表示每次增加的角度，并且在初始化方法中，让 dangle 的值随公转半径的变化而变化，公转半径的值越大，它的值越小，即越是外围的粒子旋转的速度越慢。
- 类需要有一个绘制粒子的方法，该方法实现的功能是：旋转 dangle 角度，在新位置绘制粒子。新位置(x,y)的计算与公转半径 radius 和粒子的初始角度 angle 有关，计算方法如图 7-3 所示。新位置计算好后，在新位置使用 stamp()函数盖印章，完成粒子的绘制功能。
- 类定义完之后，创建基于该类的 600 个粒子对象，并存在列表中。
- 循环执行清除所有粒子印章，调用 600 次粒子对象的绘制方法，更新画布，实现动画效果。

另外，定义 600 个粒子，以及实现动画的过程也可以写成类方法或静态方法。

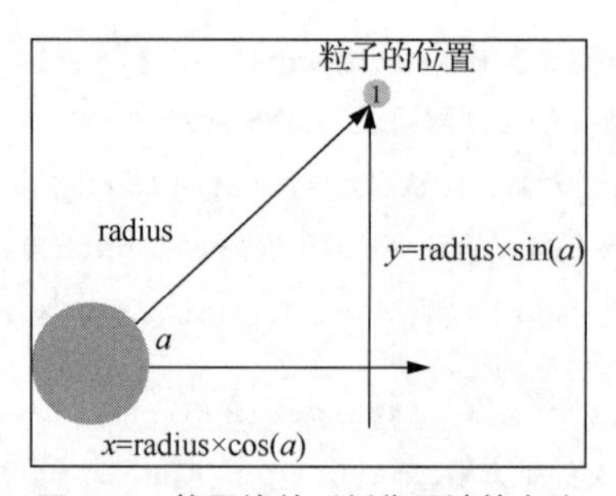

图 7-3　粒子旋转后新位置计算方法

四、任务实现

（1）在 PyCharm 中，右击左侧列表中的项目名称“chapter07”，选择“New”→“Python File”，在弹出的对话框中将文件命名为“7-2 粒子绕中心旋转.py”，按“Enter”键，进入代码编辑界面。

（2）在新建文件中导入库。除了导入海龟作图库 turtle，还要导入可能用到的 math 库和 random 库，用于计算粒子的位置和每次旋转的角度。

```
import math                    #导入 math 库
import turtle as t             #导入海龟作图库
import random                  #导入 random 库
```

（3）定义粒子类，类名为 Particle，其属性有公转半径 radius、初始角度 angle、旋转速度 dangle。公转半径 radius 取 30 至 150 之间的随机整数，初始角度 angle 取 1 至 360 之间的随机整数，旋转速度 dangle 与公转半径有关，半径越大速度越慢，所有将半径放在分母中。

```
class Particle:
    """粒子类"""
    def __init__(self):
        """
            radius:围绕中心点半径，即公转半径
            dangle:旋转速度
```

```
            angle:粒子初始角度
            公转半径越大，则转得越慢
        """
        self.radius = random.randint(30,150)
        self.dangle = random.random()*500/self.radius
        self.angle = random.randint(1,360)
```

（4）在 Particle 类中定义方法 draw_particle()。在该方法中，首先使用 math.radians()函数把初始角度 angle 转换成弧度。之后根据公转半径和弧度计算出 x、y 坐标，海龟移动到坐标(x,y)位置，盖印章。最后，改变初始角度 angle，为下一次移动做好准备。

```
def draw_particle(self):
    """用海龟 t 来画粒子"""
    a = math.radians(self.angle)            #把初始角度转换成弧度
    x = self.radius * math.cos(a)           #算出 x 坐标
    y = self.radius * math.sin(a)           #算出 y 坐标
    t.goto(x,y)                             #海龟移动到达(x,y)
    t.stamp()                               #盖印章
    self.angle += self.dangle               #粒子的初始角度增加
```

（5）设置画布。设置窗口标题，关闭自动显示功能，将海龟造型设置为三角形，抬笔、颜色设置为橙色，在画布中心绘制大圆点，将海龟形状缩小至 0.15。

```
t.title("600 粒子绕中心旋转程序")          #设定窗口标题
t.tracer(False)                          #关闭自动显示功能
t.shape('triangle')                      #将海龟造型设置为三角形
t.penup()                                #抬起画笔
t.color("orange")                        #设定颜色为橙色
t.dot(50)                                #绘制中心的大圆点
t.shapesize(0.15)                        #变小
```

（6）基于粒子类 Particle 创建 600 个粒子对象，并存入列表。

```
ps = []
for i in range(600):                     #创建 600 粒子
    ps.append(Particle())
```

（7）根据动画原理实现动画，循环执行清除画布中所有粒子印章，重画 600 个粒子，更新画布显示。至此，600 粒子绕中心旋转的动画功能全部实现。

```
while True:
    t.clearstamps()                      #清除所有粒子
    for p in ps:                         #重画所有粒子
        p.draw_particle()
    t.update()                           #更新画布
```

7.6

任务 7.3　多彩粒子绕中心旋转——类的继承

一、任务描述

在任务 7.2 的基础上修改程序，实现 800 个彩色粒子绕中心旋转的动画。粒子的形状不同、颜色也不同。粒子的形状有三角形、正方形、五角星和龟形。三角形、正方形和龟形是 turtle 库预定义的形状，五角星需要自行定义。多彩粒子绕中心旋转效果如图 7-4 所示。

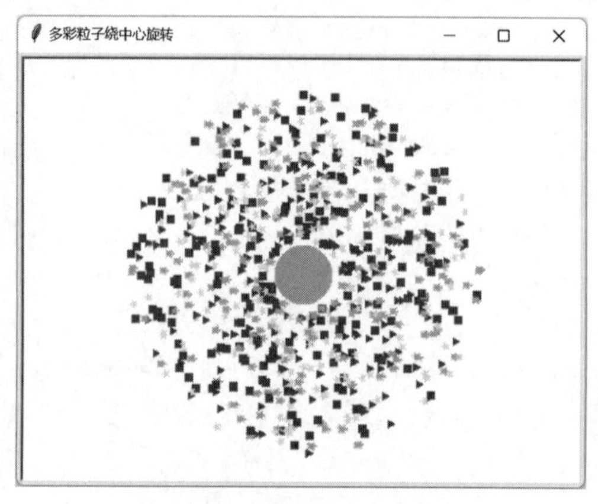

图 7-4 多彩粒子绕中心旋转

二、相关知识

面向对象编程思想的优势之一就是代码重用，继承机制是实现代码重用的方法之一。类的继承是指在一个现有类的基础上构建一个新的类，构建出来的新类称作子类（或派生类），现有类称为父类（或基类）。子类会自动继承父类的属性和方法。为了更好地学习继承，接下来将从单继承、多继承以及方法重写等 3 个方面进行讲解。需要强调的是，object 类是所有对象的基类，也就是说，前面介绍的所有类都继承 object 类。

1. 单继承

所谓单继承就是指子类只继承一个父类，其语法格式如下：

```
class 子类(父类):
    属性
    方法
```

定义表示矩形的类 Rectangle，代码如下：

```
class Rectangle:
    def __init__(self,a,b):          #对象属性长 a 和宽 b
        self.a = a
        self.b = b
    def get_area(self):              #获取面积的对象方法
        return self.a*self.b
    def get_perimeter(self):         #获取周长的对象方法
        return 2*(self.a+self.b)
```

类 Rectangle 中包含对象属性 a 和 b、获取面积的对象方法 get_area()、获取周长的对象方法 get_perimeter()。

定义表示长方体的类 Cuboid，代码如下：

```
class Cuboid(Rectangle):
    def __init__(self,h):            #对象属性高 h
        self.h = h
    def get_volume(self):            #获取体积的对象方法
        return self.get_area()*self.h
```

类 Cuboid 继承类 Rectangle，并新增了一个对象属性 h、一个计算体积的对象方法 get_volume()。类 Cuboid 继承了类 Rectangle 的所有属性和方法，即 Cuboid 类包含 3 个对象属性 a、b 和 h，以及 3 个对象方法 get_area()、get_perimeter()、get_volume()。

创建 Cuboid 类的对象 c1，使用 c1 对象分别调用 Rectangle 类和 Cuboid 类的方法，代码如下：

```
c1 = Cuboid(10)                                       #创建一个高为 10 的长方体
c1.a = 10                                             #设置长方体的长为 10
c1.b = 6                                              #设置长方体的宽为 6
print("长方体 c1 的周长为",c1.get_perimeter())          #输出长方体的周长
print("长方体 c1 的体积为",c1.get_volume())             #输出长方体的体积
```

运行结果：

```
长方体 c1 的周长为 32
长方体 c1 的体积为 600
```

从运行结果可以看出，子类继承父类之后，就拥有从父类继承的属性和方法，它既可以调用自己的方法，又可以调用从父类继承的方法。

修改父类 Rectangle，增加私有属性__color 和私有方法__print_color，代码如下：

```
class Rectangle:
    def __init__(self,a,b,color):        #对象属性长 a 和宽 b
        self.a = a
        self.b = b
        self.__color = color             #私有属性
    def __print_color(self):             #私有方法
        print(self.__color)
```

修改子类 Cuboid，增加调用父类私有属性和私有方法的 print_info()方法，代码如下：

```
def print_info(self):
    print("长方体的颜色是" + self.__color)
    self.__print_color()
```

通过对象 c1 调用新增加的方法 print_info()：

```
c1.print_info()
```

运行结果为：

```
Traceback (most recent call last):
  File "D:/workspace/chapter07/test.py", line 27, in <module>
    c1.print_info()
  File "D:/workspace/chapter07/test.py", line 19, in print_info
    print("长方体的颜色是" + self.__color)
AttributeError: 'Cuboid' object has no attribute '_Cuboid__color'
```

从运行结果来看，父类的私有属性和私有方法是不能被子类继承的，也不能被子类访问。

2. isinstance()函数与 issubclass()函数

Python 提供了两个和继承相关的函数，分别是 isinstance()和 issubclass()。isinstance(o,t)函数用于检查对象的类型，它有 2 个参数，第一个参数表示要判断类型的对象，第二个参数表示类型，如果对象 o 是 t 类型的对象，则返回 True，否则返回 False。例如：

```
print(isinstance(c1,Rectangle))
print(isinstance(c1,Cuboid))
```

输出结果为：

```
True
True
```

issubclass(child,parent)函数用于检查类的继承关系，它有2个参数，第一个参数表示要判断的子类类型，第二个参数表示要判断的父类类型，如果child类型是parent类型的子类，则返回True，否则返回False。例如：

```
print(issubclass(Cuboid,Rectangle))
```

输出结果为：

```
True
```

7.7

3. 父类方法重写

子类可以继承父类的属性和方法，若父类的方法不能满足子类的要求，子类可以重写父类的方法，以实现需要的功能。

在子类Cuboid中重写父类的get_area()方法，实现求长方体的表面积。代码如下：

```
class Rectangle:
    def __init__(self,a,b,color):  #对象属性长a和宽b
        self.a = a
        self.b = b
    def get_area(self):            #获取面积的对象方法
        return self.a*self.b
    def get_perimeter(self):       #获取周长的对象方法
        return 2*(self.a+self.b)
class Cuboid(Rectangle):
    def __init__(self,h):          #对象属性高h
        self.h = h
    def get_volume(self):          #获取体积的对象方法
        return self.get_area()*self.h
    def get_area(self):            #求长方体的表面积
        area1 = 2*self.a*self.b    #两个底面积之和
        area2 = 2*(self.a*self.h+self.b*self.h) #侧面积
        return area1+area2         #长方体表面积为上、下底面积+侧面积
c1 = Cuboid(10)                    #创建一个高为10的长方体
c1.a = 10                          #设置长方体的长为10
c1.b = 6                           #设置长方体的宽为6
print("长方体的表面积为：",c1.get_area())
```

上例中，子类Cuboid继承了父类Rectangle的属性a、b和方法get_area()、get_perimeter()。其中，get_area()方法在子类中有歧义，对于长方体来讲，获取表面积更合理，所以在子类Cuboid中对get_area()方法进行了重写，实现了获取表面积的功能。值得注意的是，子类中重写的方法要与父类中被重写的方法具有相同的方法名和参数列表。上述代码运行结果为：

```
长方体的表面积为： 440
```

4. super()函数

如果子类重写了父类的方法，但仍希望调用父类中的方法，该如何实现呢？Python提供了super()函数，使用该函数可以调用父类中的方法。其语法格式为：

```
super().方法名()
```

在子类 Cuboid 中，长方体表面积的公式为底面积×2+周长×高，长方体的体积为底面积×高。获取底面积的方法实际上是父类 Rectangle 的 get_area()，获取周长的方法实际上是父类 Rectangle 的 get_perimeter()方法。使用 super()函数对 Cuboid 类进行优化，代码如下：

```
def get_area(self):                                  #长方体表面积
        area1 = super().get_area() * 2               #两个底面积之和
        area2 = self.get_perimeter() * self.h #侧面积
        return area1 + area2                         #长方体表面积为上、下底面积+侧面积
```

修改后，代码的运行结果没有任何变化，可以看出子类和父类都有名为 get_area()的方法，在子类中调用父类的该方法需要用 super()函数进行限定，而 get_perimeter()是从父类继承的，在子类中没有被重写，所以可以使用 self 进行限定。

三、任务分析

粒子除了颜色和形状不同外，其他的功能基本相同，因此可以把共性部分进行提炼作为父类，在父类基础上派生出不同的子类。

7.8

- 多彩粒子的共性部分，即父类包含的属性，有公转半径 radius、对象初始角度 angle、旋转速度 dangle；颜色的值为简单的字符串，可以在创建对象时进行赋值，所以也可以提炼到父类中；每个粒子对象绘制粒子的方法相同，即旋转 dangle 角度，在新位置绘制粒子，所以该方法可以放在父类中。
- 多彩粒子的个性部分，即子类主要包含粒子的形状，三角形、正方形、龟形可以使用预定义的形状属性值，但五角星需要自行定义，turtle 库可以自定义复合形状。
- 子类定义完后，基于子类分别创建 200 个粒子，存入列表。
- 循环执行清除所有粒子印章，调用列表中所有粒子对象的绘制方法，更新画布，实现动画效果。

四、任务实现

（1）在 PyCharm 的左侧项目列表中，右击文件“7-2 粒子绕中心旋转.py”，在弹出的快捷菜单中选择“Copy”，复制该 Python 文件。

（2）在 PyCharm 的左侧项目列表中，右击项目名称“chapter07”，在弹出的快捷菜单中选择“Paste”，在项目中粘贴 Python 文件，并取名为“7-3 多彩粒子绕中心旋转.py”，单击“OK”按钮，完成文件的复制。

（3）在“7-3 多彩粒子绕中心旋转.py”文件中，修改类 Particle 的定义代码，增加颜色属性。

```
class Particle:
    """粒子类"""
    def __init__(self,color):
        """
            radius:围绕中心点半径，即公转半径。公转半径越大，则转得越慢
            dangle:旋转速度
            angle:初始角度
```

```
            color:粒子的颜色
        """
        self.radius = random.randint(30,150)
        self.dangle = random.random()*500/self.radius
        self.angle = random.randint(1,360)
        self.color = color  # color属性
```

（4）在“7-3 多彩粒子绕中心旋转.py”文件中，修改类 Particle 中 draw_particle()方法的定义代码，增加形状参数，增加设置粒子的颜色和形状的代码。

```
    def draw_particle(self,shape):
        """用海龟t来画粒子"""
        a = math.radians(self.angle)   #把初始角度转换成弧度
        x = self.radius * math.cos(a)  #算出x坐标
        y = self.radius * math.sin(a)  #算出y坐标
        t.goto(x,y)                    #海龟移动到达(x,y)
        t.color(self.color)            #设置粒子颜色
        t.shape(shape)                 #设置粒子的形状
        t.stamp()                      #盖印章
        self.angle += self.dangle      #粒子的初始角度增加
```

（5）定义子类三角形粒子 TriParticle、正方形粒子 SquareParticle、龟形粒子 TurtleParticle。3 个子类中均包含 shape 属性，并在初始化__init__()构造方法中设置相应的值。其他属性继承父类，并通过 super()调用父类的构造方法。

```
    class TriParticle(Particle):         #定义三角形粒子类
        def __init__(self,color):
             super().__init__(color)
             self.shape = 'triangle'
    class SquareParticle(Particle):      #定义正方形粒子类
        def __init__(self, color):
             Particle.__init__(self,color)
             self.shape = 'square'
    class TurtleParticle(Particle):      #定义龟形粒子类
        def __init__(self, color):
             super().__init__(color)
             self.shape = 'turtle'
```

（6）定义子类五角星粒子 StarParticle，该类中的 shape 属性值在 turtle 库中没有预定义，需要自行定义。所以在该类中需要有一个定义形状的方法，在设置 shape 属性值之前首先调用该方法定义形状。自定义形状的过程如下。

- 新建复合形状对象。
- 开始记录五角星。
- 绘制五角星。
- 结束记录五角星。
- 获取五角星。
- 将五角星加入新建的复合形状。
- 向 turtle 中添加新建的复合形状。

```
    class StarParticle(Particle):                        #定义五角星粒子类
        def __init__(self,color):
             super().__init__(color)
```

```
        self.getStartStamp()                        #调用函数定义五角星形状
        self.shape = 'star'                         #设置形状为五角星
    def getStartStamp(self):                        #定义五角星形状
        star = t.Shape("compound")                  #新建复合形状对象
        t.begin_poly()                              #开始记录五角星
        for i in range(5):                          #绘制五角星
            t.forward(20)
            t.left(144)
        t.end_poly()                                #结束记录五角星
        poly = t.get_poly()                         #获取五角星
        star.addcomponent(poly, self.color)         #将五角星加入新建的复合形状
        t.register_shape("star", star)              #向 turtle 中添加新建的复合形状
```

（7）设置画布属性。设置窗口标题，关闭自动显示功能，抬笔，颜色设置为橙色，在画布中心绘制大圆点，设置移动速度为最快将海龟轮廓宽度缩小至 0.3。

```
t.title("多彩粒子绕中心旋转")                       #设定窗口标题
t.tracer(False)                                     #关闭自动显示功能
t.penup()                                           #抬起画笔
t.color("orange")                                   #设定颜色为橙色
t.dot(50)                                           #绘制中心的大圆点
t.speed(0)                                          #设定移动速度为最快
t.shapesize(0.30)                                   #变小
```

（8）基于各个粒子子类，创建 800 个粒子对象，并存入列表。

```
trips = []
for i in range(200):                                #创建 800 粒子
    trips.append(TriParticle('red'))                #创建 200 个红色三角形粒子
    trips.append(SquareParticle('green'))           #创建 200 个绿色正方形粒子
    trips.append(StarParticle('yellow'))            #创建 200 个黄色五角星粒子
    trips.append(TurtleParticle('cyan'))            #创建 200 个青色龟形粒子
```

（9）根据动画原理实现动画。循环执行清除所有粒子，重画 800 个粒子，更新画布。至此，多彩粒子绕中心旋转的动画功能全部实现。

```
while True:                                         #循环执行
    t.clearstamps()                                 #清除所有粒子
    for p in trips:                                 #重画所有粒子
        p.draw_particle(p.shape)
    t.update()                                      #更新画布
```

拓展任务：多彩粒子绕中心旋转代码优化——类的继承

在任务 7.3 中，子类三角形粒子 TriParticle、正方形粒子 SquareParticle、龟形粒子 TurtleParticle 这 3 个类的代码非常相似，并在父类的基础上增加了一个 shape 属性。区别较大的是子类 StarParticle，该类中需要有一个定义形状的方法。请用已学知识对任务 7.3 中的代码进行简化。

7.9

任务 7.4 彩点实验室——多继承与多态

一、任务描述

在数学课中，我们学习过正弦函数、余弦函数、二次函数等知识，并且能够绘制出相应的曲线。使用海龟作图库 turtle 实现按照规律输出彩点，如全部输出在半径固定的圆内、正弦曲线内、二次函数曲线内等，也可以定义其他规律，效果如图 7-5 所示。

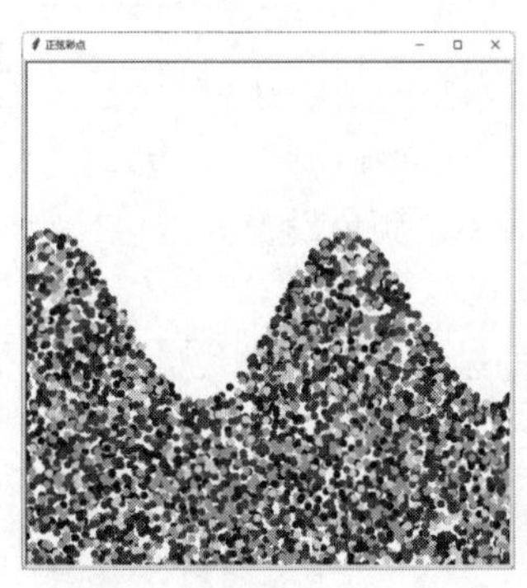
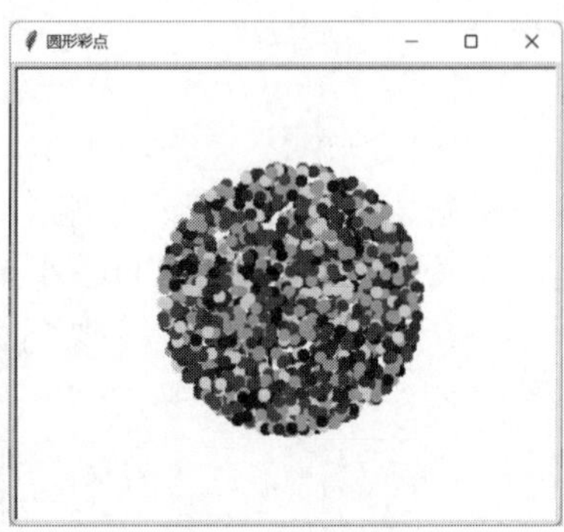

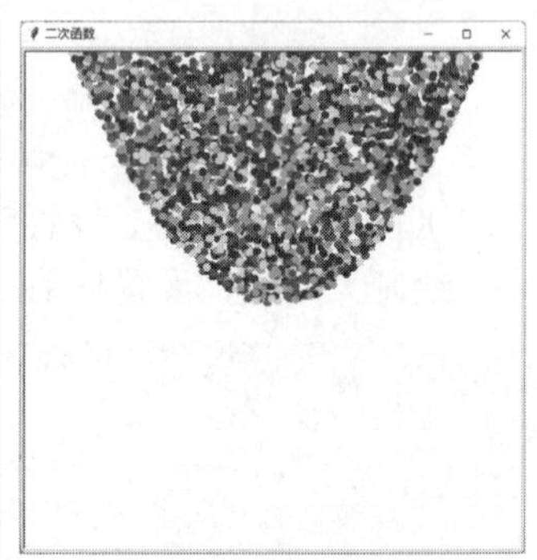

图 7–5　彩点实验室

二、相关知识

1. 多继承

多继承是指子类继承了多个父类，并且具有它们的特征，即子类继承了父类的方法和属性。多继承可以看作单继承的扩展，语法结构如下：

```
class 子类名(父类 1,父类 2,…)
```

定义一个类 Hollowcolumn，该类代表圆形空心柱，柱体为长方体形、内部为空心圆柱，如图 7-6 所示。该类有圆形特征，也有矩形特征，所以该类可以有 Circle 和 Rectangle 两个父类。

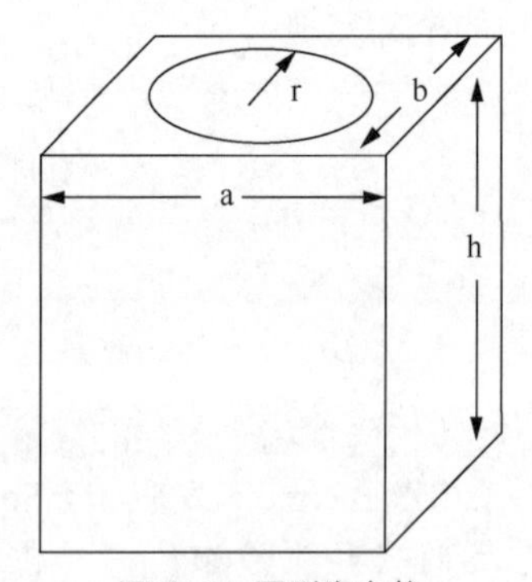

图 7–6　圆形空心柱

先定义两个父类 Circle 和 Rectangle，代码如下：

```
class Circle:
    def __init__(self,r):
        self.r = r
```

```
    def get_area(self):        #求圆面积
        return 3.14*self.r*self.r
    def get_perimeter(self):  #求圆周长
        return 2*3.14*self.r
class Rectangle:
    def __init__(self,a,b):
        self.a = a
        self.b = b
    def get_area(self):        #求矩形面积
        return self.a*self.b
```

再定义子类Hollowcolumn，该类除了继承Circle和Rectangle两个父类的属性和方法，增加了属性高h和体积方法get_volume()。

```
class Hollowcolumn(Circle,Rectangle):#继承Circle、Rectangle两个父类
    def __init__(self,h):
        self.h = h
    def get_volume(self):  #求体积
        vol1 = self.a*self.b*self.h
        vol2 = 3.14*self.r*self.r*self.h
        return vol1-vol2
```

创建一个半径为5、长为25、宽为20、高为50的圆形空心柱，并求出该柱体的体积。代码如下：

```
hc = Hollowcolumn(50)
hc.r = 5
hc.a = 20
hc.b = 25
print("圆形空心柱的体积为：",hc.get_volume())
```

运行结果为：

```
圆形空心柱的体积为： 21075.0
```

如果不同的父类中存在同名方法，子类对象在调用方法时，会调用哪一个父类的方法呢？答案是哪个父类在前，就调用哪个父类的方法。如果想调用后面的父类的方法，需要使用越位继承。在程序开发时，如果父类之间存在同名的方法，应该尽量避免使用多继承。多继承调用父类的方法的格式为：

```
super().方法名          #调用第一个父类的方法，等价于super(子类,self).方法名
super(A,self).方法名    #越过父类A，调用其后面的父类的方法
```

Python针对类提供了一个内置属性“__mro__”。这个属性可以查看方法的搜索顺序（mro是method resolution order的缩写），主要用于在多继承时判断super()调用类的路径，可以使用print(子类.__mro__)查看。

修改Hollowcolumn类，在构造方法中调用父类构造方法，在求体积的方法中调用父类的get_area()。代码如下：

```
class Hollowcolumn(Circle,Rectangle):
    def __init__(self,r,a,b,h):
        #哪个父类在前就调用哪个父类的构造方法，故调用Circle类的构造方法
        super().__init__(r)
        #越过父类Circle，调用其后的父类的构造方法，故调用Rectangle类的构造方法
        super(Circle, self).__init__(a,b)
        self.h = h
    def get_volume(self):
```

```
        #越过父类 Circle，调用其后的父类的方法，故调用 Rectangle 类的方法
        vol1 = super(Circle, self).get_area()*self.h
        #哪个父类在前就调用哪个父类的方法，故调用 Circle 类的方法
        vol2 = super().get_area()*self.h
        return vol1-vol2
hc1 = Hollowcolumn(5,20,25,50)
print("圆形空心柱的体积为：",hc1.get_volume())
```

运行结果为：

```
圆形空心柱的体积为： 21075.0
```

可以看出，修改后，代码的运行结果与修改前完全一致。

7.11

2. 多态

多态就是同一事物的多种形态。多态不是语法，是一种设计思想。在Python 中，多态指在不考虑对象类型的情况下使用对象。相比于强类型，Python 更推崇“鸭子模型”。所谓鸭子模型就是当看到一只鸟走起路来像鸭子、游起泳来像鸭子、叫起来也像鸭子，那么这只鸟就可以称为鸭子。在Python 中，多态和鸭子模型原理一致，即可接收不同类型的对象，并调用这些对象的相同方法。对于鸭子模型来说，我们并不关心接收的类对象是否为真的鸭子类，只关心这个类是否含有被调用的属性或方法，如果这些需要被调用的方法或属性不存在，那么将引发一个运行时错误。

（1）Python 中多态的特点

- 只关心对象的实例方法是否同名，不关心对象类型。
- 对象所属的类之间，继承关系可有可无。
- 多态的好处可以增加代码的外部调用灵活度，让代码更加通用，兼容性比较强。
- 多态是调用方法的一种技巧，不会影响类的内部设计。

（2）多态的应用场景

- 对象所属的类之间没有继承关系。

调用同一个方法 fly()，传入不同的参数（对象），可以实现不同的功能。

```
class Duck(object):                                #鸭子类
    def fly(self):
        print("鸭子沿着地面飞起来了")
class Swan(object):                                #天鹅类
    def fly(self):
        print("天鹅在空中翱翔")
class Plane(object):                               #飞机类
    def fly(self):
        print("飞机轰隆隆地起飞了")
#实现飞的功能函数
def flying(obj):
    obj.fly()
duck = Duck()
flying (duck)
swan = Swan()
flying (swan)
plane = Plane()
flying (plane)
```

代码运行结果为：

```
鸭子沿着地面飞起来了
天鹅在空中翱翔
飞机轰隆隆地起飞了
```

通过运行结果可以看出，对于函数 flying ()，在调用时分别传入了 3 个对象，得到 3 种不同的结果，即在调用函数 flying()时只关心传入的对象是否有 fly()方法，并不关心传入对象的类型。

- 对象所属的类之间有继承关系。

```
class gradapa(object):
    def __init__(self, money):
        self.money = money
    def p(self):
        print("this is gradapa")
class father(gradapa):
    def __init__(self, money, job):
        super().__init__(money)
        self.job = job
    def p(self):
        print("this is father,我重写了父类的方法")
class mother(gradapa):
    def __init__(self, money, job):
        super().__init__(money)
        self.job = job
    def p(self):
        print("this is mother,我重写了父类的方法")
#定义一个函数，函数调用类中的 p()方法
def fc(obj):
    obj.p()
gradapa1 = gradapa(3000)
father1 = father(2000, "工人")
mother1 = mother(1000, "老师")
#这里的多态性体现为向同一个函数传递不同参数后，可以实现不同功能
fc(gradapa1)
fc(father1)
fc(mother1)
```

代码运行结果为：

```
this is gradapa
this is father,我重写了父类的方法
this is mother,我重写了父类的方法
```

上述代码中定义了一个父类 gradapa，两个子类 father 和 mother。两个子类分别对父类的方法 p()进行了重写。方法 fc()根据传入对象，分别调用对象的 p()方法，实现不同功能，从而实现多态。

三、任务分析

7.12

提取按照各种规律输出彩点的共性部分，形成父类 ColorDot。为了提高代码的整洁性，将画布的相关属性也提炼到父类中。父类中可以设置画

布大小、窗口标题，隐藏海龟形状，设置画笔的状态、延迟时间、彩点的颜色列表等。

圆形彩点子类 CircleColorDot 实现按照 $x^2+y^2=r^2$ 规律绘制彩点，所以需要有属性半径 r 和绘制彩点的方法 draw()；正弦彩点子类 SinColorDot 实现按照 $y=a\times\sin(x)$的规律输出彩点，所以需要有属性系数 a 和绘制彩点的方法 draw()；二次函数彩点子类 CurveColorDot 按照 $y=a\times x^2$ 的规律绘制彩点，所以需要有属性系数 a 和绘制彩点的函数 draw()。

可以定义一个方法，根据传入对象不同，调用对象的 draw()方法，实现多态。

四、任务实现

（1）在 PyCharm 中，右击左侧列表中的项目名称“chapter07”，选择“New”→“Python File”，在弹出的对话框中将文件命名为“7-4 彩点实验室.py”，按“Enter”键，进入代码编辑界面。

（2）在新建文件中导入库。除了导入海龟作图库 turtle，还要导入可能用到的 math 库和 random 库，用来设计彩点输出规律的公式。

```
import math             #导入 math 库
import turtle as t      #导入海龟作图库
import random           #导入 random 库
```

（3）定义彩点输出的父类 ColorDot，在类中定义类属性颜色列表 color_list。在构造方法中定义对象属性宽 width 和高 height，用于设置画布的大小，在子类的 draw()方法中需要用到画布的宽和高，所以将其设置为对象属性。在构造方法中设置窗口标题、画布大小、画笔的状态，隐藏海龟形状，将延迟时间设置为 0。

```
class ColorDot:
    #设置颜色列表，用于设置彩点的颜色
    color_list = ['red','orange','yellow','green','cyan','blue','purple']
    def __init__(self,width,height,title):
        self.width ,self.height = width,height
        t.title(title)              #设置窗口标题
        t.setup(width,height)       #设置画布大小
        t.hideturtle()              #隐藏海龟形状
        t.penup()                   #抬笔
        t.delay(0)                  #设置延迟时间为 0
```

（4）定义圆形彩点子类 CircleColorDot，该类继承父类 ColorDot，在子类中新增属性半径 r，定义绘制彩点的方法 draw()。在构造方法中先调用父类的构造方法实现初始化，再设置对象属性 r 的值。在 draw()方法中，需要在半径为 r 的圆内循环构建新坐标，并在新坐标上绘制彩点，即当 $x^2+y^2<r^2$ 时，彩点在圆内。

```
class CircleColorDot(ColorDot):#圆形彩点
    def __init__(self,width,height,title,r):
        #调用父类构造方法，实现初始化
        super().__init__(width,height,title)
        self.r = r #设置对象属性 r
    def draw(self):
        while True:
            #在圆的直径范围内随机获取 x、y 坐标
            x = random.randint(-self.r, self.r)
            y = random.randint(-self.r, self.r)
```

```
            #如果(x,y)在圆内，则绘制随机颜色的彩点
            if math.sqrt(x*x + y*y)< self.r:
                t.pencolor(random.choice(self.color_list))
                t.goto(x,y)
                t.dot(10)
```

（5）定义正弦彩点子类 SinColorDot，该类继承父类 ColorDot，在子类中新增属性系数 a，定义绘制彩点的方法 draw()。在构造方法中先调用父类的构造方法实现初始化，再设置对象属性 a 的值。在 draw()方法中，需要在正弦曲线内循环构建新坐标，并在新坐标上绘制彩点，即当 $y<a\times\sin(x)$时绘制彩点。

```
#规律为 y=a*sin(x)
class SinColorDot(ColorDot): #正弦彩点类
    def __init__(self,width,height,title,a):
        #调用父类构造方法，实现初始化
        super().__init__(width,height,title)
        self.a = a  #设置对象属性 a
    def draw(self):
        while True:
            #在画布范围内随机获取 x、y 值
            x = random.randint(-self.width / 2, self.width / 2)
            y = random.randint(-self.height / 2, self.height / 2)
            #如果满足 y < a*sin(x) 的条件则绘制彩点
            if y < self.a * math.sin(math.radians(x)):
                t.color(random.choice(self.color_list))
                t.goto(x, y)
                t.dot(10)
```

（6）定义二次函数彩点子类 CurveColorDot，该类继承父类 ColorDot，在子类中新增属性系数 a，定义绘制彩点的方法 draw()。在构造方法中先调用父类的构造方法实现初始化，再设置对象属性 a 的值。在 draw()方法中，需要在二次函数曲线内循环构建新坐标，并在新坐标上绘制彩点，即当 $y>a\times x^2$ 时绘制彩点。

```
#规律为 y=a*x*x
class CurveColorDot(ColorDot):  #二次函数彩点类
    def __init__(self,width,height,title,a):
        #父类构造方法，实现初始化
        super().__init__(width,height,title)
        self.a = a  #设置对象属性 a
    def draw(self):
        while True:
            #在画布范围内随机获取 x、y 值
            x = random.randint(-self.width / 2, self.width / 2)
            y = random.randint(-self.height / 2, self.height / 2)
            #如果满足 y > a*x*x 的条件则绘制彩点
            if y - self.a*x*x > 0 :          #方程: y = a*x*x
                 t.color(random.choice(self.color_list))
                 t.goto(x, y)
                 t.dot(10)
```

（7）定义方法 drawDots(object)，调用传入参数对象的 draw()方法。

```
def drawDots(object):
     object.draw()
```

（8）基于 CircleColorDot 类、SinColorDot 类、CurveColorDot 类创建对象，调用 drawDots()方法，分别将创建的 3 个对象作为参数传入 drawDots()方法，运行程序查看结果。

圆形彩点输出代码：

```
if __name__ == '__main__':
    cDot = CircleColorDot(600,600,'圆形彩点',100)
    drawDots(cDot)
```

正弦彩点输出代码：

```
if __name__ == '__main__':
    sinDot = SinColorDot(600,600,'正弦彩点',100)
    drawDots(sinDot)
```

二次函数彩点输出代码：

```
if __name__ == '__main__':
    curDot = CurveColorDot(600,600,'二次函数彩点',0.005)
    drawDots(curDot)
```

至此，彩点实验室任务全部完成。

小贴士： 在彩点实验室任务的基础上，寻找更复杂的函数曲线，按规律输出更漂亮、更复杂的曲线。

7.13

综合实训 7——员工管理系统

编程任务：第 6 单元的综合实训 6 中布置了开发员工管理系统的任务，在小组成员的共同努力下已经初步完成员工管理系统的开发。第 7 单元引入面向对象的继承思想，请根据所学内容尝试优化员工管理系统。

单元小结

本单元讲述了面向对象的高级知识，包括类属性与对象属性、类的方法（对象方法、类方法、静态方法）、单继承、多继承和多态等知识。在知识讲解过程中穿插简单易懂的案例进行实践。另外，本单元设计了 4 个任务，使用海龟作图库 turtle，运用面向对象高级知识，实现漂亮、有趣的动画效果。通过对本单元的学习，希望学习者对面向对象的编程思想有进一步的认识，并具备用面向对象编程思想开发程序的能力。

拓展练习

一、填空题

1. 子类中使用__________函数可以调用父类中的方法。
2. 在静态方法中，访问类属性必须通过“__________”的方式进行。
3. 如果不同的父类中存在同名方法，子类对象想调用后面的父类，需要使用__________

继承。

4. 在 Python 中，类方法可以使用装饰器__________来标识。

5. 在现有类基础上构建新类，构建出来的新类称作子类（或派生类），现有类称为______________________（基类）。

二、单选题

1. 下列关于继承的说法中，错误的是（　　）。
   A. Python 不支持多继承
   B. 如果一个类有多个父类，该类会继承这些父类的成员
   C. 子类会自动继承父类的属性和方法
   D. 私有属性和私有方法是不能被继承的

2. 某个十字路口安装了一盏交通信号灯，汽车和行人对同一个信号会有不同的行为。前面这句话可用来解释面向对象设计思想中的哪个特性？（　　）
   A. 抽象　B. 封装　C. 继承　D. 多态

3. 下列哪个函数用于检查类的继承关系。（　　）
   A. isinstance()　B. issubclass()　C. isclassinfo()　D. 以上全部

4. 下列不可被类和实例同时调用的方法是（　　）。
   A. 静态方法　B. 类方法　C. 实例方法　D. 以上全部

5. 对于类方法与实例方法的说法中，错误的是（　　）。
   A. 类方法使用装饰器@classmethod 修饰
   B. 类方法的第一个参数为 self 而非 cls，它代表类本身
   C. 类方法既可以由对象调用，亦可以直接由类调用
   D. 类方法可以修改类属性，实例方法无法修改类属性

6. 以下 C 类继承 A 类和 B 类的格式中，正确的是（　　）。
   A. class C A,B:　B. class C(A:B):　C. class C(A,B):　D. class C A and B:

7. 下列选项中，与 class Person 等价的是（　　）。
   A. class Person (Object)　B. class Person(Animal)
   C. class Person (object)　D. class Person:object

8. 下列选项中，用于标识静态方法的是（　　）。
   A. @classmethod　B. @instancemethod
   C. @staticmethod　D. @privatemethod

9. 下列方法中，不可以使用类名访问的是（　　）。
   A. 实例方法　B. 类方法　C. 静态方法　D. 以上 3 项都不符合

10. 在 Python 的多态特点的说法中，错误的是（　　）。
   A. 对象所属的类之间，继承关系可有可无
   B. 多态的好处可以增加代码的外部调用灵活度，让代码更加通用，兼容性比较强
   C. 多态是调用方法的一种技巧，不会影响类的内部设计
   D. 既关心对象的实例方法是否同名，又关心对象类型

三、判断题

1. 若子类只继承了一个父类，这种继承关系称为单继承。（　　）
2. 利用汽车图纸可以批量生产汽车，就好比利用类可以创建多个对象。（　　）
3. 静态方法可以实现多态。（　　）

4. 子类不可以调用子类中重写的方法，但可以调用父类中的方法。（ ）
5. 不考虑对象类型的情况下使用对象，是多态的一种表现。（ ）
6. 父类的私有属性和私有方法是不能被子类继承的，但能被子类访问。（ ）
7. 在 Python 中，静态方法可以通过对象名或类名调用。（ ）
8. 子类在继承父类时，会自动继承父类中的方法和属性。（ ）
9. 静态方法属于类方法，它不能被重写，所以无法实现多态。（ ）

四、简答题

1. 简述类方法、对象方法、静态方法的区别。
2. 简述 Python 的多态编程思想。

五、编程题

1. 设计并实现一个员工（Employee）类。

（1）属性有：姓名、性别、工龄、基础工资、岗位津贴、效益工资。

（2）方法有：

- 计算应付工资（基础工资+岗位津贴+效益工资）；
- 计算个人所得税（3500 元以下免税，超出 3500 元部分按 3%。计算计税算法为虚构，仅作为教学参考使用。）；
- 实发工资（应付工资-个人所得税）。

（3）创建一个员工对象，并输出该员工的姓名、性别、工龄、应付工资和实发工资。

2. 设计一个 Student 类和它的一个子类 Undergradutate，要求如下。

（1）Student 类有 schoolname（学校）、name（姓名）和 age（年龄）属性，将具有相同属性值的属性设置为类属性。该类有一个 introduce()方法用于返回类对象 student 的属性信息。

（2）本科类 Undergradutate 增加了一个 degree（学位）属性，重写父类方法 introduce()用于返回 Undergradutate 的 4 个属性信息。

（3）通过类名设置类属性的值，分别创建 Student 对象和 Undergradutate 对象，通过对象调用它们的 introduce()方法。

3. 编写一个计算图形面积和周长的程序，程序应当能够计算并输出矩形、圆的面积。

（1）设计一个图形父类 Shape，该类有计算图形的面积 getArea()和周长 getLen()两个方法。若方法体没有具体内容则可以使用 pass。

（2）在此基础上派生出图形类 Rectangle 和 Circle 类。

（3）Rectangle 类基本信息属性有宽度、高度。

（4）Circle 类基本信息属性有圆心坐标、半径。

（5）每个图形类有构造方法，以及输出图形基本信息的方法__str()__。

（6）每个图形类有计算图形面积 getArea()和周长 getLen()的方法。

（7）定义一个方法，根据传入的对象不同，得到不同的面积和周长，实现多态。

第8单元

异常与文件

学习导读

为避免因出现各种异常状况导致程序崩溃，程序开发中引入了异常处理机制，以处理或修正程序中可能出现的错误，提供诊断信息，帮助开发人员尽快解决问题，恢复程序的正常运行。和其他编程语言一样，Python 也具有操作文件的能力。用于保存数据的文件可能存储在不同的位置，在操作文件时，需要准确地找出文件的位置，获取文件的路径。本单元主要阐述异常和文件相关内容。

学习目标

1. 知识目标

- 理解异常的概念，掌握捕获并处理异常的方法。
- 掌握 raise 语句和 assert 语句。
- 了解自定义异常的方法。
- 掌握文件夹的创建、删除等操作。
- 掌握与文件路径相关的操作。
- 了解文件打开操作模式及其含义。
- 掌握文件读取和写入的相关函数的使用方法。

2. 技能目标

- 能够在程序编写过程中捕获并处理异常。
- 能够根据需求在程序编写过程中使用 raise 语句或 assert 语句抛出并处理异常。
- 能够根据需要自定义异常，并配合 raise 语句抛出并处理异常。
- 能够创建、删除文件夹。
- 能够对文件路径进行获取、拆分和拼接等操作。
- 能够从文件中读取数据。
- 能够向文件中写入数据。

3. 素质目标

- 培养标准化的编码规范能力。
- 培养创新能力以及分析问题和解决问题的能力。
- 培养团队意识和沟通能力。

思维导图

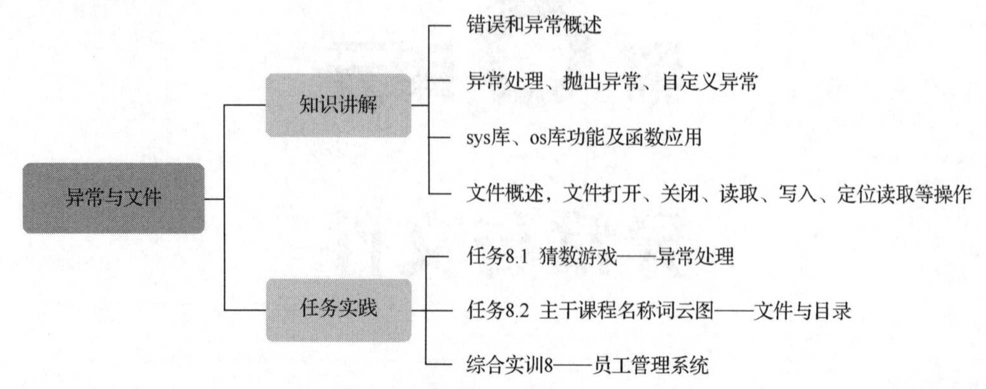

任务 8.1 猜数游戏——异常处理

一、任务描述

使用海龟作图库 turtle 实现猜数游戏，在弹出的对话框中输入猜测的数字。如果输入数字太大则提示“遗憾，太大了！”如果输入数字太小则提示“遗憾，太小了！”；如果猜中则提示“预测{}次，你猜中了！”，需要给出猜测的次数；如果输入的不是整数则提示“输入内容必须为整数！”。运行效果如图 8-1 所示。

图 8-1 猜数游戏运行效果

二、相关知识

1. 错误和异常概述

Python 程序中经常出现语法错误，语法错误又称解析错误，是指由于开发人员编写了不符合 Python 语法格式的代码引起的错误。含有语法错误的程序无法被解释器解释，必须经过修正后，程序才能正常运行。下面为包含语法错误的一段代码：

```
a = int(input("请输入一个整数："))
if (a%5==0)
    print('此数字为 5 的倍数！ ')
```

上述代码中条件语句后面缺少了冒号，不符合 Python 的语法格式。因此，解释器会检测到错误。运行上述代码，错误信息提示如下：

```
C:\install\Anaconda3\python.exe D:/workspace/chapter09/test.py
  File "D:/workspace/chapter09/test.py", line 2
```

```
    if (a%5==0)
              ^
SyntaxError: invalid syntax
```

语法格式正确的代码，运行后产生的错误为逻辑错误。逻辑错误可能是由于外界条件引起的，也可能是程序本身设计不严谨导致的。下面为包含逻辑错误的一段代码：

```
a = [3,4,6,7,4,3]
for i in range(7):
    print(a[i],end=' ')
```

运行结果为：

```
C:\install\Anaconda3\python.exe D:/workspace/chapter09/test.py
3 4 6 7 4 3 Traceback (most recent call last):
  File "D:/workspace/chapter09/test.py", line 3, in <module>
    print(a[i],end=' ')
IndexError: list index out of range
```

上述代码没有任何语法错误，但运行之后出现 IndexError，这是因为列表中有 6 个元素，索引最大值为 5，而 for 循环语句中 i 的最大值为 6，列表的索引超出范围。

我们将程序运行期间检测到的错误称为异常，Python 中所有的异常均由类实现，所有的异常类都继承自基类 BaseException。BaseException 类包含 4 个子类，其中子类 Exception 是大多数常见异常的父类。图 8-2 所示为 Python 中异常类的继承关系。

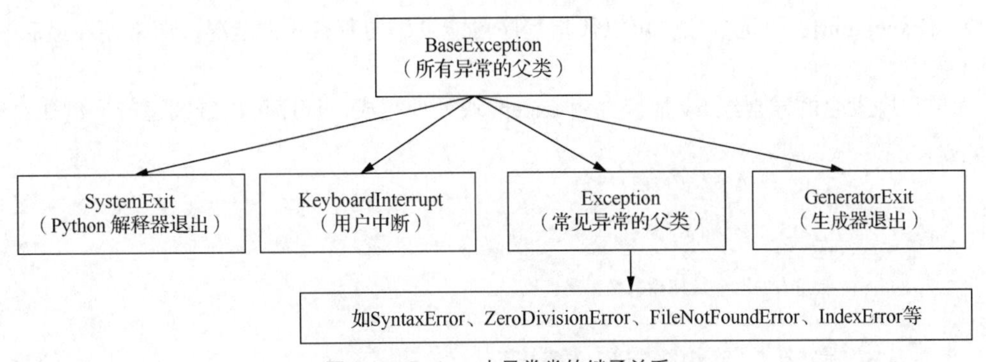

图 8-2　Python 中异常类的继承关系

Exception 类中常见的子类及其描述如表 8-1 所示。

表 8-1　Exception 类中常见的子类及其描述

异常类型	含义
AssertionError	当 assert 关键字后的条件为假时，程序运行会停止并抛出 AssertionError
SyntaxError	语法错误
FileNotFoundError	未找到指定文件或目录
AttributeError	访问的对象属性不存在
IndexError	索引超出序列范围
KeyError	字典中查找一个不存在的关键字
NameError	尝试访问一个未声明的变量
TypeError	不同类型数据之间的无效操作
ZeroDivisionError	除法运算中除数为 0

2. 异常处理

在 Python 中可以使用 try-except 语句捕获异常。try-except 还可以与 else、finally 组合使用以实现强大的异常处理功能。

（1）try-except 捕获异常

用 try-except 语句捕获并处理异常，其基本语法结构如下所示：

```
try:
    可能产生异常的代码块
except [ (Error1, Error2, ... ) [as e] ]:
    处理异常的代码块 1
except [ (Error3, Error4, ... ) [as e] ]:
    处理异常的代码块 2
except  [Exception]:
    处理其他异常
```

该格式中，“[]”标识的部分可以省略。其中，各部分的含义如下。

- (Error1, Error2,...)、(Error3, Error4,...)：具体的异常类型。显然，一个 except 块可以同时处理多种异常。
- [as e]：可选参数，表示给异常类型起一个别名“e”，这样做的好处是方便在 except 块中调用异常类型。
- [Exception]：可选参数，可以代指程序可能发生的所有异常情况，通常用在最后一个 except 块中。

如果程序发生的异常经 try 捕获并由 except 块处理完成，程序可以继续运行。例如：

```
try:
    a = int(input("输入被除数："))
    b = int(input("输入除数："))
    c = a / b
    print("您输入的两个数相除的结果是：", c )
except (ValueError, ArithmeticError):
    print("程序发生了数字格式异常、算术异常之一")
except :
    print("未知异常")
print("程序继续运行")
```

程序运行结果为：

```
输入被除数：a
程序发生了数字格式异常、算术异常之一
程序继续运行
```

上面程序中，第 6 行代码使用了(ValueError,ArithmeticError)来指定所捕获的异常类型，这就表明该 except 块可以同时捕获这 2 种类型的异常；第 8 行代码只有 except 关键字，并未指定具体要捕获的异常类型，这种省略异常类型的 except 语句也是合法的，它表示可捕获所有类型的异常，一般会将其作为异常捕获的最后一个 except 块。

每种异常类型都提供了如下属性和方法，通过调用它们，就可以获取当前处理异常类型的相关信息。

- args：返回异常的错误编号和描述字符串。
- str(e)：返回异常信息，但不包括异常信息的类型。

- repr(e)：返回较全的异常信息，包括异常信息的类型。

例如：

```
try:
    1/0
except Exception as e:
    #输出异常的错误编号和详细信息
    print(e.args)
    print(str(e))
    print(repr(e))
```

输出结果为：

```
('division by zero',)
division by zero
ZeroDivisionError('division by zero',)
```

（2）try-except-else 捕获异常

在原本的 try-except 结构的基础上，Python 异常处理机制还提供了一个 else 块，即 try-except-else 结构。使用 else 块中的代码，只有当 try 块没有捕获到任何异常时，才会运行。

举例如下：

```
try:
    result = 20 / int(input('请输入除数:'))
    print(result)
except ValueError:
    print('必须输入整数')
except ArithmeticError:
    print('算术错误，除数不能为 0')
else:
    print('没有出现异常')
print("继续运行")
```

运行该程序，输入数据，使其不产生异常，结果为：

```
请输入除数:4
5.0
没有出现异常
继续运行
```

如上所示，当我们输入正确的数据时，try 块中的程序正常运行，Python 解释器运行完 try 块中的程序之后，会继续运行 else 块中的程序，继而运行后续的程序。

再次运行该程序，输入数据，使其产生异常，结果为：

```
请输入除数:5.3
必须输入整数
继续运行
```

当我们输入错误的数据时，try 块中的程序不能正常运行，Python 解释器则运行对应的 except 块，跳过 else 块中的程序，继而运行后续的程序。

（3）try-except-finally 捕获异常

Python 异常处理机制还提供了一个 finally 块，通常用来为 try 块中的程序做扫尾清理工作。与 else 语句不同，finally 只要求和 try 搭配使用，结构中 except 块以及 else 块不是必需的。

在整个异常处理机制中，finally 块的功能是：无论 try 块是否发生异常，最终都要执行 finally

块，并运行其中的代码块。

例如：

```
try:
    a = int(input("请输入 a 的值:"))
    print(20/a)
except:
    print("发生异常！")
else:
    print("运行 else 块中的代码")
finally :
    print("运行 finally 块中的代码")
```

运行结果为：

```
请输入 a 的值:4
5.0
运行 else 块中的代码
运行 finally 块中的代码
```

可以看到，当 try 块中的代码未发生异常时，except 块中的代码不会运行，else 块和 finally 块中的代码会运行。

再次运行程序，结果为：

```
请输入 a 的值:a
发生异常!
运行 finally 块中的代码
```

可以看到，当 try 块中代码发生异常时，except 块中的代码得到运行，而 else 块中的代码不会运行，finally 块中的代码仍然会运行。

8.2

3. 抛出异常

（1）raise 语句

Python 程序中的异常不仅可以由系统抛出，还可以由开发人员使用 raise 语句主动抛出。raise 语句的基本语法格式为：

```
raise [exceptionName [(reason)]]
```

其中，用“[]”标识的为可选参数，其作用是指定抛出的异常名称，以及异常信息的相关描述。raise 语句有如下 3 种常用方法。

- raise：单独一个 raise 语句。该语句引发当前上下文中捕获的异常（比如在 except 块中），或默认引发 RuntimeError。例如：

```
>>> raise
Traceback (most recent call last):
  File "<pyshell#1>", line 1, in <module>
    raise
RuntimeError: No active exception to reraise
```

- raise 异常类名称：raise 后带一个异常类名称，表示引发指定类型的异常。例如：

```
>>> raise ZeroDivisionError
Traceback (most recent call last):
  File "<pyshell#0>", line 1, in <module>
    raise ZeroDivisionError
ZeroDivisionError
```

- raise 异常类名称(描述信息)：在引发指定类型的异常的同时，输出异常的描述信息。

```
>>> raise ZeroDivisionError("除数不能为零")
Traceback (most recent call last):
  File "<pyshell#2>", line 1, in <module>
    raise ZeroDivisionError("除数不能为零")
ZeroDivisionError: 除数不能为零
```

raise 语句引发的异常通常用 try-except 异常处理结构来捕获并进行处理。例如：

```
try:
    a = input("输入一个数：")
    #判断用户输入的是否为数字
    if(not a.isdigit()):
        raise ValueError("a 必须是数字")
except ValueError as e:
    print("引发异常：",repr(e))
```

运行结果为：

```
输入一个数：a
引发异常： ValueError('a 必须是数字',)
```

可以看到，当用户输入的不是数字时，程序会进入 if 分支语句，并运行 raise 引发的 ValueError。由于其位于 try 块中，raise 抛出的异常会被 try 捕获，并由 except 块进行处理。

（2）assert 语句

Python 的 assert（断言）语句用于判断一个表达式是否为真，如果表达式为 True，不做任何操作，否则引发 AssertionError。assert 语句可以在条件不满足程序运行的情况下直接返回错误，而不必等待程序运行后出现崩溃的情况。

assert 语句语法格式如下：

```
assert expression [, arguments]
```

等价于：

```
if not expression:
    raise AssertionError[(arguments)]
```

在以上格式中，expression 表示 assert 语句的判定对象，arguments 通常表示一个自定义的描述异常具体信息的字符串。

例如，某个会员管理系统要求会员的年龄必须大于 18 岁，那么可以对会员的年龄进行断言，代码如下：

```
age =16
assert age>=18,'年龄必须大于 18 岁'
```

以上示例中的“age>=18”就是 assert 语句要断言的表达式，“年龄必须大于 18 岁”是断言的异常信息。程序运行时，由于 age=16，断言表达式为 False，所以系统抛出了 AssertionError，并在异常后显示了自定义的异常信息。

运行结果为：

```
Traceback (most recent call last):
  File "D:/workspace/chapter09/test.py", line 2, in <module>
    assert age>=18,'年龄必须大于 18 岁'
AssertionError: 年龄必须大于 18 岁
```

assert 语句多用于程序开发测试，其主要目的是确保代码的正确性。如果开发人员能确保程序正确运行，那么不建议使用 assert 语句抛出异常。

4. 自定义异常

Python 允许程序开发人员自定义异常。自定义异常的方法很简单，只需创建一个类，让它继承 Exception 类或其他异常类即可。

定义一个继承自异常类 Exception 的类 MyselfError。例如：

```
class MyselfError(Exception):
    pass     #pass 表示空语句，用于保证程序结构的完整性
```

使用自定义异常一般需要借助 raise 语句，例如：

```
try:
    pass
    raise MyselfError("出错了!!! ")
except MyselfError as e:
    print(e)
```

运行结果为：

```
出错了!!!
```

上述代码的 try 块中通过 raise 语句引发自定义异常，同时还为其指定提示信息。自定义的异常类和普通类一样，也可以包含属性和方法，但一般情况下不添加或者只为其添加用于描述异常详细信息的属性。

定义一个检测用户上传图片格式的异常类 FileTypeError，在 FileTypeError 类的构造方法中调用其父类的__init__()方法并将异常信息作为参数，代码如下：

```
class FileTypeError(Exception):
    def __init__(self,err='仅支持 jpg/png/bmp 格式'):
          super().__init__(err)
file_name = input("请输入上传图片的名称（包含格式）：")
try:
    if file_name.split(".")[1] in ["jpg","png","bmp"]:
          print("上传成功！")
    else:
          raise FileTypeError()
except Exception as error:
    print(error)
```

上述代码中，首先定义了一个继承 Exception 类的 FileTypeError 类，然后根据用户输入的信息，检测上传的图片格式是否符合要求。如果符合图片格式要求，则输出“上传成功!”提示，否则使用 raise 语句抛出 FileTypeError，返回默认的异常详细信息“仅支持 jpg/png/bmp 格式”。

运行代码，输入符合图片格式要求的文件名称，结果如下：

```
请输入上传图片的名称（包含格式）：file.jpg
上传成功!
```

运行代码，输入不符合图片格式要求的文件名称，结果如下：

```
请输入上传图片的名称（包含格式）：file.jpeg
仅支持 jpg/png/bmp 格式
```

小贴士： 对于一个应用系统来说，设计一套良好的异常处理机制是非常重要的，因为它对于程序的后期维护具有十分重要的意义。应用系统的异常处理机制或者说框架，应该在系统设计初期就考虑清楚，这样可以避免开发阶段由于异常处理机制混乱而引起的不必要的重复工作。

三、任务分析

8.3

要实现本任务，首先需要随机生成 1～100 的整数，然后弹出提示框提示用户输入猜测的数字。如果输入的为非整数，需要做异常处理。由于猜数游戏通常需要多次尝试才能猜中，所以需要用循环语句。数字猜中后需要输出预测次数，所以需要定义一个变量来记录猜测的次数。

四、任务实现

（1）在 PyCharm 中，选择“File”→“NewProject...”，在弹出的对话框中将项目命名为“chapter08”，单击“Create”按钮，创建新项目。

（2）在 PyCharm 中，右击左侧列表中的项目名称“chapter08”，选择“New”→“Python File”，在弹出的对话框中将文件命名为“8-1 猜数游戏.py”，按“Enter”键，进入代码编辑界面。

（3）在新建文件中完成代码基础框架的搭建。导入库，除了导入海龟作图库 turtle，还要导入可能用到的 random 库，用于生成随机数。设置窗体标题，隐藏海龟，设置画笔颜色，设置字体和字号，定义记录猜测次数的变量，随机生成一个 0～100 的整数。

```
import random
import turtle
turtle.hideturtle()                   #隐藏海龟
turtle.title("猜数游戏")              #设置标题
turtle.color('red')                   #设置画笔颜色
ft=("宋体",30)                        #设置字体和字号
N = 0                                 #定义猜数次数的变量
Set_number = random.randint(0,100) #生成随机数
```

（4）在弹出的对话框中提示用户输入数据。turtle 库中用于输入数据的函数有 textinput()和 numinput()。numinput()函数在接收到非数字时会直接提示，但提示信息不够友好，故在此使用 textinput()函数结合 int()转换函数，再配合异常处理进行提示。

```
try:           #try-except 语句用于实现异常处理
    Guess_number = int(turtle.textinput("猜数游戏","请输入猜测的数："))
    N = N+1
except(NameError,ValueError):  #捕捉 NameError、ValueError 两种异常
    turtle.write("输入内容必须为整数！",align='center',font=ft)
    Guess_number = int(turtle.textinput("猜数游戏","请重新输入猜测的数："))
    N = N + 1            #猜测次数加 1
```

（5）比较输入的数字与随机生成的数字，若不相等则判断是大还是小，这里采用 raise 语句抛出异常并使用 try-except 语句进行异常处理，之后再次输入新的数字，进入下一轮循环判断。

```
while(Guess_number != Set_number):
     try:
         if Guess_number > Set_number:
              raise Exception("遗憾，太大了！")
         elif Guess_number < Set_number:
              raise Exception("遗憾，太小了！")
     except Exception as error:
```

```
        turtle.clear()
        turtle.write(str(error), align='center', font=ft)
    try:
        Guess_number = int(turtle.textinput("猜数游戏","请输入猜测的数："))
        N = N + 1
    except (NameError,ValueError):
        turtle.clear()
        turtle.write("输入内容必须为整数！", align='center', font=ft)
        Guess_number = int(turtle.textinput("猜数游戏", "请重新输入猜测的数："))
        N = N + 1
```

（6）循环结束表示已经猜中数字，输出预测次数。

```
turtle.clear()
turtle.write("预测{}次，你猜中了！".format(N), align='center', font=ft)
turtle.mainloop()
```

任务 8.2　主干课程名称词云图——文件与目录

一、任务描述

词云图在 Python 世界里实现起来很简单，一起来探究一下。某研究项目对 120 所高职院校的大数据技术专业的主干课程名称进行收集，存储在 5 个文本文件中（file1.txt、file2.txt、file3.txt、file4.txt、file5.txt）。请将这 5 个文本文件合并成一个文件，并对主干课程名称进行统计分析然后绘制词云图，效果如图 8-3 所示。

图 8-3　大数据技术专业主干课程名称分析

二、相关知识

1. 文件概述

Python 对文件的操作有很多种，大致分为以下两类。

- 创建、删除、修改、设置权限等操作：作用于文件本身，属于系统级操作。
- 写入、读取等操作：文件常用操作，作用于文件的内容，属于应用级操作。

其中，对文件的系统级操作功能单一，比较容易实现，可以借助 Python 中的标准库（如 os 库、sys 库等），并调用库中的指定函数来实现。

2. Sys 库

Sys 库提供一系列与 Python 解释器交互的函数和变量，用于操控 Python 的运行时环境。Sys 库中常用的变量和函数如表 8-2 所示。

表 8-2　Sys 库中常用的变量和函数

变量/函数	说明
sys.argv	获取命令行参数表，该列表中的第一个元素表示程序自身所在的路径
sys.version	获取 Python 解释器的版本信息
sys.path	获取库的搜索路径，该变量的初始值为环境变量 PYTHONPATH 的值
sys.platform	返回操作系统平台的名称
sys.exit()	退出当前程序，可为该函数传递参数，以设置返回值或退出信息，正常退出时返回值为 0

argv、version、path、platform 是 sys 库中的变量，exit()则为函数。

- 变量。

Sys 库提供了一些变量，使用这些变量前要导入 sys 库。例如：

```
import sys
print('输出 argv 变量值:')
print(sys.argv)
print('输出 version 变量值:')
print(sys.version)
print('输出 path 变量值:')
print(sys.path)
print('输出 platform 变量值:')
print(sys.platform)
```

运行结果为：

```
输出 argv 变量值:
['D:/workspace/chapter08/test.py']
输出 version 变量值:
3.9.6 (default, Apr 13 2021, 15:08:03) [MSC v.1916 64 bit (AMD64)]
输出 path 变量值:
['D:\\workspace\\chapter08',…… 'C:\\install\\Anaconda3\\lib……']
输出 platform 变量值:
Win64
```

- exit()函数。

exit()函数的作用是退出当前程序。使用此函数后，后续的代码将不再运行。例如：

```
import sys
sys.exit('程序退出! ')
print('继续运行此行代码')
```

运行结果为：

```
程序退出!
```

8.5

3. os 库以及文件/目录操作

os 库是操作系统库，涉及实现与操作系统相关的功能，用于处理文件和目录等操作，如新建文件夹、删除文件、重命名文件、获取文件修改时间等。该库包含大量系统级操作函数。os 库中常用的函数如表 8-3 所示。

表 8-3 os 库中常用的函数

函数	说明
os.remove()	删除文件
os.rename()	重命名文件/文件夹
os.walk()	生成目录树下的所有文件名
os.chdir()	改变目录
os.mkdir()/makedirs()	创建目录/多层目录
os.rmdir()/removedirs()	删除目录/多层目录
os.listdir()	列出指定目录中的文件列表，获取文件夹下的文件
os.getcwd()	获取当前工作目录
os.chmod()	改变目录权限
os.path.basename()	去掉目录路径，返回文件名
os.path.dirname()	去掉文件名，返回目录路径
os.path.join()	将分离的各部分组合成一个路径名
os.path.split()	返回(dirname(),basename())元组
os.path.splitext()	返回(filename,extension)元组
os.path.getatime()\ctime()\mtime()	返回最近访问时间/创建时间/修改时间
os.path.getsize()	返回文件大小
os.path.exists()	判断路径是否存在
os.path.isabs()	是否为绝对路径
os.path.isdir()	是否为目录
os.path.isfile()	是否为文件

下面通过一些示例来演示 os 库中部分函数的用法。

（1）文件重命名

os.rename()函数用于文件或文件夹的重命名，待命名的文件或文件夹必须已存在，否则解释器会报错。使用该函数将 file.txt 重命名为 new_file.txt：

```
import os
os.rename("file.txt","new_file.txt")
```

（2）目录操作

- 创建目录。

os.mkdir()函数用于创建目录，os.path.exists()用来判断目录是否存在。下面的代码首先判断目录是否存在，如果目录不存在，执行创建目录操作，否则提示用户目录已存在。

```
import os
path = input("请输入要创建的目录：")
if os.path.exists(path): #判断目录是否存在
```

```
        print("\""+path+"\"已存在! ")
    else:
        os.mkdir(path)    #创建目录
        print("目录创建成功! ")
```

运行代码，输入一个不存在的目录，结果如下：

```
请输入要创建的目录：D:/test
目录创建成功!
```

再次运行代码，输入上面创建的目录，结果如下：

```
请输入要创建的目录：D:/test
"D:/test"已存在!
```

- 删除目录。

使用 Python 内置库 shutil 中的 rmtree()函数可以删除目录。下面代码的功能是：首先判断“D:/test”目录是否存在，然后删除目录，再次判断目录是否存在。

```
import os
import shutil
print(os.path.exists("D:/test"))    #第 1 次判断目录是否存在并输出结果
shutil.rmtree("D:/test")            #删除目录
print(os.path.exists("D:/test"))    #第 2 次判断目录是否存在并输出结果
```

运行结果是：

```
True
False
```

- 获取目录的文件列表。

os 库的 listdir()函数用于获取文件夹下的文件或文件夹名称的列表，该列表按照英文字母顺序排列。使用该函数获取“D:/workspace”目录下的文件列表，代码如下：

```
import os
path = r'D:\workspace'
print(os.listdir(path))
```

运行结果为：

```
['.idea', 'a.txt', 'Books', 'chapter01', 'chapter02', 'chapter03', 'chapter05',
'chapter06', 'chapter07', 'chapter08', 'chapter09', 'main.py']
```

（3）文件路径操作

- 检测相对路径和绝对路径。

os 库提供用于检测路径是否为绝对路径的 isabs()函数，以及将相对路径转换为绝对路径的 abspath()函数。代码示例如下：

```
import os
path = r'D:\workspace'
print(os.path.isabs(path))          #判断 path 是否为绝对路径并输出结果
print(os.path.isabs("main.py"))
print(os.path.abspath("main.py"))  #将相对路径转换成绝对路径并输出结果
```

运行结果为：

```
True
False
D:\workspace\chapter09\main.py
```

- 获取当前路径。

os 库中的 getcwd()函数用于获取当前工作目录，下面的代码用于输出当前路径及路径下的所有文件列表。

```
import os
print(os.getcwd())                      #输出当前路径
print(os.listdir(os.getcwd()))          #输出目录下的所有文件
```

运行结果为：

```
D:\workspace\chapter09
['test.py', 'test.txt']
```

- 路径的拆分与拼接。

os.path.split(path)将路径拆分为“(目录路径，文件名)”，返回的是元组类型。若路径字符串最后一个字符是“\”，则只有目录路径部分有值；若路径字符串中均无“\”，则只有文件名部分有值。若路径字符串中有“\”，且不是最后一个字符，则目录路径和文件名均有值，返回的目录路径的最后不包含“\”。

os.path.join(path1,path2,...)将参数中的各 path 进行组合，若其中有绝对路径，则在其之前的 path 将被删除。

```
import os
print(os.path.split('D:\\pythontest\\ostest\\Hello.py'))
print(os.path.split('.'))
print(os.path.split('D:\\pythontest\\ostest\\'))
print(os.path.split('D:\\pythontest\\ostest'))
print(os.path.join('D:\\pythontest', 'ostest'))
print(os.path.join('D:\\pythontest\\ostest', 'hello.py'))
print(os.path.join('D:\\pythontest\\b', 'D:\\pythontest\\a'))
```

运行结果为：

```
('D:\\pythontest\\ostest', 'Hello.py')
('', '.')
('D:\\pythontest\\ostest', '')
('D:\\pythontest', 'ostest')
D:\pythontest\ostest
D:\pythontest\ostest\hello.py
D:\pythontest\a
```

8.6

4. 文件操作

文件的应用级操作可以分为 3 步，即打开文件，对文件做读写操作，关闭文件，这 3 个步骤的顺序不能打乱。一个文件，必须在打开之后才能对其进行操作，并且在操作结束之后将其关闭。

（1）打开和关闭文件

open()函数用于创建或打开指定文件。该函数的常用语法格式如下：

```
file = open(file_name [, mode='r' [ , buffering=-1 [ , encoding = None ]]])
```

此格式中，用“[]”标识的为可选参数，各个参数所代表的含义如下。

- file：表示创建的文件对象。
- file_name：要创建或打开文件的文件名称，该名称要用引号（单引号或双引号都可以）标识。
- mode：可选参数，用于指定文件的打开模式。如果省略，则默认以只读（r）模式打开文件。
- buffering：可选参数，用于指定对文件做读写操作时，是否使用缓冲区。
- encoding：设定打开文件时所使用的编码格式。

open()函数支持的文件打开模式如表 8-4 所示。

表 8-4　open()函数支持的文件打开模式

模式	描述	注意事项
r	以只读模式打开文件，读文件内容的指针会放在文件的开头	操作的文件必须存在
rb	以二进制格式、只读模式打开文件，读文件内容的指针位于文件的开头。一般用于操作非文本文件，如图片文件、音频文件等	
r+	打开文件后，既可以从头读取文件内容，也可以从开头向文件中写入新的内容，写入的新内容会覆盖文件中等长度的原有内容	
rb+	以二进制格式、读写模式打开文件，读写文件的指针会放在文件的开头，通常用于操作非文本文件（如音频文件等）	
w	以只写模式打开文件，若该文件存在，打开时会清空文件中的内容	若文件存在，会清空其内容（覆盖文件）；否则创建新文件
wb	以二进制格式、只写模式打开文件，一般用于操作非文本文件（如音频文件等）	
w+	打开文件后，会将原有内容进行清空，对该文件有读写权限	
wb+	以二进制格式、读写模式打开文件，一般用于操作非文本文件	
a	以追加模式打开一个文件，对文件只有写权限。如果文件已经存在，文件指针将放在文件的末尾（即新写入内容会位于已有内容之后）；否则创建新文件	
ab	以二进制格式打开文件，并采用追加模式，对文件只有写权限。如果该文件已存在，文件指针位于文件末尾（新写入内容会位于已有内容之后）；否则创建新文件	
a+	以读写模式打开文件。如果文件存在，文件指针放在文件的末尾（新写入内容会位于已有内容之后）；否则创建新文件	
ab+	以二进制模式打开文件，并采用追加模式，对文件具有读写权限。如果文件存在，则文件指针位于文件的末尾（新写入内容会位于已有内容之后）；否则创建新文件	

open()函数会创建 file 对象。file 对象拥有很多函数，可以使用这些函数对文件进行读写等操作，其常用的函数如表 8-5 所示。

表 8-5　file 对象常用函数

序号	常用函数名	描述
1	file.close()	关闭文件。关闭后文件不能再进行读写操作
2	file.flush()	刷新文件内部缓冲区，直接把内部缓冲区的数据写入文件，而不是被动等待输出缓冲区写入
3	file.read([size])	从文件读取指定的字节数，如果未指定或 size 值为负数则读取所有内容
4	file.readline([size])	读取整行，包括“\n”字符
5	file.readlines([sizeint])	读取所有行并以列表返回，若碰到结束符 EOF，则返回空字符串
6	file.seek(offset[, whence])	移动文件读取指针到指定位置
7	file.tell()	返回文件当前读取指针位置
8	file.truncate([size])	从文件的首行首字符开始截断，截断文件为 size 个字符。若省略 size 表示从当前位置截断；截断之后后面的所有字符被删除。Windows 系统下的换行符为 2 个字符
9	file.write(str)	将字符串 str 写入文件，返回的是写入的字符数
10	file.writelines(sequence)	向文件写入一个字符串列表 sequence，如果需要换行则要自己加入换行符

下面的代码以只读方式打开当前目录下的“text.txt”文件，然后使用 close()函数关闭文件。

```
file = open('test.txt','r')     #以只读方式打开文件
file.close()                     #关闭文件
```

（2）从文件中读取数据

Python 提供 read()、readline()、readlines()这 3 个函数来读取文件中的数据。

- read()函数用于逐个字节（或者逐个字符）读取文件中的内容。

如果文件是以文本模式（非二进制模式）打开的，则 read()函数会逐个字符读取；否则，read()函数会逐个字节读取。

read()函数的基本语法格式如下：

```
file.read([size])
```

其中，file 表示已打开的文件对象。size 为可选参数，用于指定一次最多可读取的字符（字节）个数，如果省略，则默认一次性读取所有内容。使用 read()函数读取文件中指定长度的数据的代码如下：

```
file = open('test.txt','r')     #以只读方式打开文件
print('读取两个字节数据')
print(file.read(2))              #读取两个字节数据并输出
file.close()
file1 = open('test.txt','r')    #以只读方式打开文件
print('读取全部数据：')
print(file1.read())              #读取全部数据并输出
file1.close()                    #关闭文件
```

运行结果为：

```
读取两个字节数据
Sh
读取全部数据：
Shape of My Heart
Baby, please try to forgive me
Stay here don't put out the glow
```

- readline()函数用于逐行读取文件中的内容。

readline()函数用于读取文件中的一行内容，包含最后的换行符。函数的基本语法格式为：

```
file.readline([size])
```

其中，size 为可选参数，用于指定读取一行时，一次最多读取的字符（字节）数。读取一行数据及一行数据的前 10 个字符的代码如下：

```
file = open('test.txt','r')     #以只读方式打开文件
print('读取一行数据')
print(file.readline())           #读取一行数据并输出
print('读取一行数据的前 10 个字符')
print(file.readline(10))         #读取一行数据的前 10 个字符并输出
file.close()
```

运行结果为：

```
读取一行数据
Shape of My Heart

读取一行数据的前 10 个字符
Baby, pleas
```

- readlines()函数用于一次性读取文件中的所有内容。

readlines()函数用于读取文件中的所有内容。该函数返回的是一个字符串列表，其中每个元素为文件的一行内容。和 readline()函数一样，readlines()函数在读取每一行时，会连同行尾的换行符一起读取。

readlines()函数的基本语法格式如下：

```
file.readlines()
```

使用 readlines()函数读取文件中的全部数据，代码如下：

```
file = open('test.txt','r',encoding='utf-8') #以只读方式打开文件
print('读取文件中的数据')
print(file.readlines())    #读取文件中的数据并输出
file.close()               #关闭文件
```

运行结果为：

```
读取文件中的数据
['Shape of My Heart\n', 'Baby, please try to forgive me\n', 'Stay here don't put out the glow\n', 'Hold me now don't bother\n', 'If every minute it makes me weaker\n', 'Show you the shape of my heart']
```

（3）向文件中写入数据

Python 提供 write()函数和 wirtelines()函数向文件写入数据。使用 write()函数向文件中写入数据，其语法格式如下：

```
file.write(str)
```

其中，string 表示要写入文件的字符串（仅适用于写入二进制文件）。若写入成功，write()函数返回写入文件的字符数。

向文件中写入一段代码，如下：

```
file = open('test.txt','a+',encoding='utf-8') #以追加方式打开文件
print(file.write('Hello world!'))
```

运行结果为：

```
12
```

如果打开文件模式中包含 w（写入），那么向文件中写入内容时，会先清空原文件中的内容，然后写入新的内容。如果打开文件模式中包含 a（追加），则不会清空原有内容，而是将新内容添加到原内容后面。

wirtelines()函数用于向文件中写入字符串列表，其语法格式如下：

```
file. wirtelines([sequence])
```

其中，[str]表示字符串列表。使用 wirtelines()函数向文件中写入字符串列表的代码如下：

```
file = open('test.txt','a+',encoding='utf-8') #以追加方式打开文件
file.writelines(['\nHello world!','Python'])
```

运行结束后，打开文件可以看到列表中的字符串已经写入文件：

```
Now let me show you the shape of
Show you the shape of my heartHello world!
Hello world!Python
```

（4）文件的定位读取

Python 提供用于获取文件读写指针位置函数 tell()以及设置文件读写指针位置函数 seek()。

- tell()函数。

tell()函数用于获取当前文件读写指针位置，其语法格式如下：

```
file.tell()
```

使用 tell()函数获取当前文件读取指针位置，代码如下：

```
file = open('test.txt','r',encoding='utf-8') #以只读方式打开文件
print(file.read(10)) #读取文件中的前 10 个字符并输出
print(file.tell())    #获取文件当前的读写位置并输出
```

运行结果为：

```
Shape of M
10
```

- seek()函数。

seek()函数用于设置当前文件的读写指针位置，其语法格式如下：

```
file.seek(offset[, from])
```

其中，参数 offset 表示偏移量，即读写指针位置需要移动的字节数；参数 from 用于指定文件的读写指针位置，该参数的取值有 0、1、2，其中 0 表示在文件开始位置，1 表示在当前位置，2 表示在文件末尾位置。

使用 seek()函数修改读写指针位置，代码如下：

```
file = open('test.txt','r',encoding='utf-8') #以只读方式打开文件
print('文件读取位置移动到开始位置偏移 100 个字节')
file.seek(100,0)              #从开始位置移动 100 个字节
print('读取 100 个字节')
print(file.read(100)) #读取 100 个字节并输出
file.close()
```

运行结果为：

```
文件读取位置移动到开始位置偏移 100 个字节
读取 100 个字节
on't bother
If every minute it makes me weaker
You can save me from the man that I've become
Looking
```

8.7

三、任务分析

wordcloud 库是词云展示第三方库，以词语为基本单位，通过图形可视化的方式，更加直观和艺术地展示文本。要使用该库，首先使用“pip install wordcloud”命令安装。

在使用 wordcloud 库时，要先导入 wordcloud 库，然后使用 wordcloud.WordCloud()函数创建一个词云对象。可以指定词云对象的字体、图片大小以及背景色等。WordCloud()函数的参数列表如表 8-6 所示。

表 8-6 WordCloud()函数参数列表

参数	描述
width	指定词云对象生成图片的宽度，默认为 400 像素。例如： w=wordcloud.WordCloud(width=600)
height	指定词云对象生成图片的高度，默认为 200 像素。例如： w=wordcloud.WordCloud(height=400)
min_font_size	指定词云对象中的最小字号，默认为 4 号。例如： w=wordcloud.WordCloud(min_font_size=10)

续表

参数	描述
max_font_size	指定词云对象中的最大字号，根据高度自动调节。例如： w=wordcloud.WordCloud(max_font_size=20)
font_step	指定词云对象中字号的步进间隔，默认为 1。例如： w=wordcloud.WordCloud(font_step=2)
font_path	指定文本文件的路径，默认为 None。例如： w=wordcloud.WordCloud(font_path="msyh.ttc")
max_words	指定词云对象显示的最大单词数量，默认为 200。例如： w=wordcloud.WordCloud(max_words=20)
stop_words	指定词云对象的排除词列表，即不显示的单词列表。例如： w=wordcloud.WordCloud(stop_words="Python")
mask	指定词云对象形状，默认为长方形，需要使用 imread()函数。例如： from scipy.msc import imread mk=imread("pic.png") w=wordcloud.WordCloud(mask=mk)
background_color	指定词云对象图片的背景颜色，默认为黑色。例如： w=wordcloud.WordCloud(background_color="white")

通过 WordCloud()函数创建的词云对象常用的函数如下。

- w.generate()：向词云对象中加载文本，如 w.generate("Python and WordCloud")。
- w.to_file(filename)：将词云对象输出为图像文件，可使用 PNG 或 JPG 格式，如 w.to_file("outfile.png")

通过词云对象的函数生成词云图时需要加载文本，本任务中的文本分布在 5 个文件中，所以需要将 5 个文件进行合并，可以先创建一个新文件，然后将 5 个文件的内容复制到新文件中，涉及文件的读取和写入。

四、任务实现

（1）在 PyCharm 中，选择“View”→“Tool Windows”→“Terminal”命令，打开“Terminal”工具，输入“pip install wordcloud”命令，按“Enter”键后开始下载并安装 wordcloud 库。

（2）在 PyCharm 中，右击左侧列表中的项目名称“chapter08”，选择“New”→“Python File”，在弹出的对话框中将文件命名为“8-2 大数据技术专业主干课程词云图.py”，按“Enter”键，进入代码编辑界面。

（3）在新建文件中导入库，除了海龟作图库 turtle，还有 wordcloud 词云图库。

```
import turtle
import wordcloud
```

（4）将 5 个文件合并成一个文件，使用 try-except 语句处理文件操作时可能出现的异常，文件读取、写入操作结束后需要关闭文件对象。文件合并的思路为：以写模式创建或打开文件对象 file，如果参数对应的文件不存在则创建文件，否则从头开始写入文件；循环读取 5 个文件的内容，并写入参数对应的文件。在循环过程中使用字符串拼接形成文件名，以只读方式打开文件，读取文件内容，写入新文件，在文件读写过程中注意异常处理操作。

```
#合并文件
errstr=''      #定义变量 errstr 用于存储文件合并过程中的错误信息
try:           #使用 try-except-finally 结构处理文件读取异常
```

```
    #以写模式创建或打开文件对象 file，如果参数对应的文件不存在则创建文件，否则从头开始写入
    file = open("maincources.txt",mode='w+',encoding='utf-8')
    for i in range(1,6):   #循环读取 5 个文件的内容，并写入参数对应的文件
        try:
            filename='file'+str(i)+".txt"  #通过字符串拼接形成文件名
            #以只读方式打开文件
            subfile = open(filename,mode='r',encoding='utf-8')
            content = subfile.read()     #读取文件内容
            file.write(content)          #将读取的内容写入新文件
        except:
            errstr = errstr+filename+"文件合并失败! \n"
        finally:
            subfile.close()  #关闭文件对象
except:
    errstr =errstr+'数据合并失败。'
finally:
    file.close()    #关闭文件对象
```

（5）设置海龟作图的基本属性，如窗体大小、隐藏海龟形状、字体和字号等。

```
turtle.setup(900,600)
turtle.hideturtle()
ft=("宋体",20)                    #设置字体和字号
```

（6）绘制主干课程词云图。如果文件合并成功，以只读方式打开合并文件，读取文件内容存入字符串变量，创建词云对象，向词云对象中加载字符串变量表示的文本，将词云对象输出为图像文件，将输出的词云图设置为窗体背景。在文件读取过程中，注意异常处理操作。

```
#绘制主干课程词云图
if len(errstr)==0:    #如果文件合并成功
    try:
        #以只读方式打开文件
        file = open("maincources.txt",mode='r',encoding='utf-8')
        courses = file.read()    #读取文件内容
        #创建词云对象
        w = wordcloud.WordCloud(width=800, height=500,
                                font_path=r'C:\Windows\Fonts\simhei.ttf')
        w.generate(courses)       #向词云对象中加载文本
        w.to_file('word.png')     #将词云对象输出为图像文件
        turtle.bgpic('word.png') #将词云图设置为窗体背景
    except:
        courses='主干课程读取错误！'
        turtle.write(courses, align='center',font=ft)  #在窗体中输出错误信息
    finally:
        file.close()
else:
    turtle.write(errstr,align='center',font=ft) #在窗体中输出文件合并错误信息
turtle.mainloop()
```

综合实训 8——员工管理系统

8.8

编程任务：第 7 单元的综合实训 7 中布置了开发员工管理系统的任务，在小组成员的共同努力下已经完成。在本单元学习了异常和文件后，请继续优化简易员工管理系统，完善异常处理的系统功能，并将员工信息存储在文件中。

单元小结

本单元讲述了 Python 的异常，包括异常概述、异常捕获与处理、异常的抛出、自定义异常等内容。本单元还讲述了 Python 中文件路径的操作。其中，路径操作主要涉及 sys 和 os 两个库，该单元对这两个库中的函数功能进行了简单介绍，如文件的重命名、创建目录、删除目录、获取目录的文件列表、检测相对路径和绝对路径、获取当前路径、路径的拆分与拼接等。对于文件的操作，主要讲述了文件的打开和关闭、从文件中读取数据、向文件中写入数据、文件的定位读取等功能。通过本单元的学习，学习者应能够掌握 Python 中异常的处理方法以及文件和目录的操作，使程序更加完善。

拓展练习

一、填空题

1. Python 中所有异常的父类是__________。
2. 当使用序列中不存在的__________时，会引发 IndexError。
3. 使用__________方法可以关闭一个文件对象。
4. os 库的__________函数可以进行路径拼接。
5. os 库的__________函数可以获取文件夹名称的列表。

二、单选题

1. 开发人员可以使用关键字（　　）主动抛出异常。

   A. with　　B. else　　C. raise　　D. except

2. （　　）子句与 try-except 语句连用时，无论 try-except 是否捕获到异常，该子句后的代码都要运行。

   A. else　　B. with　　C. assert　　D. finally

3. Python 在处理文件时，为避免打开的文件占用过多的系统资源，在完成对文件的操作后需要使用 close()方法关闭文件。为了确保文件一定会被关闭，可以将文件关闭操作放在（　　）子句中。

   A. finally　　B. else　　C. try　　D. except

4. 在程序开发中可以使用（　　）语句检测一个表达式是否符合要求。

   A. try　　B. assert　　C. except　　D. else

5. 下列关于 try-except 的说法，错误的是（　　）。

   A. try 块中如果没有发生异常，则忽略 except 块中的代码

B. 程序捕获到异常会先运行 except 块中的代码，然后运行 try 块中的代码

C. 若运行 try 块中的代码引发异常，则会运行 except 块中的代码

D. 使用 except 可以指定错误的异常类型

6. 阅读下面代码：

```
num_one = 9
num_two = 0
print(num_one/num_two)
```

运行代码，Python 解释器抛出的异常是（ ）。

A. ZeroDivisionError　　B. SyntaxError

C. FloatingPointError　　D. OverflowError

7. 下列关于文件读取的说法，错误的是（ ）。

A. read()方法可以一次读取文件中所有的内容

B. readline()方法一次只能读取一行内容

C. readlines()以元组形式返回读取的数据

D. readlines()可以一次读取文件中所有的内容

8. 下列选项中，用于获取当前读写指针位置的是（ ）。

A. open()　　B. close()　　C. tell()　　D. seek()

9. 打开一个已有文件，然后在文件末尾添加信息，正确的打开方式为（ ）。

A. 'r'　　B. 'w'　　C. 'a'　　D. 'w+'

10. open()函数的参数 encoding 用来设置文件的（ ）。

A. 编码格式　　B. 读写方式　　C. 文件大小　　D. 文件位置

三、判断题

1. assert 语句用于判定一个表达式是否为真，如果表达式为 True，不做任何操作，否则引发 AssertionError。（ ）

2. Python 中的自定义异常类必须继承 Exception 类。（ ）

3. 省略 try-except 语句中的异常类可以处理该语句中捕获的所有异常，但不能获取异常的具体信息。（ ）

4. repr(e)用于返回较全的异常信息，但不包括异常类型。（ ）

5. 文件打开后不需要关闭。（ ）

6. 使用 a+模式打开文件，文件不存在则会创建一个新文件。（ ）

7. os 库的 mkdir()函数用于创建目录，os.path.exists()用来判断路径是否存在。（ ）

8. sys 库中返回操作系统平台名称的函数是 sys.path。（ ）

9. os.rename()函数用于更改文件名，待重命名的文件必须已存在，否则解释器会报错。（ ）

10. os.path.split(path)函数将路径拆分为文件夹和文件名，返回的是字典。（ ）

四、简答题

1. raise 语句有哪几种使用方式？

2. Python 提供了 3 个文件读取方法，列举这 3 个方法，并介绍各个方法的功能。

五、编程题

1. 编程，请输入一个文件路径名或文件名，查看该文件是否存在，如存在，打开文件并在屏幕上输出该文件内容；如不存在，显示“输入的文件未找到!”，并要求重新输入；如

文件存在但在读文件过程中发生异常，则显示“文件无法正常读出!”，并要求重新输入。(提示：请使用异常处理。文件未找到对应的异常名为 FileNotFoundError，其他异常直接用 except 匹配。)

2. 以下是两数相加的程序：x = int(input("x=")) y = int(input("y=")) print("x+y=",x+y)。该程序要求接收两个整数，并输出其相加结果。如果输入的不是整数（如字母、浮点数等），程序就会终止运行并输出异常信息。请对程序进行修改，要求输入非整数时，给出“输入内容必须为整数!”的提示，并提示用户重新输入，直至输入正确。

3. 设计一个功能函数用于判断目录是否存在，如果目录不存在，执行创建目录操作，同时在该目录下创建一个文件并写入数据；如果目录存在，提示用户“目录已存在”。

4. 当前目录下有一个文本文件 test.txt，其内容包含小写字母和大写字母。请将该文件复制到另一文件 test_copy.txt 中，并将原文件中的小写字母全部转换为大写字母，其余格式均不变。

第9单元

进程与线程

学习导读

为了能充分地利用计算机 CPU 资源，提高程序运行效率，Python 提供了两种常见的多任务编程方式，分别为进程和线程。本单元对 Python 中的进程和线程的相关内容进行详细阐述。

学习目标

1. 知识目标

- 了解进程和线程的概念。
- 掌握创建进程和线程的方法。
- 掌握进程间的通信方法。
- 了解线程生命周期、线程阻塞和守护线程的概念。
- 掌握线程安全与同步的实现方法。

2. 技能目标

- 能够根据需要使用进程开发程序。
- 能够在进程间实现通信。
- 能够根据需要使用线程开发程序。
- 能够使用常见的线程同步方式实现线程安全。

3. 素质目标

- 培养标准化的编码规范能力。
- 培养创新能力以及分析问题和解决问题的能力。
- 培养团队意识和沟通能力。
- 培养效率意识、时间成本意识。

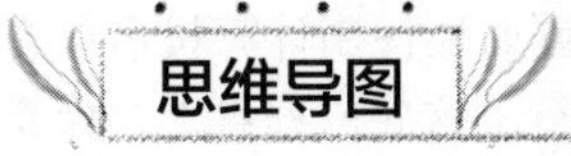

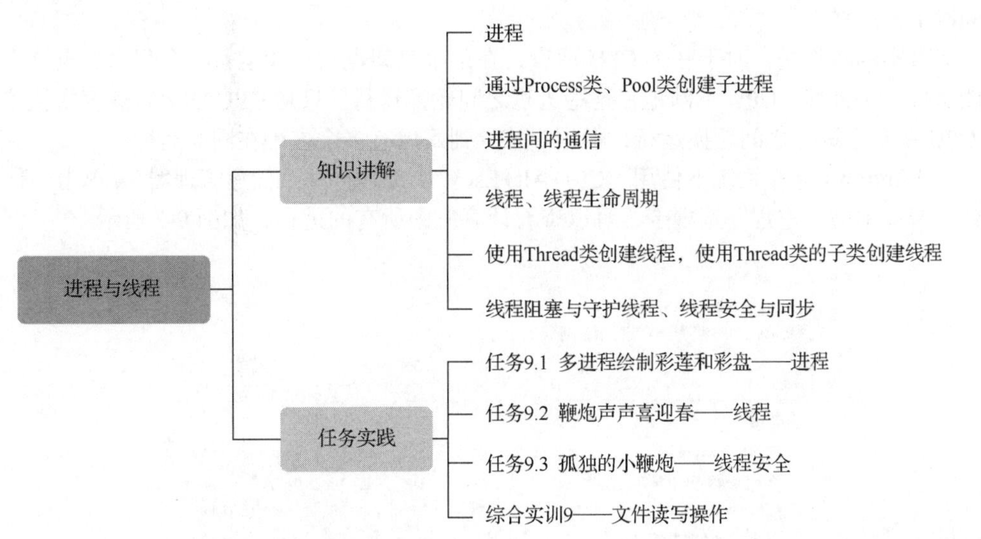

任务 9.1　多进程绘制彩莲和彩盘——进程

一、任务描述

turtle 库可以同时开启多个窗口，分别完成不同的任务。使用海龟作图库 turtle，在两个窗口中同时绘图，一个绘制彩莲，另一个绘制彩盘，效果如图 9-1 所示。

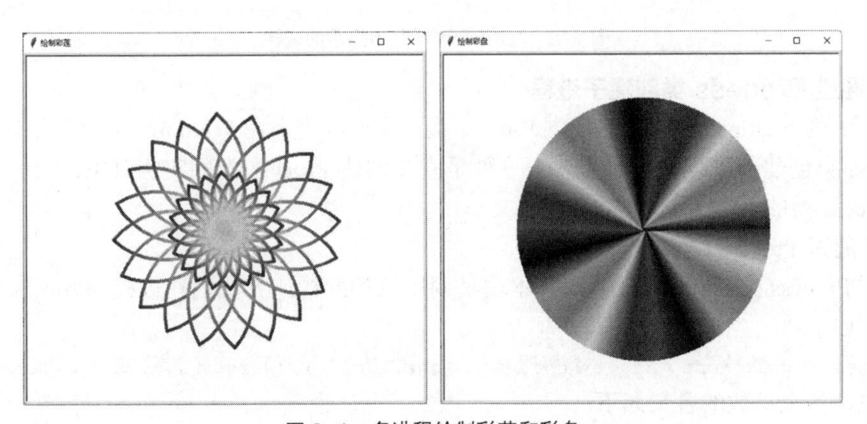

图 9–1　多进程绘制彩莲和彩盘

二、相关知识

1. 进程

几乎所有的操作系统都支持同时运行多个任务，每个任务通常是一个程序，每一个运行中的程序就是一个进程，即进程是程序的运行实例。现在的操作系统几乎都支持多进程并发运行。

例如，程序员一边用开发工具写程序，一边用参考手册备查，同时还使用计算机播放音乐等。除此之外，每台计算机运行时还有大量底层支撑性程序在运行，这些进程看上去像是在同时工作一样。

但事实的真相是，对于一个 CPU 而言，在某个时间点它只能运行一个程序。也就是说，只能运行一个进程，CPU 不断地在这些进程之间轮换运行。只是 CPU 的运行速度太快了，虽然 CPU 在多个进程之间轮换运行，但用户感觉到好像有多个进程在同时运行。

在 Windows 操作系统下使用“Ctrl+Alt+Esc”快捷键打开“任务管理器”，单击“任务管理器”窗口中的“进程”选项卡，可以查看计算机中所有的进程，如图 9-2 所示。

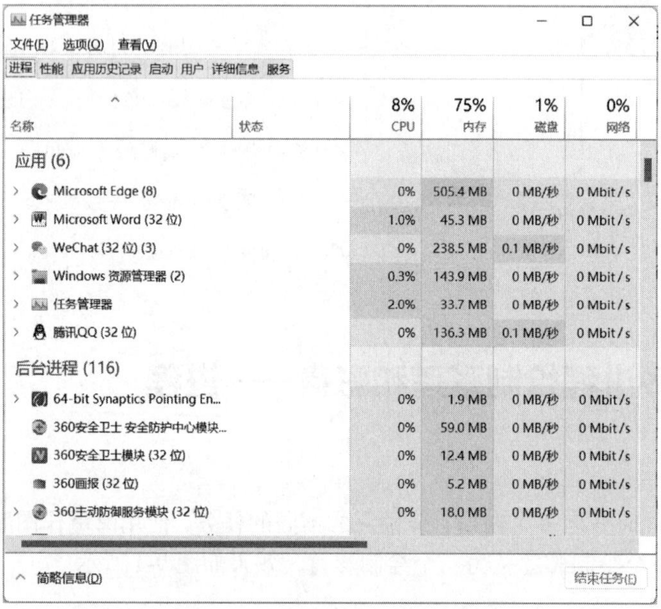

图 9-2 “任务管理器”中显示的进程

2. 通过 Process 类创建子进程

Python 的 multiprocessing 库提供 Process 类，该类可用来在 Windows 平台上创建进程。使用 Process 类创建子进程有 2 种方式：一种是直接创建 Process 类的实例对象，另一种是通过继承 Process 类的子类，创建实例对象。

（1）通过 Process 类创建子进程

使用 Process 类创建实例对象，其本质是调用该类的构造方法创建进程。Process 类的构造方法格式如下：

```
Process(group=None,target=None,name=None,args=(),kwargs={},*,daemon=None)
```

其中，各个参数的含义如下。

- group：该参数始终为无，不需要传入参数。
- target：为新建进程指定运行任务，也就是指定一个函数。
- name：为新建进程设置名称。
- args：为 target 参数指定的参数传递非关键字参数。
- kwargs：为 target 参数指定的参数传递关键字参数。
- daemon：表示是否将进程设为守护进程（在后台运行的一类特殊进程，用于运行特定的系统任务）。

下面程序演示了如何用 Process 类创建子进程。

```
from multiprocessing import Process
import os
print("当前进程 ID：",os.getpid())
#定义一个函数，作为新进程的 target 参数值
def action(name,*others):
    print(name)
    for m in others:
        print("当前进程%d---%s" % (os.getpid(),m))
if __name__=='__main__':
    #定义为进程方法传入的参数
    colors = ["red","green","blue"]
    #创建子进程，运行 action() 函数
    myprocess = Process(target = action, args = ("my_process 进程",*colors))
    #启动子进程
    myprocess.start()
    #主进程运行 action()函数
    action("主进程",*colors)
```

运行结果为：

```
当前进程 ID： 16776
主进程
当前进程 16776---red
当前进程 16776---green
当前进程 16776---blue
当前进程 ID： 2644
my_process 进程
当前进程 2644---red
当前进程 2644---green
当前进程 2644---blue
```

需要说明的是，通过 Process()函数来创建并启动进程时，程序必须先执行“if __name__=='__main__':”，否则运行该程序会引发异常。此程序中有 2 个进程，分别为主进程和我们创建的新进程，主进程会运行整个程序，而子进程不会运行“if __name__=='__main__':”中的程序，而是先运行此判断语句之外的所有可执行程序，然后运行分配给它的任务（也就是通过 target 参数指定的函数）。

（2）通过 Process 类的子类创建子进程

通过 Process 类的子类来创建子进程，需在子类中重写 run()方法。实际上，该方法的作用，就如同第一种创建方式中 target 参数指定的函数的作用。下面程序演示如何通过 Process 类的子类创建一个进程。

```
from multiprocessing import Process
import os
print("当前进程 ID：",os.getpid())
#定义一个函数，作为新进程的 target 参数值
def action(name,*others):
    print(name)
    for m in others:
```

```
        print("当前进程%d---%s" % (os.getpid(),m))
#自定义一个进程类
class MyProcess(Process):
    def __init__(self,name,*others):
        super().__init__()
        self.name = name
        self.others = others
    def run(self):
        print(self.name)
        for m in self.others:
            print("当前进程%d---%s" % (os.getpid(), m))
if __name__=='__main__':
    #定义为进程方法传入的参数
    colors = ["red","green","blue"]
    my_process = MyProcess("my_process 进程",*colors)
    #启动子进程
    my_process.start()
    #主进程执行 action()函数
    action("主进程",*colors)
```

运行结果为：

```
当前进程 ID: 27064
主进程
当前进程 27064---red
当前进程 27064---green
当前进程 27064---blue
当前进程 ID: 24412
my_process 进程
当前进程 24412---red
当前进程 24412---green
当前进程 24412---blue
```

可以看出，该程序的运行结果与上一个程序的运行结果大致相同，但推荐使用第一种方式来创建进程，因为第一种方式不仅编程简单，而且进程直接使用 target 函数，具有更清晰的逻辑结构。

9.2

3. 通过 Pool 类创建子进程

Python 提供了更好的管理多个进程的方式，就是使用进程池。进程池可以提供指定数量的进程给用户使用，即当有新的请求提交到进程池中时，如果进程池的进程数未达到规定的最大值，则会创建一个新的进程运行该请求；否则，该请求等待，只要进程池中有进程空闲下来，该请求就能得到运行。Python 的 multiprocessing 库提供 Pool()函数，专门用来创建一个进程池，其语法格式如下：

```
multiprocessing.Pool( processes = None, initializer = None, initargs = (), maxtasksperchild = None, context = None )
```

其中，各个参数的含义如下。

- processes：用于指定该进程池中包含的进程数。如果取值为 None，则默认使用 os.cpu_count()返回的数值。

- initializer：新进程的初始化函数。
- initargs：新进程的初始化函数的参数。
- maxtasksperchild：每个进程执行任务的最大数目。
- context：用于设置工作进程启动时的上下文。

multiprocessing 库中表示进程池的类是 Pool 类，该类提供了一些和操作进程池相关的方法，如表 9-1 所示。

表 9-1　multiprocessing 库的 Pool 类中和操作进程池相关的方法

方法	功能
apply()	阻塞式给进程池添加任务
apply_async()	非阻塞式给进程池添加任务
close()	关闭进程池，该进程池不能再接收新任务，待所有任务完成后退出
terminate()	立即中止进程池，不再处理未完成的任务
join()	等待所有进程完成，必须在 close()或 terminate()之后使用

（1）进程池非阻塞式添加任务

apply_async()方法可以非阻塞式为进程池添加任务，其语法格式如下：

```
apply_async(self, func, args=(), kwds=(), callback = None, error_callback=None)
```

其中，各个参数的含义如下。

- self：表示当前的对象。
- func：表示函数名称。
- args 和 kwds：表示提供给 func 表示的函数的参数。
- callback：指定 func 表示的函数完成后的回调函数。
- error_callback：指定 func 表示的函数出错后的回调函数。

下面程序演示了进程池的创建和使用。该程序首先定义了一个进程池待运行的任务函数 action()，之后创建了一个具有 4 个工作进程的进程池并采用非阻塞式向进程池中添加了 4 个子进程，最后关闭进程池，调用 join()方法阻塞主进程，待所有子进程结束后，主进程才退出。

```
from multiprocessing import Pool
import time
import os
def action(name='张三',num=1):
    print(name,' 运行第',num,'项任务，当前进程 ID: ',os.getpid())
    time.sleep(3)
if __name__ == '__main__':
    #创建包含 4 个进程的进程池
    pool = Pool(processes=4) #创建进程池，指定最大进程数为 4
    #将 action()函数分 4 次提交给进程池
    pool.apply_async(action)  #进程添加、运行任务，使用默认参数
    pool.apply_async(action, args=('李四',2 ))
    pool.apply_async(action, args=('王五',3 ))
    pool.apply_async(action, kwds={'name': '马六','num':4})
    pool.close()  #关闭进程池
    pool.join()   #阻塞主进程
```

运行结果为：

```
张三  运行第 1 项任务，当前进程 ID： 13324
李四  运行第 2 项任务，当前进程 ID： 10788
王五  运行第 3 项任务，当前进程 ID： 14912
马六  运行第 4 项任务，当前进程 ID： 9212
```

程序运行过程中，以上 4 个输出几乎同时完成，等待一会儿，主程序结束，说明 4 个任务是并行的。如果将 pool.join()语句注释掉，不阻塞主进程，运行程序则没有任何输出，说明主进程没有等待子进程结束后再退出。

（2）进程池阻塞式添加任务

apply()方法可以阻塞式为进程池添加任务，其语法格式如下：

```
apply(self, func, args=(), kwds=())
```

其参数含义与 apply_async()的参数含义相同，此处不赘述。修改上面的非阻塞式代码，实现阻塞式向进程池中添加任务，代码如下：

```
from multiprocessing import Pool
import time
import os
def action(name='张三',num=1):
    print(name,'运行第',num,'项任务，当前进程 ID：',os.getpid())
    time.sleep(3)
if __name__ == '__main__':
    #创建包含 4 个进程的进程池
    pool = Pool(processes=4) #创建进程池，指定最大进程数为 4
    #将 action()函数分 4 次提交给进程池
    pool.apply(action)  #进程添加、运行任务，使用默认参数
    pool.apply(action, args=('李四',2 ))
    pool.apply(action, args=('王五',3 ))
    pool.apply(action, kwds={'name': '马六','num':4})
    pool.close()  #关闭进程池
```

运行结果为：

```
张三  运行第 1 项任务，当前进程 ID： 16120
李四  运行第 2 项任务，当前进程 ID： 15476
王五  运行第 3 项任务，当前进程 ID： 17096
马六  运行第 4 项任务，当前进程 ID： 15904
```

程序运行过程中，以上 4 个输出按顺序进行，每输出一句暂停 3s。程序并没有使用 pool.join()语句阻塞主进程。说明 4 个子进程是串行的，是阻塞式的，所有的子进程运行结束后主进程才退出。

4. 进程间的通信

每个进程所拥有的数据都是独立的，无法与其他进程共享。但大多数进程之间需要进行通信。为此，Python 提供实现进程间通信的机制，主要有以下 2 种。

9.3

- Python 的 multiprocessing 库的 Queue 类提供多个进程之间通信的诸多方法。
- Pipe 又称为管道，Pipe 类常用于 2 个进程间的通信，2 个进程分别位于管道的两端。

（1）使用 Queue 类实现进程间通信

简单地说，使用 Queue 类实现进程间通信的方式，就是各个进程使用操作系统开辟一个队列空间，把数据放到该队列中，当然也可以从该队列中把自己需要的信息取出。表 9-2 罗列了 Queue 类常用的一些方法。

表 9-2　Queue 类常用的一些方法

方法	功能
put(obj[,block=True [,timeout=None]])	将 obj 放入队列。当 block 参数为 True 时，一旦队列写满，则当前进程会被阻塞，直到有其他进程从该队列中取走数据并腾出空间供 obj 使用。timeout 参数用来设置阻塞的时间，即当前进程最多在阻塞 timeout 秒之后，如果还是没有空闲空间，则当前进程会抛出 queue.Full 异常
put_nowait(obj)	该方法的功能等同于 put(obj,False)
get([block=True [,timeout=None]])	从队列中取数据并返回。当 block 为 True 且 timeout 为 None 时，该方法会阻塞当前进程，直到队列中有可用的数据。如果 block 为 False，则当前进程会直接执行取数据的操作，如果取数据失败，则抛出 queue.Empty 异常（这种情形下，timeout 参数将不起作用）。如果手动设置 timeout 数值，则当前进程最多被阻塞 timeout 秒，如果阻塞时间到后依旧没有可用的数据可取出，则抛出 queue.Empty 异常
get_nowait()	该方法的功能等同于 get(False)
empty()	判断当前队列空间是否为空，如果为空，则返回 True；否则，返回 False

下面通过队列实现两个进程间的数据共享，具体代码如下：

```
from multiprocessing import Process,Queue
def write(queue):
    for i in range(10): #循环将数据插入队列
        queue.put(i)
def read(queue):
    count=0
    while True:
        num=queue.get() #读取队列中的数据
        print('队列中获取的数据为：',num)
        count=count+1
        if count==10:   #全部读取完毕后退出
            break

if __name__ == '__main__':
    queue = Queue()   #创建队列，队列的长度没有限制
    #创建两个进程分别运行函数 write()和 read()
    process1 = Process(target=write, args=(queue,)) #写进程
    process2 = Process(target=read, args=(queue,))  #读进程
    #启动子进程
    process1.start()
    process2.start()
```

以上代码定义了一个任务函数 write()，该函数用于向队列中插入 10 个数据，还定义了一个任务函数 read()，该函数用于从队列中读取数据。在程序的主进程中，首先创建了一个队列，然后创建了两个子进程，分别运行任务函数 write()和 read()，最后启动子进程。运行结果为：

```
队列中获取的数据为： 0
队列中获取的数据为： 1
```

```
队列中获取的数据为： 2
队列中获取的数据为： 3
队列中获取的数据为： 4
队列中获取的数据为： 5
队列中获取的数据为： 6
队列中获取的数据为： 7
队列中获取的数据为： 8
队列中获取的数据为： 9
```

从以上结果可知，一个进程成功读取到另一个进程插入队列的数据，说明以上程序使用队列实现了两个进程间的通信。

（2）使用 Pipe 类实现进程间通信

通常情况下，管道有 2 个端口，而 Pipe 类也常用来实现 2 个进程之间的通信，这 2 个进程分别位于管道的两端，一端用来发送数据，另一端用来接收数据。使用 Pipe 类实现进程间通信，首先需要调用 multiprocessing.Pipe()函数来创建一个管道。该函数的语法格式如下：

```
conn1,conn2 = multiprocessing.Pipe( [duplex=True] )
```

其中，conn1 和 conn2 分别表示 Pipe()函数返回的 2 个端口；duplex 参数默认为 True，表示该管道是双向的，即表示 2 个端口的进程既可以发送数据，也可以接收数据，而如果将 duplex 设为 False，则表示管道是单向的，conn1 只能用来接收数据，而 conn2 只能用来发送数据。conn1 和 conn2 都属于 PipeConnection 对象，它们还可以调用表 9-3 所示的方法。

表 9-3 PipeConnection 对象可调用的方法

方法	功能
send(obj)	发送一个 obj 给管道的另一端，另一端使用 recv()方法接收。需要说明的是，该 obj 必须是可序列化的，如果该 obj 序列化之后超过 32MB，则很可能会引发 ValueError
recv()	接收管道另一端通过 send()方法发送的数据
close()	关闭连接
poll([timeout])	返回连接中是否还有数据可以读取
send_bytes(buffer[,offset[,size]])	发送字节数据。如果没有指定 offset、size 参数，则默认发送 buffer 的全部数据；如果指定了 offset 和 size 参数，则只发送 buffer 中从 offset 位置开始、长度为 size 的字节数据。通过该方法发送的数据，应该使用 recv_bytes()或 recv_bytes_into()方法接收
recv_bytes([maxlength])	接收通过 send_bytes()方法发送的数据，maxlength 指定最多接收的字节数。该方法返回接收到的字节数据
recv_bytes_into(buffer[,offset])	功能与 recv_bytes()方法类似，只是该方法将接收到的数据放在 buffer 中

修改使用队列实现进程间通信的程序，使用 Pipe 类实现 2 个进程之间的通信。

```
from multiprocessing import Process,Pipe
def write(conn1):
    for i in range(10): #将数据循环发送到管道的另一端
        conn1.send(i)
def read(conn2):
    count=0
    while True:
        num = conn2.recv()
```

```
            print('从管道中获取的数据为：',num)
            count=count+1
            if count==10:   #全部读取完毕后退出
                break
if __name__ == '__main__':
    #创建管道
    conn1, conn2 = Pipe()
    #创建两个进程分别运行函数 write()和 read()
    process1 = Process(target=write, args=(conn1,)) #写进程
    process2 = Process(target=read, args=(conn2,))  #读进程
    #启动子进程
    process1.start()
    process2.start()
```

运行结果为：

```
从管道中获取的数据为： 0
从管道中获取的数据为： 1
从管道中获取的数据为： 2
从管道中获取的数据为： 3
从管道中获取的数据为： 4
从管道中获取的数据为： 5
从管道中获取的数据为： 6
从管道中获取的数据为： 7
从管道中获取的数据为： 8
从管道中获取的数据为： 9
```

三、任务分析

在两个窗口中同时绘图，需要用到 Python 的多进程技术，需要在此任务中使用 multiprocessing 库的 Process 类。首先定义两个函数，一个用于绘制彩莲，另一个用于绘制彩盘。然后在主进程中创建两个子进程，一个通过调用绘制彩莲的函数绘制彩莲，另一个通过调用绘制彩盘的函数绘制彩盘。观察图 9-1，可以看出彩莲和彩盘颜色都是渐变的，因此需要用到 coloradd 库。

9.4

四、任务实现

（1）在 PyCharm 中，右击左侧列表中的项目名称“chapter09”，选择“New”→“Python File”，在弹出的对话框中将文件命名为“9-1 多进程绘制彩莲和彩盘.py”，按“Enter”键，进入代码编辑界面。

（2）在新建文件中导入库。除了导入海龟作图库 turtle，还需要导入 multiprocessing、coloradd 库。

```
import coloradd
from multiprocessing import Process
import turtle
```

（3）设置窗体的常规属性，即颜色模式为“255”、画笔形状为“turtle”、画笔宽度为“5”、

海龟移动速度为最快。

```
turtle.colormode(255)      #设置颜色模式
turtle.shape("turtle")     #设置画笔形状
turtle.pensize(5)          #设置画笔宽度
turtle.speed(0)            #设置海龟移动速度为最快
```

（4）定义绘制彩莲的函数。

```
#绘制彩莲
def drawlotus():
    turtle.title("绘制彩莲")
    turtle.setup(500,500,10,50)#设置窗口大小和位置
    for d in [20,10]:  #绘制 2 朵大小不同的花朵，先绘制大的
        """画一轮图案"""
        for k in range(20): #循环绘制 20 个花瓣
            for i in range(10,0,-1): #绘制由里向外的花瓣边缘
                turtle.pencolor(coloradd.colorset(i*8))#设置颜色渐变
                turtle.fd(d)         #前进
                turtle.left(9)       #旋转一定角度，绘制完花瓣刚好旋转 90°
            turtle.left(90)          #再旋转 90° ，开始绘制花瓣的另一边
            for i in range(10):      #绘制由外向里的花瓣边缘
                turtle.pencolor(coloradd.colorset(i*8))#设置颜色渐变
                turtle.fd(d)
                turtle.left(9)
            turtle.left(90)
            turtle.left(360/20)
    turtle.hideturtle()  #隐藏海龟形状
    turtle.mainloop()    #保持窗口不关闭
```

（5）定义绘制彩盘的函数。

```
#绘制彩盘
def drawplate():
    turtle.title("绘制彩盘")
    turtle.setup(500, 500, 610, 50)                  #设置窗口大小和位置
    color = (255, 0, 0)                              #颜色为红色
    for i in range(360):                             #迭代 360 次
        turtle.pencolor(color)                       #设定画笔颜色
        turtle.fd(200)                               #海龟前进 200 个单位长度
        turtle.bk(200)                               #海龟倒退 200 个单位长度
        turtle.right(1)                              #海龟右转 1°
        color = coloradd.addcolor(color, 0.01)       #颜色值增加 0.01
    turtle.hideturtle()
    turtle.mainloop()
```

（6）创建两个子进程，启动子进程分别运行两个函数。运行程序后，移动窗口，可以看到有 3 个窗口，一个绘制彩莲，一个绘制彩盘，还有一个是主进程窗口。

```
if __name__=='__main__':
    myprocess = Process(target = drawlotus) #创建子进程
    #启动子进程
```

```
    myprocess.start()
    myprocess1 = Process(target=drawplate) #创建子进程
    #启动子进程
    myprocess1.start()
```

小贴士：修改本任务的代码，实现一个主进程，3个子进程同时工作。增加的子进程的功能自行定义。

9.5

任务9.2　鞭炮声声喜迎春——线程

一、任务描述

春节期间，为了减少环境污染，我们可以制作电子烟花庆祝新年。现有6张GIF格式的图片，如图9-3（a）所示。使用海龟作图turtle和threading库，实现鞭炮声声喜迎春的动画效果，如图9-3（b）、（c）所示，在动画中鞭炮的爆炸速度、爆炸位置都是随机生成的。

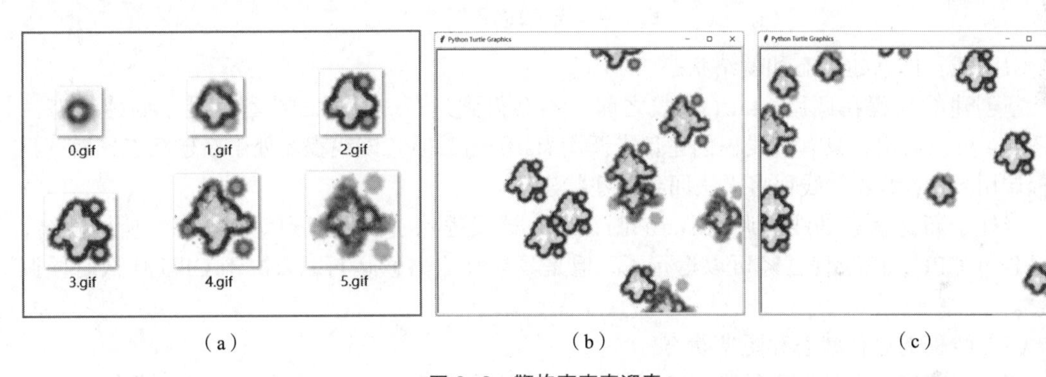

（a）　　（b）　　（c）

图9-3　鞭炮声声喜迎春

二、相关知识

1. 线程

线程是进程的组成部分，一个进程可以拥有多个线程。在多线程中，有一个主线程来完成整个进程从开始到结束的全部操作，而其他的线程会在主线程的运行过程中被创建或退出。当进程初始化后，主线程就被创建了。对于绝大多数的程序来说，通常仅要求有一个主线程，但也可以在进程内创建多个顺序运行流，这些顺序运行流就是线程。当一个进程里只有一个线程时，叫作单线程，超过一个线程就叫作多线程。

线程是独立运行的，它并不知道进程中是否存在其他线程。线程的运行是抢占式的，即当前运行的线程在任何时候都可能被挂起，以便另外一个线程可以运行。多线程也是并发运行的，即同一时刻，Python主程序只允许有一个线程运行。一个线程可以创建和撤销另一个线程。

线程一般可以分为以下类型。

（1）主线程：程序启动时，操作系统会创建一个进程，与此同时会立即运行一个线程，该线程通常称为主线程。

（2）子线程：程序中创建的其他线程。

（3）守护线程（后台线程）：守护线程是在后台为其他线程提供服务的线程，它独立于程序，不会因为程序的终止而结束。当进程只剩下守护线程时，进程直接退出。

（4）前台线程：相对于守护线程的其他线程称为前台线程。

2. 线程生命周期

线程从创建到消亡的整个过程，可能会经历 5 种状态，分别是新建、就绪、运行、阻塞和死亡，如图 9-4 所示。

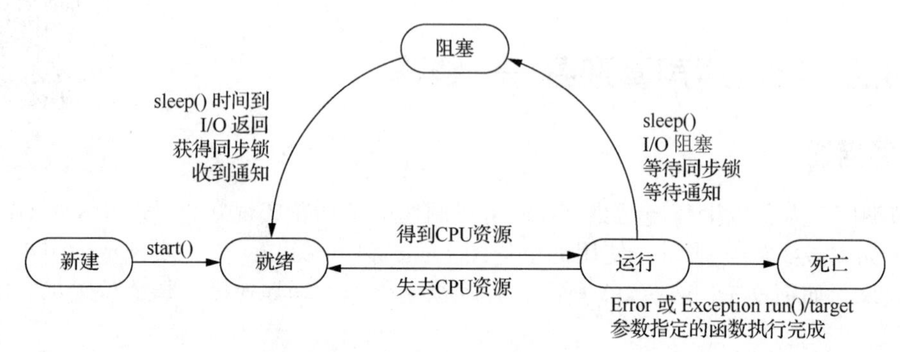

图 9-4 线程生命周期

（1）线程的新建状态和就绪状态

新创建的线程在调用 start()函数之前，不会得到运行，此时的线程就处于新建状态。从图 9-4 可以看出，只有当线程创建且未调用 start()函数时，该线程才处于新建状态，而一旦线程调用 start()函数，线程将无法回到新建状态。

当处于新建状态的线程调用 start()函数后，该线程状态就转换到就绪状态。所谓就绪，就是告诉 CPU，该线程已经可以运行了，但是具体什么时候运行，取决于 CPU 什么时候调度它。

（2）线程的运行状态和阻塞状态

当处于就绪状态的线程得到了 CPU 资源，并开始运行 target 参数指定的函数或者 run()函数时，就表明当前线程处于运行状态。目前，几乎所有的桌面和服务器操作系统，都采用抢占式优先级调度策略，即 CPU 会给每一个就绪线程一段固定时间来处理任务，当该时间用完后，系统就会阻止该线程继续使用 CPU 资源，让其他线程获得运行的机会。而对于具体选择哪个线程使用 CPU，不同的平台采用不同的算法，比如先进先出（First In First Out，FIFO）算法、时间片轮转算法、优先级算法等，每种算法各有优缺点，适用于不同的场景。

除此之外，如果处于运行状态的线程发生如下几种情况，也将由运行状态转换为阻塞状态。

- 线程调用了 sleep()函数。
- 线程等待接收用户输入的数据。
- 线程试图获取某个对象的同步锁时，如果该锁被其他线程所持有，则当前线程转换为阻塞状态。
- 线程调用 wait()函数，等待特定条件的满足。

以上几种情况都会导致线程阻塞，只有解决了线程遇到的问题，该线程才会由阻塞状态转换为就绪状态，继续等待 CPU 调度。以上 4 种可能发生线程阻塞的情况，其解决措施分别如下。

- sleep()函数规定的时间已过。
- 线程接收到了用户输入的数据。
- 其他线程释放了该同步锁，并由该线程获得。
- 调用 set()函数发出通知。

（3）线程的死亡状态

对于获得 CPU 调度却未运行完毕的线程，其状态会转换为阻塞状态，待特定条件满足之后转换为就绪状态，以争取 CPU 资源，直到运行结束。运行结束的线程将处于死亡状态。除了正常运行结束外，如果程序运行过程中发生异常（Exception）或者错误（Error），线程也会转换为死亡状态。对于处于死亡状态的线程，有以下 2 点需要注意。

- 主线程死亡，并不意味着所有线程全部死亡。也就是说，主线程的死亡不会影响子线程继续运行；反之子线程死亡也不会影响其他线程继续执行。
- 死亡状态的线程无法再调用 start()函数使其重新处于就绪状态，如果强行调用 start()函数，Python 解释器将抛出 RuntimeError 异常。

3. 创建线程

9.6

threading 库中定义了 Thread 类，该类专门用于管理线程。线程的创建方式有使用 Thread 类创建和使用 Thread 类的子类创建两种。

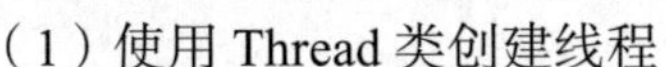
（1）使用 Thread 类创建线程

使用 threading 库中的 Thread 类的构造方法创建线程，并调用实例化对象的 start()函数启动线程。Thread 类的构造方法声明如下：

```
Thread(self,group=None,target=None,name=None,args=(),kwargs=None,*,daemon=None)
```

其中，各个参数的含义如下。

- self：指代当前的对象。
- group：指定所创建的线程属于哪个线程组（此参数尚未实现，无须使用）。
- target：指定所创建的线程要调度的目标方法。
- name：线程名称，默认为“Thread-*N*”形式。
- args：以元组的方式为 target 指定的方法传递参数。
- kwargs：以字典的方式为 target 指定的方法传递参数。
- daemon：指定所创建的线程是否为后台线程。

Thread()函数创建的线程默认是前台线程。该线程的特点是主线程会等待其执行结束后才终止程序。

下面的程序演示了如何使用 Thread 类的构造方法创建线程并启动线程。

```
import threading
def work1(): #定义函数 work1()循环输出 500 次
    for i in range(500):
        print(threading.currentThread().name,"输出",i)
def work2():#定义函数 work2()循环输出 500 次
    for i in range(500,1000):
        print(threading.currentThread().name,"输出",i)
def work3():#定义函数 work3()循环输出 500 次
    for i in range(1000,1500):
        print(threading.currentThread().name,"输出",i)
#创建线程
```

```
thread1 = threading.Thread(target = work1) #创建子线程，运行work1()函数
thread1.start()  #启动子线程
thread2 = threading.Thread(target = work2) #创建子线程，运行work2()函数
thread2.start() #启动子线程
work3()  #主线程运行work3()函数
```

上述程序首先定义了3个函数，分别输出0～499、500～999、1000～1499；然后使用Thread类创建了两个子线程，分别运行函数work1()和work2()；最后在主线程中运行函数work3()。运行结果为：

```
Thread-1 输出 0
Thread-1 输出 1
Thread-1 输出 2
Thread-1Thread-2  MainThread 输出 输出输出  3
1000Thread-1
500
MainThread 输出 Thread-2  1001
输出输出  501MainThread 4
输出
Thread-2 输出  Thread-1 输出 1002
......
```

观察运行结果，第4行内容是3个线程同时输出的结果，可见3个线程是并发进行的。

（2）使用Thread类的子类创建线程

通过继承Thread类，可以自定义一个线程类，从而实例化该类对象，获得子线程。需要注意的是，在创建Thread类的子类时，必须重写从父类继承的run()方法。

修改上面的多线程程序，使用Thread类的子类创建线程并启动线程，代码如下：

```
import threading
class Thread1(threading.Thread): #定义循环输出0～499的线程
    def __init__(self,num):
        super().__init__()
        self.name = '线程-'+str(num)
    def run(self) :
        for i in range(500):
            print(self.name, "输出", i)
class Thread2(threading.Thread):  #定义循环输出500～999的线程
    def __init__(self,num):
        super().__init__()
        self.name = '线程-'+str(num)
    def run(self) :
        for i in range(500,1000):
            print(self.name, "输出", i)
def work3():#定义函数work3()循环输出1000～1499
    for i in range(1000,1500):
        print(threading.currentThread().name,"输出",i)
#创建线程
thread1 = Thread1(1) #创建子线程，运行work1()函数
thread1.start()  #启动子线程
thread2 = Thread2(2) #创建子线程，运行work2()函数
```

```
thread2.start() #启动子线程
work3()  #主线程运行 work3()函数
```

运行上述代码，其运行结果与第一种方法的运行结果一致。

三、任务分析

9.7

鞭炮爆炸效果实际是 6 张图片在同一坐标处依次显示的结果，可将图片设置成海龟形状，通过依次改变海龟形状实现爆炸效果。动画中鞭炮在多个点同时爆炸，是并发的显示效果，使用多线程可以实现鞭炮同时爆炸的效果。

四、任务实现

（1）在 PyCharm 中，右击左侧列表中的项目名称“chapter09”，选择“New”→“Python File”，在弹出的对话框中将文件命名为“9-2 鞭炮声声喜迎春.py”，按“Enter”键，进入代码编辑界面。

（2）在新建文件中导入库，除了导入海龟作图库 turtle，还需要导入 time、random 和 threading 库。

```
import turtle
import time                          #导入 time 库
from random import randint,random   #从 random 库导入随机取整数命令
from threading import Thread        #从 threading 库导入 Thread 类
```

（3）设置屏幕的绘画延时为 0ms。

```
turtle.delay(0)  #屏幕的绘画延时为 0ms
```

（4）定义存放图片名称的列表，使用循环将图片名称加入列表，同时将图片设置为海龟形状。

```
eps = []    #定义图片列表
for i in range(6):
    eps.append(f"explosion/{i}.gif") #将图片加入列表
    turtle.addshape(f"explosion/{i}.gif") #将图片设置为海龟形状
```

（5）定义爆炸函数。先随机休眠一段时间，创建一个海龟对象，设置海龟移动速度为最快，抬笔。循环执行：随机生成坐标，并将海龟移动到坐标处，在该坐标处依次改变海龟形状，实现爆炸效果，通过改变休眠时间控制爆炸速度。

```
def explode():                      #定义爆炸函数
    time.sleep(random())            #随机休眠一段时间
    t = turtle.Turtle()             #创建一个海龟对象
    t.speed(0)                      #设置海龟移动速度为最快
    t.penup()                       #抬起画笔
    while True:
        x = randint(-300,300)       #随机生成 x 坐标
        y = randint(-300,300)       #随机生成 y 坐标
        t.goto(x,y)                 #海龟移动到随机生成的坐标处
        for e in eps:               #依次改变海龟形状，间隔 0.02s
            t.shape(e)
            time.sleep(0.02)
```

（6）循环创建 10 个线程，运行爆炸函数。至此，鞭炮声声喜迎春动画编码全部完成，运行并查看效果。

```
for x in range(10):  #循环创建 10 个线程，运行爆炸函数
     thread = Thread(target=explode)
     thread.start()
turtle.mainloop()     #进入主循环
```

小贴士：本任务已经实现了放鞭炮的动画效果，如何在代码中实现爆炸的声音，使动画更为逼真呢？请学习者进一步研究、完善。

9.8

任务 9.3　孤独的小鞭炮——线程安全

一、任务描述

在任务 9.2 的基础上进行修改，实现同一时刻只有一支鞭炮爆炸的效果，如图 9-5 所示。

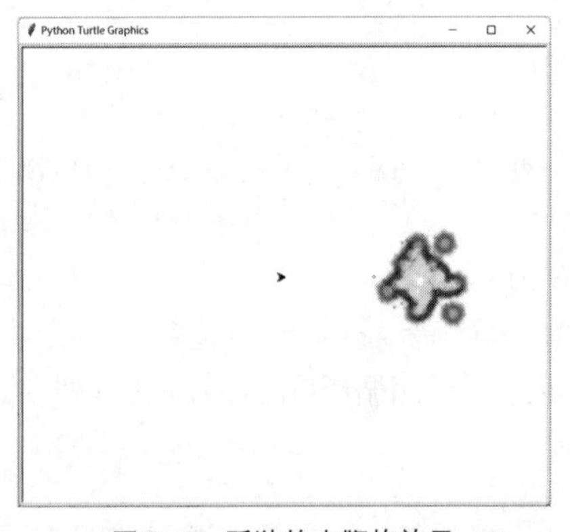

图 9-5　孤独的小鞭炮效果

二、相关知识

1. 线程阻塞与守护线程

线程在运行过程中，会因为等待某个条件的触发进入阻塞状态，例如，控制台线程被阻塞以等待接收用户输入的信息。为了避免线程处于无休止的阻塞状态，可以为其指定超时时长。通过调用 join()函数，可以等待线程的结束或指定等待的时长，该方法的声明如下：

```
join(timeout = None)
```

以上方法的 timeout 参数表示以秒（s）为单位的超时时长，若该参数为 None 则调用该方法的线程一直处于阻塞状态直至消亡。例如，创建多个子线程，阻塞主线程，按照创建的顺序逐个运行完每个线程的任务，最后结束主线程，代码如下：

```
import threading
import time
def task(): #子线程运行的任务
     time.sleep(2)
     print("子线程%s: 结束"%threading.currentThread().name)
for i in range(5):
```

```
        #创建子线程，指定线程运行 task()函数
        thread = threading.Thread(target=task)
        thread.start() #启动子线程
        thread.join() #阻塞子线程，直至消亡
print("主线程结束")
```

运行结果为：

```
子线程 Thread-1：结束
子线程 Thread-2：结束
子线程 Thread-3：结束
子线程 Thread-4：结束
子线程 Thread-5：结束
主线程结束
```

以上代码首先定义了线程要运行的任务函数 task()，该函数使用 sleep()函数让当前线程休眠 2s，保证子线程的运行时间比主线程长；然后创建了 5 个子线程，每个子线程在启动之后转换为阻塞状态，直到先创建的线程运行完毕，再按照顺序运行其他子线程；最后输出“主线程结束”以提示用户主线程的运行顺序。

除主线程和子线程之外，Python 还支持创建另一种线程，即守护线程（后台线程）。此类线程的特点是，当程序的主线程及所有非守护线程运行结束时，未运行完毕的守护线程也会随之消亡（进入死亡状态），程序结束运行，守护线程本质也是线程。将普通线程设为守护线程，需通过线程对象调用其 daemon 属性，并将该属性的值设为 True。线程对象调用 daemon 属性必须在调用 start()函数之前，否则 Python 解释器将报 RuntimeError。下面的程序演示了如何创建一个守护线程。

```
import threading
#定义线程要调用的函数
def action(length):
    for arc in range(length):
        #调用 getName() 方法获取当前运行该程序的线程名
        print(threading.current_thread().getName()+" "+str(arc))
#创建线程
thread = threading.Thread(target = action,args =(20,))
#将 thread 设置为守护线程
thread.daemon = True
#启动线程
thread.start()
#主线程执行如下语句
for i in range(5):
    print(threading.current_thread().getName())
```

程序通过调用 thread 的 daemon 属性并为其赋值 True，将该 thread 设为守护线程。由于该程序中除了 thread 守护线程就只有主线程 MainThread，因此只要主线程执行结束，守护线程将随之消亡。运行结果为：

```
Thread-1 0
Thread-1 1
Thread-1 2
Thread-1 3
Thread-1 4
Thread-1 5
```

```
Thread-1 6
MainThread
MainThread
MainThread
MainThread
MainThread
```

9.9

2. 线程安全与同步

在同一个程序的多个线程之间共享数据，在一定程度上减少了资源的开销。但因为多个线程访问同一资源，可能会造成资源不同步的问题。假设售票厅有 100 张火车票，同时开启两个窗口（可视为两个线程）卖票，每出售一张火车票都会显示当前的剩余票数，由于两个窗口共同修改同一个车票资源，容易导致车票数量混乱，如图 9-6 所示。

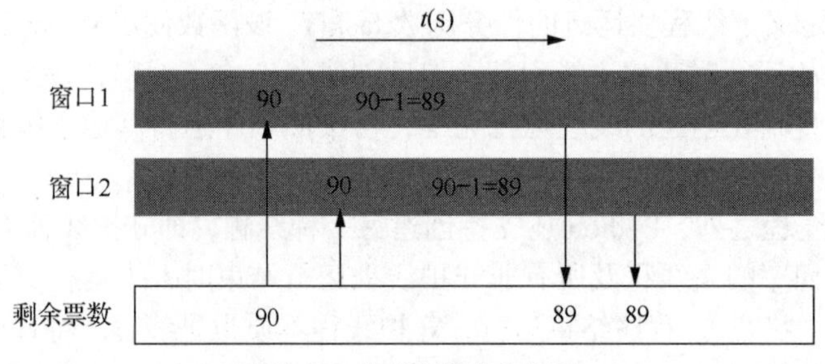

图 9-6　多线程售卖火车票

从图 9-6 中可以看出，窗口 1 和窗口 2 显示的剩余票数均为 90，它们各售出一张票后，都会在剩余票数的基础上减 1，使得最终显示的剩余票数都是 89。

Python 引入互斥锁和可重入锁，保证任一时刻只能有一个线程访问共享的资源。

（1）互斥锁

互斥锁是最简单的加锁技术之一，它只有两种状态：锁定（locked）和非锁定（unlocked）。当某个线程需要更改共享数据时，它会先对共享数据上锁，将当前的资源转换为锁定状态，其他线程无法对被锁定的共享数据进行修改；当线程运行结束后，它会解锁共享数据，将资源转换为非锁定状态，以便其他线程可以对资源上锁后进行修改。多线程加锁售卖火车票如图 9-7 所示。

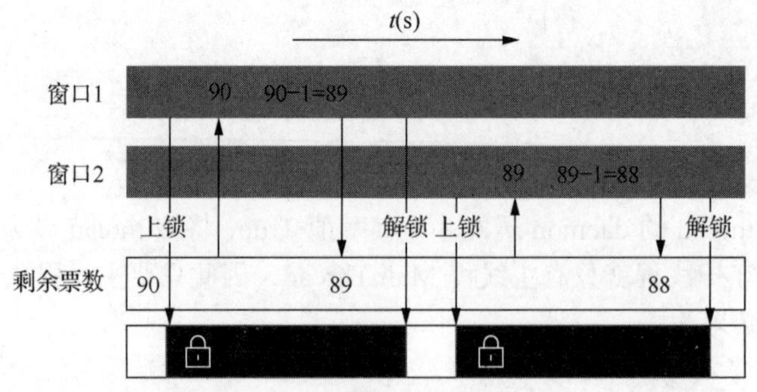

图 9-7　多线程加锁售卖火车票

每个窗口在修改剩余票数前都会上锁，确保同一时刻只能自己访问剩余票数，一旦修改完剩余票数，就对剩余票数解锁。

threading 库提供了一个 Lock 类，通过 Lock 类的构造方法可以创建一个互斥锁。例如：

```
mutex_lock = Lock()  #创建互斥锁
```

Lock 类中定义了 acquire()和 release()两个函数，分别用于锁定和释放共享数据。acquire()函数可以设置锁定共享数据的时长。release()函数释放线程先前获取的锁。

```
acquire(blocking=True,timeout=-1)
release()
```

其中，blocking 参数代表是否阻塞当前线程，若设为 True（默认），则会阻塞当前线程直至资源处于非锁定状态；若设为 False，则不会阻塞当前线程。需要说明的是，处于锁定状态的互斥锁调用 acquire()函数会再次对资源上锁，处于非锁定状态的互斥锁调用 release()函数会抛出 RuntimeError，具体流程如图 9-8 所示。

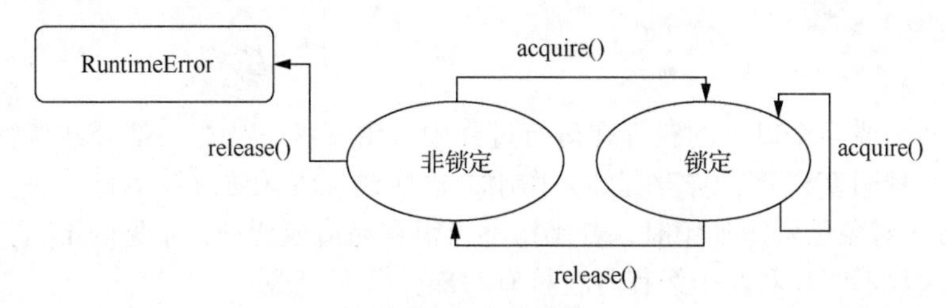

图 9-8　互斥锁的应用

下面模拟现实中售卖火车票的场景，售票厅共有 100 张票，同时开启两个窗口卖票，每个窗口都实时显示剩余票数，具体代码如下。

```
from threading import Thread,Lock
import threading
total_ticket=100       #总票数
def sale_ticket():     #售票函数
    global total_ticket
    while total_ticket > 0:  #有剩余火车票
        mutex_lock.acquire() #资源上锁，将互斥锁设置为锁定状态
        if total_ticket > 0:
            total_ticket -=1  #票数减 1
            print('%s 卖出一张票'%threading.current_thread().name)
        print('剩余票数：%d'%total_ticket)
        mutex_lock.release()   #解锁
if __name__ == '__main__':
    mutex_lock = Lock()  #创建互斥锁
    thread_one = Thread(target=sale_ticket(),name='窗口 1')
    thread_one.start()
    thread_two = Thread(target=sale_ticket(), name='窗口 2')
    thread_two.start()
```

上述代码中，首先定义了表示总票数的全局变量 total_ticket，并设置该变量的初始值为 100；之后定义了售票函数 sale_ticket()，在该函数中使用 while 循环语句控制卖票的操作，包括对资源上锁、卖一张票、提示哪个窗口卖票、显示剩余票数和对资源解锁等；最后在主程序中定义了一个表示互斥锁的对象，创建了两个子线程执行卖票任务。运行结果为：

```
MainThread 卖出一张票
剩余票数：99
```

```
MainThread 卖出一张票
剩余票数：98
MainThread 卖出一张票
剩余票数：97
MainThread 卖出一张票
……
MainThread 卖出一张票
剩余票数：2
MainThread 卖出一张票
剩余票数：1
MainThread 卖出一张票
剩余票数：0
```

（2）死锁

死锁是指两个或两个以上的线程在运行过程中，由于各自持有一部分共享资源或者彼此通信而造成的一种阻塞现象。若没有外力作用，这些线程将无法继续运行，一直处于阻塞状态。在使用 Lock 对象给资源加锁时，若操作不当很容易造成死锁。常见的不当行为主要包括上锁与解锁的次数不匹配和两个线程各自持有一部分共享资源。

- 上锁与解锁次数不匹配。

创建一个 Lock 对象，连续上锁两次，只解锁一次，代码如下：

```
from threading import Lock,Thread
def do_work():
    mutex_lock.acquire()   #上锁，将互斥锁设置为锁定状态
    mutex_lock.acquire()   #再次上锁
    mutex_lock.release()   #解锁，将互斥锁设置为非锁定状态
if __name__ == '__main__':
    mutex_lock = Lock()
    thread = Thread(target=do_work)
    thread.start()
```

以上代码运行后始终无法结束，只能手动停止运行。

- 两个线程各自持有一部分共享资源。

自定义两个线程类，它们分别将互斥锁 lock_a 和 lock_b 进行多次上锁和解锁，代码如下：

```
from threading import Thread,Lock
import time
class ThreadOne(Thread):                   #自定义类 ThreadOne
    def run(self):
        if lock_a.acquire():               #若 lock_a 可上锁
            print(self.name+':lock_a 上锁')
            time.sleep(1)
            if lock_b.acquire():           #若 lock_b 可上锁
                print(self.name+':lock_b 上锁')
                lock_b.release()           #lock_b 解锁
            lock_a.release()               #lock_a 解锁
class ThreadTwo(Thread):                   #自定义类 ThreadTwo
    def run(self):
        if lock_b.acquire():               #若 lock_b 可上锁
```

```
                print(self.name+':lock_b上锁')
                time.sleep(1)
                if lock_a.acquire():    #若lock_a可上锁
                    print(self.name+':lock_a上锁')
                    lock_a.release()   #lock_a解锁
                lock_b.release()        #lock_b解锁
if __name__ == '__main__':
    lock_a = Lock()
    lock_b = Lock()
    thread_one = ThreadOne(name = '线程1')
    thread_two = ThreadTwo(name='线程2')
    thread_two.start()
    thread_one.start()
```

运行程序，程序在输出如下语句后没有任何反应，也没有终止。

```
线程1:lock_a上锁
线程2:lock_b上锁
```

由以上结果可以推测，线程 1 先将 lock_a 上锁，线程 2 紧接着将 lock_b 上锁。当线程 1 需要将 lock_b 上锁时，线程 2 已经将 lock_b 上锁，它只能等待线程 2 释放；同时，线程 2 对 lock_a 上锁时发现线程 1 已经将 lock_a 上锁，因此它只能等待线程 1 释放 lock_a，程序因陷入死锁而一直不能终止。

若产生死锁，可以通过设置锁定时长，即调用 acquire()方法时为 timeout 参数传入值来解决。例如，在 ThreadOne 类中将 lock_b 上锁时设置超时时长为 2（即 lock_b.acquire (timeout=2)），其他代码不变，再次运行，程序在 2s 以后终止运行，并输出以下语句：

```
线程2:lock_b上锁
线程1:lock_a上锁
线程2:lock_a解锁
```

由以上语句推测可知，线程 1 和线程 2 分别对 lock_a 和 lock_b 上锁后处于阻塞状态，它们都在等待对方先解锁。阻塞 2s 后，线程 1 因超过超时时长而继续向下运行，将 lock_a 解锁；线程 2 发现 lock_a 处于非锁定状态，它对 lock_a 上锁后再解锁，并输出“线程 2：lock_a 解锁”。

（3）可重入锁

为了避免因同一线程多次使用互斥锁而造成死锁，threading 库提供了 RLock 类。RLock 类代表可重入锁，它允许同一线程多次锁定和多次释放。通过 RLock 类的构造方法可以创建一个可重入锁对象，例如：

9.10

```
r_lock = RLock()
```

RLock 类包含以下 3 个重要的属性。

- _block 表示内部的互斥锁。
- _owner 表示可重入锁的持有线程的线程 ID。
- _count 表示计数器，用于记录锁被持有的次数。针对 RLock 对象的持有线程（属主线程），每上锁一次计数器就加 1，每解锁一次就减 1。若计数器为 0，则释放内部的互斥锁，这时其他线程可以获取内部的互斥锁，继而获取 RLock 对象。

可重入锁的实现原理是，通过为每个内部计数器和线程标识来记录线程对锁的获取次数，允许同一个线程多次获取锁而不会产生锁。当计数器为 0 时，内部锁处于非锁定状态，可以被其他线程持有；当线程持有一个处于非锁定状态的锁时，它将被记录为锁的持有线程，计数器置为 1。

RLock 类中使用 acquire()和 release()方法分别锁定和释放数据，具体方法与 Lock 类相似。下面自定义一个线程类 MyThread，在该类中重写的 run()方法将可重入锁多次锁定和释放，并在锁定期间修改全局变量 num 的值，之后启动 5 个线程运行程序，代码如下：

```
from threading import  Thread,RLock
import time
num = 0    #定义全局变量
r_lock =RLock()  #定义可重入锁对象 r_lock
class MyThread(Thread):
     def run(self):
          global num
          time.sleep(1)
          if r_lock.acquire(): #若 r_lock 处于锁定状态
               num = num+1      #修改全局变量
               msg = self.name + '将 num 改为'+str(num)
               print(msg)
               r_lock.acquire()  #再次上锁
               r_lock.release()  #r_lock 解锁
               r_lock.release()  #r_lock 再次解锁
if __name__ == '__main__':
     for i in range(5):
          t = MyThread()
          t.start()
```

运行结果为：

```
Thread-3 将 num 改为 1
Thread-1 将 num 改为 2
Thread-2 将 num 改为 3
Thread-5 将 num 改为 4
Thread-4 将 num 改为 5
```

由以上结果可知，线程 Thread-3 先运行，将 num 的值改为 1；线程 Thread-1 第二个运行，将 num 值改为 2……线程 Thread-4 最后运行，将 num 值改为 5。由此可知，可重入锁同样能够解决多线程访问共享数据的冲突问题。

（4）通过 Condition 类实现线程同步

线程按预定的次序运行称为线程同步。举个简单的例子，有两个线程 A 和 B，A 负责从网络上读取数据，并将数据保存到变量 X 中，B 负责处理变量 X 中的数据。这时线程 B 就需要和 A 同步，也就是说 B 需要等 A 给它一个信号，它才可以开始去做自己的事情。同样，B 完成任务后也需要通知 A，告诉 A 变量 X 中的数据已经处理完了，可以将新的数据放入 X 了，如图 9-9 所示。

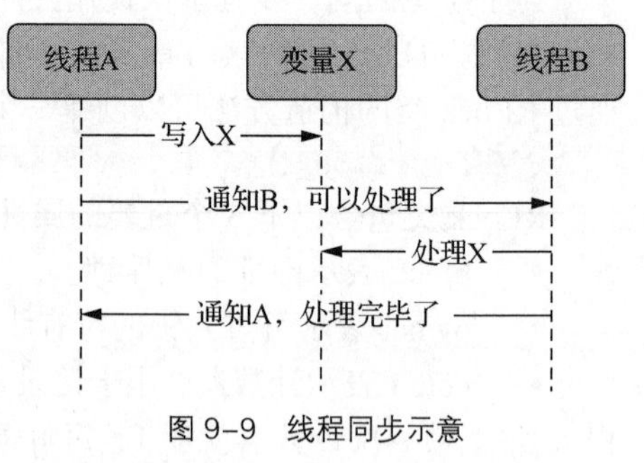

图 9-9　线程同步示意

实现线程同步的方式有很多，前面介绍的锁是最简单的同步机制之一。除此以外，threading 库提供的 Condition 类也能实现线程同步。

Condition 类代表条件变量，条件变量提供两个接口，一个是 wait()，用于等待线程；另一个是 notify()，用于唤醒处于等待的线程。notify_all()用于唤醒所有处于阻塞状态的线程。

下面是一个简单的例子，其每隔 2s 就将工作线程唤醒。注意，在调用 wait()和 notify()之前要调用 acquire()，在调用 wait()和 notify()之后要调用 release()。

```
import time
import threading                                    #导入 threading 库
def thread_entry(id, condition_obj):                #线程入口函数
    print("Worker Thread %d: thread_entry() Is Running" % id)
    for round in range(3):                          #循环 3 次
        condition_obj.acquire()                     #上锁
        condition_obj.wait()
        print("Worker Thread %d: is Doing Work" % id)
        condition_obj.release()
        time.sleep(0.1*id)
    print("Worker Thread %d : Quit" % id)           #线程结束
def start_threads():                                #创建线程
    condition_obj = threading.Condition()           #创建 condition_obj
    t1 = threading.Thread(target=thread_entry, args=(1, condition_obj))
    t1.start()                                      #启动线程
    time.sleep(0.1)                                 #休眠 0.1s
    t2 = threading.Thread(target=thread_entry, args=(2, condition_obj))
    t2.start()
    for round in range(3):
        time.sleep(2)
        condition_obj.acquire()
        condition_obj.notify_all()                  #通知子线程开始工作
        condition_obj.release()
if __name__=='__main__':
    start_threads()
```

运行结果如下：

```
$ python conditionDemo1.py
Worker Thread 1: thread_entry() Is Running
Worker Thread 2: thread_entry() Is Running
Worker Thread 1: is Doing Work
Worker Thread 2: is Doing Work
Worker Thread 1: is Doing Work
Worker Thread 2: is Doing Work
Worker Thread 1: is Doing Work
Worker Thread 2: is Doing Work
Worker Thread 1 : Quit
Worker Thread 2 : Quit
```

三、任务分析

可以使用线程中的锁，使同一时刻只能有一个线程运行函数中生成爆炸效果的代码。在此任务中，使用互斥锁 Lock 类，可以在创建线程前创建一个互斥锁对象，在生成爆炸效果代码前加锁，运行完后解锁。

9.11

四、任务实现

（1）复制文件“9-2 鞭炮声声喜迎春.py”，命名为“9-3 孤独的小鞭炮.py”。

（2）在新文件中导入 Lock 类。

```
from threading import Thread,Lock  #从 threading 库中导入 Thread 类和 Lock 类
```

（3）修改线程的运行函数，加入加锁代码和解锁代码。

```
def explode():                           #定义线程运行的函数
     time.sleep(random())                #随机休眠一段时间
     t = turtle.Turtle()                 #创建一个海龟对象
     t.speed(0)                          #设置海龟移动速度为最快
     t.penup()                           #抬起画笔
     while True:                         #循环运行
          multex_lock.acquire()          #加锁
          x = randint(-300,300)          #随机生成 x 坐标
          y = randint(-300,300)          #随机生成 y 坐标
          t.goto(x,y)                    #将海龟移动到随机生成的坐标处
          for e in eps:                  #依次改变海龟形状，间隔 0.02s
               t.shape(e)
               time.sleep(0.02)
          multex_lock.release()          #解锁
```

（4）在创建线程前创建互斥锁对象。至此，程序修改完毕，运行并查看动画效果。

```
multex_lock = Lock() #创建互斥锁对象
for x in range(10):  #创建 10 个线程，运行爆炸函数
     thread = Thread(target=explode)
     thread.start()
```

9.12

综合实训 9——文件读写操作

编程任务：编写 2 个进程，一个进程从文件 info.txt 中读取文件内容，一个进程将读取的文件内容写入 to.txt。

单元小结

本单元主要介绍了两种多任务编程方式：使用进程和使用线程。首先介绍的是关于进程的知识，包括什么是进程、子进程的创建方式、进程间的通信等知识，然后介绍的是关于线程的知识，包括什么是线程、线程的创建、线程阻塞与守护线程、线程中的锁和线程的同步等知识，最后通过案例加以实践。

拓展练习

一、填空题

1. 操作系统调度并运行程序，这个“运行中的程序”称为__________。

2. Lock 类中__________方法用于锁定共享数据、__________方法用于释放共享数据。
3. 线程可与同属一个进程的其他线程__________该进程所拥有的全部资源。
4. 通过 Thread()方法创建的线程默认是__________线程。
5. 互斥锁是最简单的加锁技术之一，它有__________和非锁定两种状态。

二、单选题

1. 在 Pool 类中，(　　) 方法用于非阻塞式给进程池添加任务。
   A. apply_async()　B. apply()　C. terminate()　D. join()
2. 使用 (　　) 方法可以等待其他线程的结束或指定等待的时长。
   A. join()　B. wait()　C. notify()　D. notifyAll()
3. 下列选项不属于线程类型的是 (　　)。
   A. 主线程　B. 子线程　C. 守护线程　D. 次线程
4. 使用 Process 类的子类创建子进程时，需要使用 (　　) 方法启动进程。
   A. start()　B. run()　C. join()　D. running()
5. 当处于运行状态的线程因等待用户输入而无法继续运行时，会进入 (　　)。
   A. 新建状态　B. 就绪状态　C. 阻塞状态　D. 死亡状态
6. 下列选项中，哪个可以批量创建进程？(　　)
   A. fork()　B. Pool()　C. Process()　D. Thread()
7. 哪种类型的线程是独立于程序且不会因程序终止而结束运行的？(　　)
   A. 主线程　B. 子线程　C. 前台线程　D. 后台线程
8. 下列方法中，用于向队列中添加元素的是 (　　)。
   A. qsize()　B. get()　C. put()　D. full()
9. 在创建 Thread 类的子类时，必须重写从父类继承的 (　　) 方法。
   A. join()　B. run()　C. start()　D. current_thread()
10. 下列选项中，哪个常用来实现 2 个进程之间的通信？(　　)
   A. threading　B. Pool　C. Pipe　D. Process

三、判断题

1. 一个进程中只允许存在一个线程。(　　)
2. 使用进程池运行任务时，如果进程池中进程数量没有达到最大值，就会创建一个新的进程来运行任务。(　　)
3. 线程可以使用 Thread 类或 Thread 类的子类创建。(　　)
4. Condition 类允许线程在触发某些事件或达到特定条件后才开始运行。(　　)
5. 若线程处于死锁状态，将无法继续运行，会一直处于阻塞状态。(　　)
6. 系统在调度多进程程序时会优先调度父进程，然后调度子进程。(　　)
7. 每个进程所拥有的数据都是独立的，无法与其他进程共享。(　　)
8. 若资源上锁次数与解锁次数不一致则可能造成死锁现象。(　　)
9. 使用 Process 类的子类创建子进程时，必须指定参数 target 的值。(　　)
10. RLock 类代表可重入锁，它允许同一线程多次锁定和多次释放。(　　)

四、简答题

1. 简述线程的生命周期。
2. 什么是死锁？如何避免死锁？

五、编程题

1. 编写 2 个进程，一个用来绘制四边彩色螺旋线，另一个用来绘制三边彩色螺旋线，如图 9-10 所示。

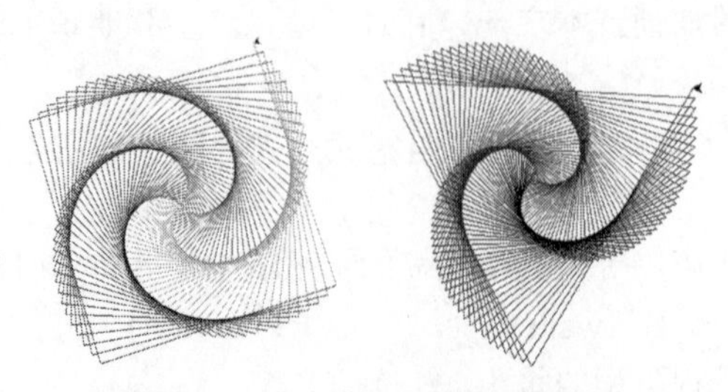

图 9-10　两个进程绘制彩色螺旋线

2. 编写 10 个线程，第一个线程从 1 加到 10，第二个线程从 11 加到 20……第 10 个线程从 91 加到 100，最后把 10 个线程中相加的结果相加。

3. 自定义两个线程类 ShowChar 和 ShowNum，一个线程类（ShowChar）负责输出 A～Z，另一个线程类（ShowNum）负责输出 65～90，输出顺序是 A65B66...Z90。

第10单元

网络编程

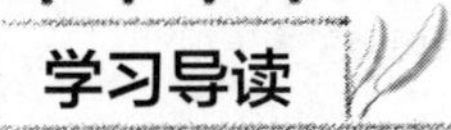

学习导读

网络编程是Python学习中的重要内容。本单元主要阐述Python网络编程的基本知识、流程和步骤，并通过2个任务，让学习者了解Socket客户端和服务器端网络编程模型，以及如何编写简单的Python网络程序。学习者需要初步掌握网络协议、IP（Internet Protocol，互联网协议）地址和端口、Socket套接字等相关网络知识，在此基础上可以开发更具实用功能的网络应用。

学习目标

1. 知识目标

- 了解计算机网络的概念。
- 了解TCP/IP及网络协议分层。
- 掌握IP地址和端口的含义。
- 掌握Socket网络编程基本原理和流程步骤。

2. 技能目标

- 能够使用Socket开发基本的网络客户端和服务器端应用。
- 能够区分TCP和UDP两种编程模型的使用场景。
- 能够使用线程实现网络数据包的收发工作。

3. 素质目标

- 培养标准化的编码规范能力。
- 培养创新能力以及分析问题和解决问题的能力。
- 培养团队意识和沟通能力。
- 培养知识产权和数据安全意识。

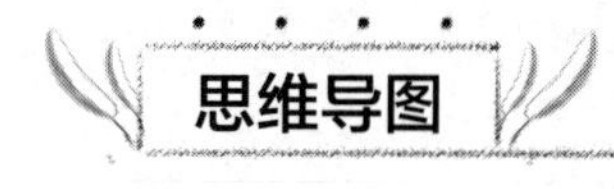

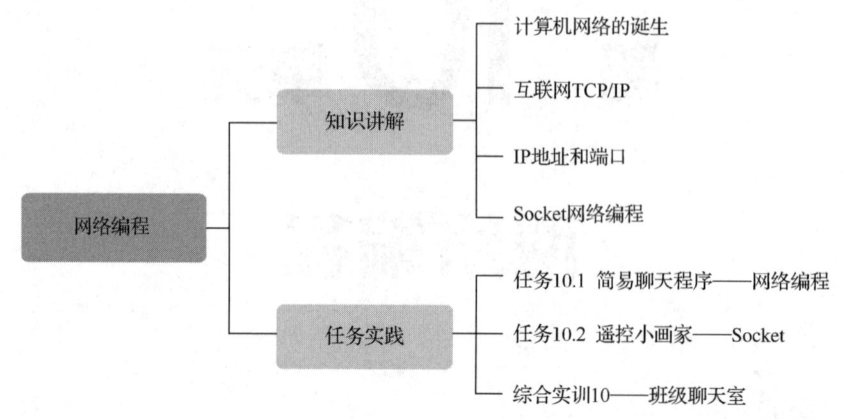

10.1

任务 10.1 简易聊天程序——网络编程

一、任务描述

在一台计算机上同时运行服务器端和客户端简易聊天程序，以模拟实现两个人的聊天过程。其中，A 代表服务器端，B 代表客户端。首先运行 A 程序，然后运行 B 程序。B 在运行后会自动连接到 A，此时 B 可以向 A 发送文字信息。A 在收到 B 发过来的信息之后，就会回复信息给 B，直到 B 发送给 A 的内容是“bye”时，双方通信结束，程序运行效果如图 10-1 所示。

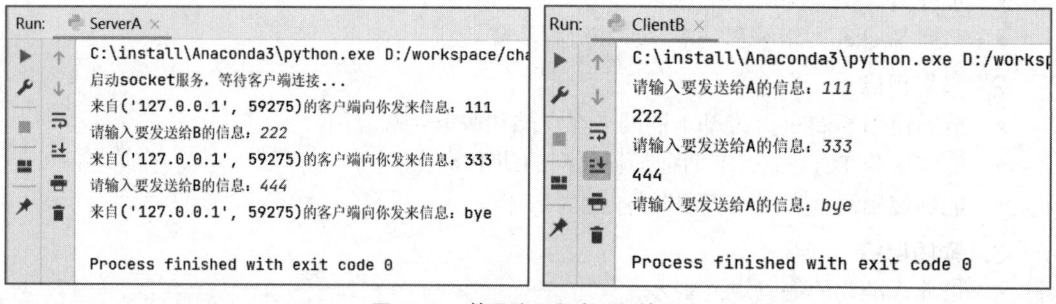

图 10-1 简易聊天程序运行效果

二、相关知识

1. 计算机网络的诞生

早期随着个人计算机的普及，计算机之间数据交互的过程越来越受到重视。最初，两台计算机之间交互数据的过程相当烦琐，计算机通信技术（即计算机与计算机之间的通信线路连接）的发展逐步解决了这个问题。通过该技术人们可以很轻松地即时读取另一台计算机中的数据，从而极大地缩短了传输数据的时间。

计算机之间可以通信显著地提高了计算机的可用性。人们不再局限于只使用一台计算机处理数据。比如，一家公司能够以部门为单位引入计算机来处理部门内部数据，再通过通信线路将数据传送给公司总部计算机，最后由总部计算机处理并得出结果，这就是一种计算机的分布式处理技术。这标志着计算机技术的发展进入了一个崭新的历史阶段。在这一阶段，计算机更侧重满足使用者的需求、构建更灵活的系统，其操作越来越人性化。20 世纪 70 年代，人们开始对基于分组交换技术的计算机网络进行实验，并着手研究不同厂商的计算机之间相互通信的技术。到了 20 世纪 80 年代，一种能够互联多种计算机的网络应运而生，网络通信技术进入了发展的“高速公路”，计算机技术的发展和普及也让人们对网络不再陌生。操作计算机的难度不断下降，更是拉近了人们与网络之间的距离。

20 世纪 90 年代，随着计算机的价格降低、性能增强，各类应用纷纷出现，计算机普及程度也越来越高，电子邮件、Web 等信息传播方式迎来了前所未有的发展，使得互联网在大到整个公司，小到每个家庭，都得以普及。面对这一趋势，各厂商不仅要保证生产产品自身的互联性，还致力于让自己的网络技术不断与 TCP/IP 互联网技术兼容。此外，互联网的普及和发展对通信领域也产生了翻天覆地的影响，曾经一直在通信领域具有霸主地位、支撑通信网络的电话网，也渐渐被 IP 网络所替代。通过 IP 网络，人们可以实现电话通信、电视播放等更广泛的通信能力。随着科技的发展，能联网的设备也不局限于计算机，而是扩展到手机、家用电器、游戏机等多种产品，为人类的生活带来翻天覆地的变化。

2. 互联网 TCP/IP

两个说普通话的人，他们可以很方便地进行交流，但对两个来自不同国家说着不同语言的人，如果不借助其他手段要正常交谈几乎是不太可能的，计算机之间的通信亦是如此。因此，两个人使用同一种语言交谈，他们之间必然遵循了某种特定的“规则”（这就是所谓的术语“协议”，可以将汉语的语法理解成一种协议）。因此，对两台计算机来说，必须要设计一种不同机器都能够“读懂”的规则，这就是目前在互联网上使用的 TCP/IP。

从字面上看，可能会以为 TCP/IP 是指 TCP（Transmission Control Protocol，传输控制协议）和 IP 这两种协议（实际生活中有时也确实就是指这两种协议）。然而在很多情况下，它是利用 IP 进行通信所必须用到的协议群的统称。具体来说，IP 或 ICMP（Internet Control Message Protocol，互联网控制报文协议）、TCP 或 UDP（User Datagram Protocol，用户数据报协议）、HTTP（Hypertext Transfer Protocol，超文本传送协议）和 FTP（File Transfer Protocol，文本传送协议）、SMTP（Simple Mail Transfer Protocol，简单邮件传送协议）等都属于 TCP/IP，它们与 TCP 或 IP 的关系紧密，是互联网技术必不可少的组成部分。所以，TCP/IP 一词现在泛指这些协议，有时也称 TCP/IP 为网络协议群。两台接入网络的计算机进行通信时，需要遵循相应的网络协议，TCP/IP 就是专为使用互联网而开发制定的协议群。

下面以一台计算机 A 向另一台计算机 B 发送电子邮件为例，简要说明一下 TCP/IP 在通信过程中的大致原理。图 10-2 中展示了 A 发送的数据包按照 TCP/IP 的规则要求，在每一层进行“数据封包”，在 B 侧进行“数据解包”的处理，整个过程与平时生活中的信件发送是类似的。

在现实中，计算机 A 向 B 发送一条即便是很简单的信息，也不会像我们想象的那样，直接“丢”过去，而是需要进行很多辅助性的工作才能实现。可以类比一下我们写信的过程，并与图 10-2 所示的各步骤相对应起来。

（1）写好信的内容并放入信封，对应图中的步骤①。

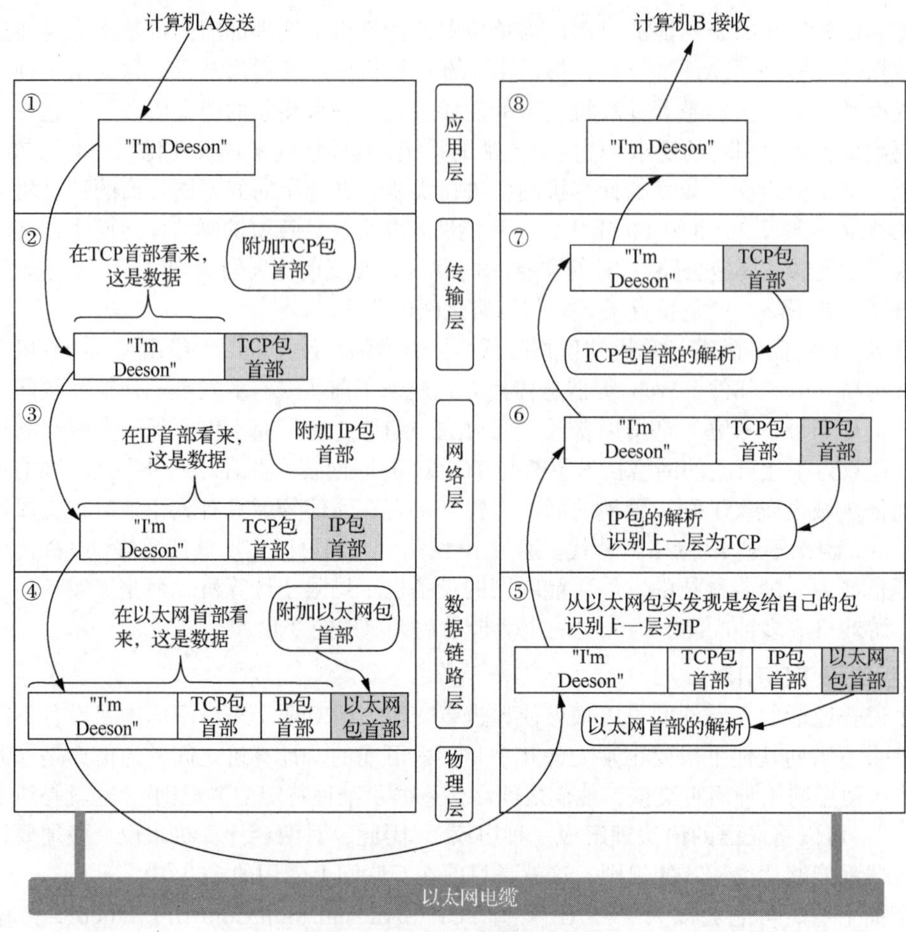

图 10-2 TCP/IP 数据处理流程

（2）在信封上写上收信人，对应图中的步骤②。

（3）在信封上写上收信地址，对应图中的步骤③。

（4）将信封交给写信人所在地的邮局，对应图中的步骤④。

（5）收信人所在地的邮局收到信件，对应图中的步骤⑤。

（6）邮局将信件送往收信地址，对应图中的步骤⑥。

（7）邮局工作人员将信件转交到收信人，对应图中的步骤⑦。

（8）收信人拆开信封并阅读信件内容，对应图中的步骤⑧。

以上步骤完成了写信、发信、收信、读信的大致过程。如果收信人与发信人相距很远的话，那么邮政系统在传递信件时，可能还需要通过多个节点进行中转，而不是拿到信件后直接交给收信人，这种中转节点的功能就对应于 TCP/IP 网络中的路由器设备。

按照图 10-2 所示的 TCP/IP 流程，由上至下为应用层、传输层、网络层、链路层等。

- 应用层。

应用层决定了向用户提供应用服务时通信的具体活动。在 TCP/IP 协议族内，事先定义好了各类通用的应用服务，比如 FTP 和 DNS（Domain Name System，域名系统）服务就是其中的两类，现在常用的 HTTP 也处于该层。

- 传输层。

传输层为上面的应用层提供处于网络连接中的两台计算机之间的数据传输。在传输层有两个性质不同的协议：TCP 和 UDP。TCP 要对方在收到数据包后回送一个确认信息，UDP 则没有这个要求。

- 网络层。

网络层（又名网络互连层）用来处理在网络上流动的数据包。数据包是网络传输的最小数据单位，该层规定了通过怎样的路径（所谓的传输路线）到达对方计算机，并把数据包传送给对方。与对方计算机之间通信，需要通过多台计算机或网络设备进行传输时，网络层所起的作用就是在众多的选项内选择一条传输路线，即路由。

- 链路层。

链路层（又名数据链路层、网络接口层）用来处理连接网络的硬件部分，包括控制操作系统、硬件的设备驱动、NIC（Network Interface Card，网络接口卡，即网卡），以及网线或光纤等物理可见部分，还包括连接器等一切传输媒介。因此，网络硬件均可归为链路层的作用范围之内。

3. IP 地址和端口

正如通过“姓名”或“身份证号”来标识社会中的每一个人，网络中的计算机也需要通过某种特定手段来标识，这就是 IP 地址。IP 地址是识别网络上设备的标识符，每台设备都应该有一个 IP 地址。IP 地址有两种类型，即 IPv4（Internet Protocol version 4，第 4 版互联网协议）和 IPv6（Internet Protocol versin 6，第 6 版互联网协议）。其中，IPv4 是当前使用的 IP 地址版本，它是一个 32 位的地址，由句号分隔的 4 个数字组成（如 192.168.1.1），IP 地址中的每个数字都用一个字节存储，每个数字的范围为 0～255。IPv6 的引入较晚，它是由数字和字母组成的 128 位地址，使用 16 个字节，例如 76DC:4F59:34CF:71CD:9DC6:89CD:45D6:67A2。使用 IPv6 可以创建大量的 IP 地址，几乎相当于可以给地球上的每一粒沙子分配一个地址。目前，许多国家都在逐步向 IPv6 地址过渡。

在计算机中，IP 地址是分配给网卡的，每个网卡至少要有一个唯一的 IP 地址。在同一个网络内部，设备的 IP 地址不能相同。所以，IP 地址的概念类似于电话号码、身份证号这样的概念。由于 IP 地址不方便记忆，所以又专门引入了域名机制，其实就是给 IP 地址取一个符号化的名字，例如 ryjiaoyu.com 等。因此，IP 地址和域名之间存在一定的对应关系。如果把 IP 地址类比成身份证号的话，那么域名就是你的姓名。一台拥有 IP 地址的主机可以同时提供许多服务内容，比如 Web 服务、FTP 服务、SMTP 服务等，这些服务完全可以通过一个 IP 地址实现。

那么，一台主机是怎样区分其上运行的不同网络服务的呢？显然不能只靠 IP 地址，因为 IP 地址只是标识是哪一台计算机。如图 10-3 所示，为了在一台设备上识别是哪个程序发送或接收的数据，人们又设计了端口（port）的概念，规定一台设备可以有 65536 个端口，每个端口对应一个唯一的程序，类似于公司内部的电话分机号码。通过 IP 地址可以定位到指定的计算机，但如果想访问目标计算机中的某个应用程序，还需要指定端口号。也就是说，在一台计算机中，不同的程序是通过端口号来区分的。端口号用两个字节（16 位的二进制数）表示，它的取值范围为 0～65535，其中 0～1023 的端口号用于一些知名的网络服务和应用，用户的普通应用程序一般都是使用 1024 以上的端口号，避免端口号被另外一个应用或服务所使用。

下面是一些常见的网络服务应用所对应的端口。

- http：80。
- https：443。
- dns：53。

- ftp：23。
- smtp：25。

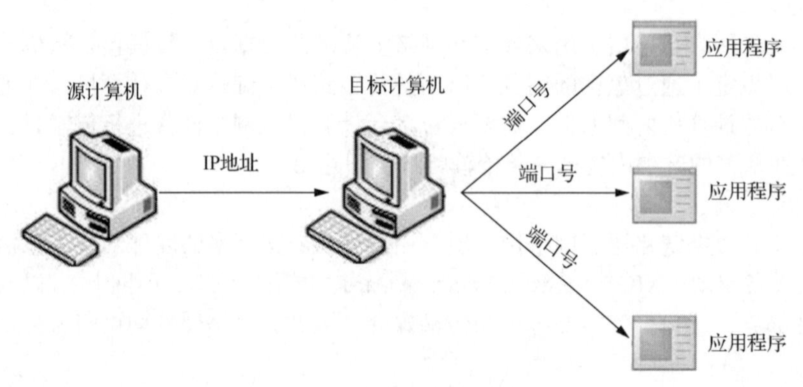

图 10-3 IP 地址和端口号的作用示意

4. Socket 网络编程

在对计算机网络有了一个基本的了解之后，就可以考虑如何编写具备网络功能的应用程序了。尽管数据包从一台计算机发出到达另一台计算机需要做很多辅助性的工作，但实际上这些工作基本上都被操作系统和网络设备自身完成。为了进一步简化应用层的编程，引入了一种称为“Socket”网络编程的方法。在这里，Socket 可以看成对 TCP/IP 协议群的一种封装，是最上面的应用层与 TCP/IP 协议群通信的中间软件抽象层。从设计模式的角度来看，Socket 其实就是一个门面模式，它把复杂的 TCP/IP 协议群隐藏在 Socket 接口后面，对用户来说，完成一组简单的接口调用就是全部工作。Socket 会以符合指定的协议格式组织数据，并将数据发送出去。此外，还可以把 Socket 看作一种网络间不同计算机上的进程通信的一种方法。Socket 起源于 UNIX，其基本哲学之意就是一切皆文件，因此 Socket 也被作为一种特殊的文件来对待，可以类似对普通文件一样进行操作。

在计算机中，Socket 相关的网络部分如图 10-4 所示。

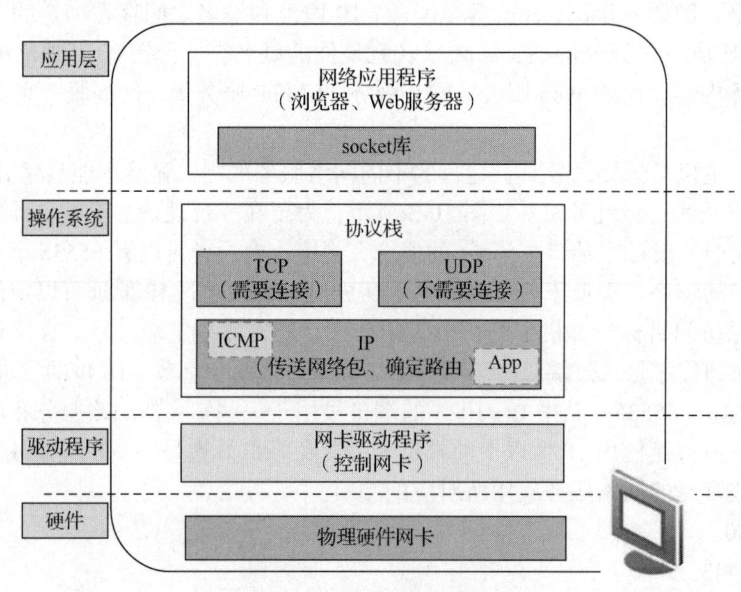

图 10-4 Socket 相关的网络部分

Socket 的原意是“插座”，在计算机领域 Socket 则被翻译为“套接字”，是计算机之间进行通信的一种约定或一种方式。通过 Socket，一台计算机可以接收其他计算机的数据，也可以向其他计算机发送数据。我们把插头插到插座上就能从电网获得电力供应。同样，为了与远程计算机进行数据传输，需要连接到互联网，而 Socket 可以看成用来连接到互联网的工具。Socket 是基于 C/S（Client/Server，客户-服务器）设计的，也就是说，Socket 网络编程通常包含两个部分，即一个服务器端和一个客户端。底层的协议细节在操作系统中都得到了很好的实现，是不可见的，所以一般的网络编程只需要操作 Socket 即可。

对服务器端来说，需要做的工作可以使用 Python 语言描述如下。

（1）创建套接字，绑定套接字到本地 IP 地址与端口。

```
s = socket.socket(socket.AF_INET,socket.SOCK_STREAM),s.bind()
```

（2）开始监听连接：s.listen()。

（3）接受客户端的连接请求：s.accept()。

（4）接收传来的数据，或者发送数据给对方：s.recv()和 s.sendall()。

（5）传输完毕后，关闭套接字：s.close()。

对客户端来说，需要做的工作如下。

（1）创建套接字，连接服务器地址。

```
s = socket.socket(socket.AF_INET,socket.SOCK_STREAM),s.connect()
```

（2）连接后发送数据和接收数据：s.sendall()和 s.recv()。

（3）传输完毕后，关闭套接字：s.close()。

三、任务分析

10.2

本任务实质上是完成网络编程的基本流程步骤，首先启动服务器端，然后启动客户端，以建立客户端到服务器端的通信连接。建立好连接之后，服务器端和客户端各自持有一个 socket 对象，此时它们就可以通过各自的 socket 对象实现数据发送和接收了。为方便理解，我们假定 B 连接到 A 后，B 先向 A 发送一条信息，然后接收到 A 回复信息后，整个通信过程就宣告结束。当然，也可以根据需要调整 A、B 互发消息的步骤。

四、任务实现

（1）在 PyCharm 中，选择“File”→“NewProject...”，在弹出的对话框中将项目命名为“chapter10”，单击“Create”按钮，创建新项目。

（2）在 PyCharm 中，右击左侧列表中的项目名称“chapter10”，选择“New”→“Python File”，在弹出的对话框中将文件命名为“ServerA.py”，按“Enter”键，进入代码编辑界面。

（3）在新建的 ServerA.py 文件中，导入 socket 库，设定服务器端监听的 IP 地址和端口（本机的默认 IP 地址为 127.0.0.1，端口可以随便设定为一个大于 1024 的数值），然后创建一个 socket 对象并绑定 IP 地址和端口，通过 listen()函数启动对端口的监听，调用 accept()函数等待客户端的连接。

```
import socket
ip_port = ('127.0.0.1', 9999)
sock = socket.socket()              #创建套接字
sock.bind(ip_port)                  #绑定服务地址
```

```
sock.listen(5)                          #开始监听连接请求
print('启动 socket 服务，等待客户端连接...')
conn, address = sock.accept()           #等待连接，此处会自动阻塞
```

（4）当客户端连接过来后，需要使用 conn 来接收客户端发送过来的数据，也可以将数据发送给客户端。下面的代码用于实现服务器端收到客户端的数据后，回送一个“bye”字符串，然后关闭与客户端的连接，结束通信。

```
data = conn.recv(1024).decode()         #接收客户端信息，1024 代表接收缓冲区大小
print("来自%s 的客户端向你发来信息：%s" % (address, data))
conn.sendall('bye'.encode())            #返回信息给客户端
conn.close()                            #关闭连接
```

至此，ServerA.py 的代码完成。

（5）在 PyCharm 中，右击左侧列表中的项目名称“chapter10”，选择“New”→“Python File”，在弹出的对话框中将文件命名为“ClientB.py”，按“Enter”键，进入代码编辑界面。

（6）在新建的 ClientB.py 文件中，同样导入 socket 库，设定需要连接的服务器端 IP 地址和端口（取决于 A 所在计算机的 IP 地址和监听的端口），然后创建一个 socket 对象，调用 connect()函数连接到服务器。

```
import socket
ip_port = ('127.0.0.1', 9999)
sock = socket.socket()                  #创建套接字
sock.connect(ip_port)                   #连接到服务器端
```

需要注意的是，网络连接总是由客户端“主动”发起才能建立到服务器端的，所以服务器端总是“被动方”。

（7）当客户端成功连接到服务器后，A、B 双方就各自“持有”一个能够发送和接收数据的 socket 对象。在这个例子中，客户端 B 先向服务器端 A 发送一个数据，然后等待服务器端 A 返回一个数据，收到 A 返回的数据后即可断开网络连接。

```
inp = input("请输入要发送的信息：").strip()
sock.sendall(inp.encode())              #将数据发送给服务器端
reply = sock.recv(1024).decode()        #等待接收服务器端发回的数据，1024 代表接收缓冲区大小
print(reply)
sock.close()                            #关闭连接
```

（8）在服务器端和客户端的代码都准备好之后，需要先运行 ServerA.py 程序，然后运行 ClientB.py 程序。当这两个程序正常运行起来后，在 ClientB 运行的终端中输入需要发送的信息如“hello”并按“Enter”键，此时可以看到 ServerA 程序运行的终端上显示“hello”，同时 ClientB 程序运行的终端上显示“bye”后结束，运行结果如图 10-5 所示。

图 10-5 Socket 收发字符串数据示例

（9）上面代码完成的只是一个最基本的网络通信过程，只有一次信息交互。如果要实现聊天功能，可以考虑在 ServerA 和 ClientB 的代码中各增加一个循环，在 B 向 A 发出一个信息

后，A 同时也给 B 回一个信息，即“一发一回”，重复执行这个过程，直到 B 发出的信息是“bye”时结束循环。

修改 ServerA.py 的代码如下：

```
import socket
ip_port = ('127.0.0.1', 9999)
sock = socket.socket()                          #创建套接字
sock.bind(ip_port)                              #绑定服务地址
sock.listen(5)                                  #开始监听连接请求
print('启动 socket 服务，等待客户端连接...')
conn, address = sock.accept()                   #等待连接，此处会自动阻塞
while True:     #通过一个死循环不断接收客户端的数据，并回送信息
    data = conn.recv(1024).decode()             #接收客户端信息
    print("来自%s 的客户端向你发来信息：%s" % (address, data))
    if data == "bye":
        break
    inp = input("请输入要发送给 B 的信息：").strip()
    conn.sendall(inp.encode())                  #回送信息给客户端
conn.close()                                    #关闭连接
```

修改 ClientB.py 的代码如下：

```
import socket
ip_port = ('127.0.0.1', 9999)
sock = socket.socket()                          #创建套接字
sock.connect(ip_port)                           #连接到服务器端
while True:     #通过一个死循环不断发送数据给服务器端，并接收回送的信息
    inp = input("请输入要发送给 A 的信息：").strip()
    sock.sendall(inp.encode())                  #将数据发送给服务器端
    if inp == "bye":
        break
    reply = sock.recv(1024).decode()            #等待接收服务器端返回的数据
    print(reply)
sock.close()                                    #关闭连接
```

同样地，先运行 ServerA.py，然后运行 ClientB.py，接着就可以在 B 中输入聊天信息并按“Enter”键，再在 A 中输入回复信息并按“Enter”键，如此重复。当希望结束 A 和 B 间的通信时，在 B 中输入一个“bye”即可。

此外，还可以尝试将 ServerA.py 和 ClientB.py 分别放在同一个局域网内的两台计算机上运行，此时必须将 ClientB.py 中的 127.0.0.1 修改为 ServerA.py 所在计算机的 IP 地址，并且在该计算机的防火墙配置中要允许外部访问，方可正常连接通信。

10.3

任务 10.2　遥控小画家——Socket

一、任务描述

分别编写客户端和服务器端程序，使用鼠标在客户端的窗体中模仿画笔进行绘图操作，服务器端则按照客户端相同的动作进行绘图，效果如图 10-6 所示。

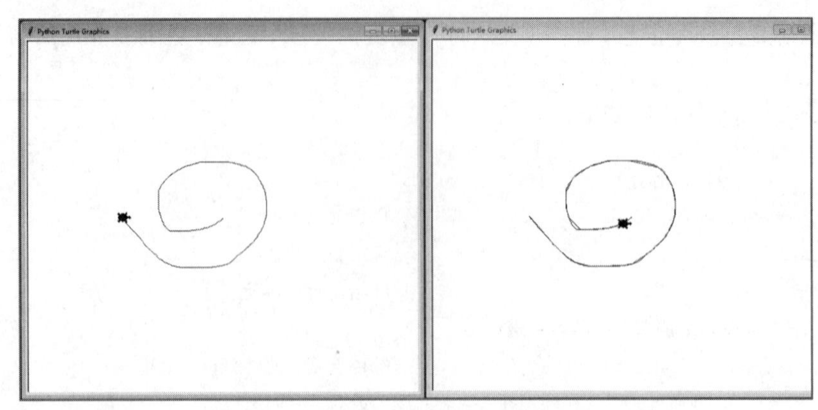

图 10-6　遥控小画家程序运行效果

二、相关知识

Socket 详解

Socket 网络编程通常可分为 TCP 和 UDP 两种，其中 TCP 是带连接的可靠传输服务，每次通信时系统底层都要进行“握手”，结束传输时要“挥手”，传输的数据会被校验，所以 TCP 是一种可靠的数据传输，这也是使用最广的通用模式之一，本任务就要用到这种模式（即每次进行数据传输时，会和对方确认数据是否已到达）。而 UDP 是一种无连接的非可靠数据传输方式，它的工作方式简单、粗暴，对发送出去数据不加控制和检查，因为少了一些步骤，所以传输速度相比 TCP 更快，通常用于安全和可靠等级要求不高的业务场景，比如文件下载等。从代码上看，这两种编程模式基本上是一样的。

在 Python 中，导入 socket 库后，需要用 socket()方法来创建套接字，其语法格式如下：

```
sock = socket.socket([family[, type[, proto]]])
```

socket()方法的参数如下。

- family：套接字家族，可以是 AF_UNIX 或者 AF_INET。
- type：套接字类型，根据是面向连接的还是非连接分为 SOCK_STREAM 或 SOCK_DGRAM，前者代表 TCP，后者代表 UDP。
- proto：一般不使用，默认值为 0。

如果在代码中直接调用无参数的 socket()方法，则全部使用默认的参数值。表 10-1 列出了具体的预定义参数值。

表 10-1　socket()方法预定义参数值

Socket 预定义参数值	描述
socket.AF_UNIX	只能够用于单一的 UNIX 系统进程间通信
socket.AF_INET	IPv4
socket.AF_INET6	IPv6
socket.SOCK_STREAM	流式 socket，代表 TCP 类型
socket.SOCK_DGRAM	数据报式 socket，代表 UDP 类型
socket.SOCK_RAW	原始套接字，普通的套接字无法处理 ICMP、IGMP（Internet Group Management Protocol，互联网组管理协议）等网络报文，而 SOCK_RAW 可以；SOCK_RAW 也可以处理特殊的 IPv4 报文；此外，利用原始套接字，可以通过 IP_HDRINCL 套接字选项由用户构造 IP 头
socket.SOCK_SEQPACKET	可靠的连续数据包服务

创建 TCP Socket 的代码如下：

```
sock=socket.socket(socket.AF_INET, socket.SOCK_STREAM)
```

创建 UDP Socket 的代码如下：

```
sock=socket.socket(socket.AF_INET, socket.SOCK_DGRAM)
```

通过 socket()方法创建的 socket 类型对象（简写为 s），也就是通常所说的获取到了一个“套接字”，该套接字对象常用的方法如表 10-2 所示。

表 10-2 套接字对象常用的方法

适用	方法	描述
适用于服务器端的方法	s.bind()	绑定地址(host,port)到套接字，对于 AF_INET 类型可以使用元组(host,port)的形式表示地址
	s.listen(backlog)	开始监听。backlog 指定在拒绝连接之前，操作系统可以挂起的最大连接数。该值至少为 1，大部分程序设为 5 就可以了
	s.accept()	被动接受客户端连接，（阻塞式）等待连接的到来，并返回(conn,address)，其中 conn 表示一个通信对象，可以用来接收和发送数据，address 表示连接客户端的地址
适用于客户端的方法	s.connect(address)	客户端向服务器端发起连接。一般 address 的格式为元组(hostname,port)，如果连接出错，返回 socket.error
	s.connect_ex()	connect()函数的扩展版本，出错时返回出错码。而不是抛出异常
适用于服务器端和客户端通用的方法	s.recv(bufsize)	接收数据，数据以 bytes 类型返回，bufsize 指定要接收的最大数据量
	s.send()	发送数据。返回值是要发送的字节数
	s.sendall()	完整发送数据。将数据发送到连接的套接字，直到所有数据都已发送或发生错误。成功时不会返回任何内容，失败则抛出异常
	s.recvform()	接收 UDP 数据，与 recv()类似，但返回值为(data,address)。其中，data 包含接收的数据，address 表示发送数据的套接字地址
	s.sendto(data, address)	发送 UDP 数据，将 data 发送到套接字，address 是形式为(ipaddr,port)的元组，用于指定远程地址。返回值是发送的字节数
	s.close()	关闭套接字，必须运行
	s.getpeername()	返回连接套接字的远程地址。返回值通常是元组(ipaddr,port)
	s.getsockname()	返回套接字自己的地址。返回值通常是元组(ipaddr,port)
	s.setsockopt(level, optname,value)	设置给定套接字选项的值
	s.settimeout (timeout)	设置套接字操作的超时期，timeout 是一个浮点数，单位是 s。值为 None 表示没有超时期。一般，超时期应该在刚创建套接字时设置，因为它们可能用于连接的操作（如 connect()）
	s.setblocking (flag)	如果 flag 为 0，则将套接字设为非阻塞模式，否则将套接字设为阻塞模式（默认值）。非阻塞模式下，如果调用 recv()没有接收到任何数据，或调用 send()无法立即发送数据，那么将引起 socket.error

注意事项如下。

（1）对于 Python 3 来说，Socket 传递的都是 bytes 类型的数据，如果传递字符串，需要先使用 string.encode()转换。当另一端接收到的 bytes 类型数据要转换成字符串时，需要用 bytes.decode()还原。

（2）在正常通信时，accept()和 recv()方法都是阻塞的。所谓的阻塞，指的是代码会暂停在那儿，一直等到有数据过来才继续运行后续的代码。

10.4

三、任务分析

这项任务要解决两个问题。首先，需要启动一个窗体，以便在窗体上使用鼠标指针进行简单的绘图操作。当按下鼠标左键并在窗体上移动时，绘制鼠标指针的轨迹线条，类似于 Windows 画笔程序的功能，在这个窗体中模拟实现客户端功能。其次，需要将客户端窗体上鼠标指针移动的坐标值，通过 socket 发送给服务器端，服务器端按照同样的坐标进行绘图，这样就得到和客户端一样的轨迹线条，从而实现所谓的“遥控”功能。

四、任务实现

（1）新建 Python 文件，设置文件名为“PainterA.py”，导入 turtle 库，设置海龟的形状和颜色。接下来，调用 ondrag()方法将鼠标（即鼠标指针）的“拖动事件”与绘图函数绑定，这样在拖动鼠标时就能够自动发出运行绘图函数的命令。

```
import turtle as t                #导入海龟作图库
t.shape("turtle")                 #设置海龟形状
t.color("blue")
t.pendown()                       #设置落笔以便绘图
def move_turtle(x, y):
    t.goto(x, y)
t.ondrag(move_turtle, 1)          #1 表示鼠标左键
t.mainloop()
```

尝试运行程序，按住鼠标左键在窗体拖动海龟，检查是否会在窗体上画出轨迹线条。运行结果如图 10-7 所示（注意，拖动鼠标时不要过快，避免出现绘图错误）。

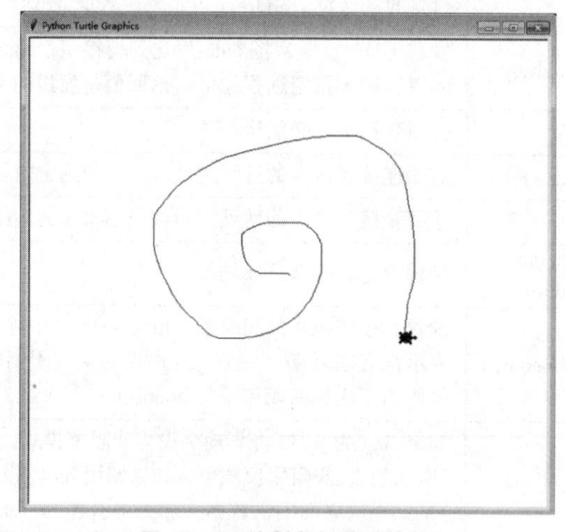

图 10-7 绘制鼠标移动轨迹

（2）在 move_turtle()函数中，参数 x 和 y 代表鼠标拖动时所在的位置坐标，为了让服务器端能够按照客户端的轨迹绘图，需将客户端窗体上的鼠标指针移动过程中产生的坐标值发送给服务器端。参照任务 10.1 中客户端 B 的功能代码，添加网络通信的代码（方便起见，这里给出完整代码）。

```
import turtle as t          #导入海龟作图库
import socket
```

```
ip_port = ('127.0.0.1', 8888)
sock = socket.socket()      #创建套接字
sock.connect(ip_port)       #连接到服务器
t.shape("turtle")           #设置海龟形状
t.color("blue")
t.pendown()                 #设置落笔以便绘图
def move_turtle(x, y):
     t.goto(x, y)
     xy = (x, y)
     sock.sendall(xy.__str__().encode())  #将数据发送给服务器端
     print(xy.__str__())
t.ondrag(move_turtle, 1)  #1 表示鼠标左键
t.mainloop()
```

在这段代码中，假定服务器端监听的网络端口是 8888（也可以改为其他数字，客户端应与此一致），创建 socket 对象后连接到服务器端。注意，在 move_turtle()函数中，是将坐标值设为一个元组的字符串发送到服务器端的，同时在客户端也显示发送过去的坐标值。至此，客户端的代码编写完成。

（3）新建 Python 文件，设置文件名为"PainterB.py"，绘图所做的准备工作与上面基本类似，此外需要监听 8888 端口以接收客户端发送过来的坐标值。由于网络服务器端口监听是阻塞式的，所以需要将这部分网络代码放在一个线程中，防止因阻塞导致绘图窗体的代码无法运行，从而不能显示绘图窗体。这部分功能的完整代码如下：

```
import turtle as t
import socket
import threading  #导入 threading 库
def action():
     ip_port = ('127.0.0.1', 8888)
     sock = socket.socket()  #创建套接字
     sock.bind(ip_port)  #绑定服务地址
     sock.listen(5)  #开始监听连接请求
     print('启动 socket 服务，等待客户端连接...')
     conn, address = sock.accept()  #等待连接，此处会自动阻塞
     while True:  #通过一个死循环不断接收客户端的数据，并回送信息
          data = conn.recv(1024).decode()  #接收客户端数据
          print("收到的绘图坐标：%s" % data)
          t.goto(100, 100)    #这里暂不处理坐标，直接将海龟移动至(100,100)位置
#创建线程以接收来自客户端的绘图指令（即坐标值）
thread = threading.Thread(target=action)
thread.start()
#显示绘图窗体
t.shape("turtle")
t.color("blue")
t.pendown()
t.mainloop()
```

（4）现在客户端和服务器端的功能代码已经初步完成，可以尝试运行一下这两个程序。记住，应先启动服务器端 PainterB 程序，然后启动客户端 PainterA 程序，进行简单的绘图，如图 10-8 所示。

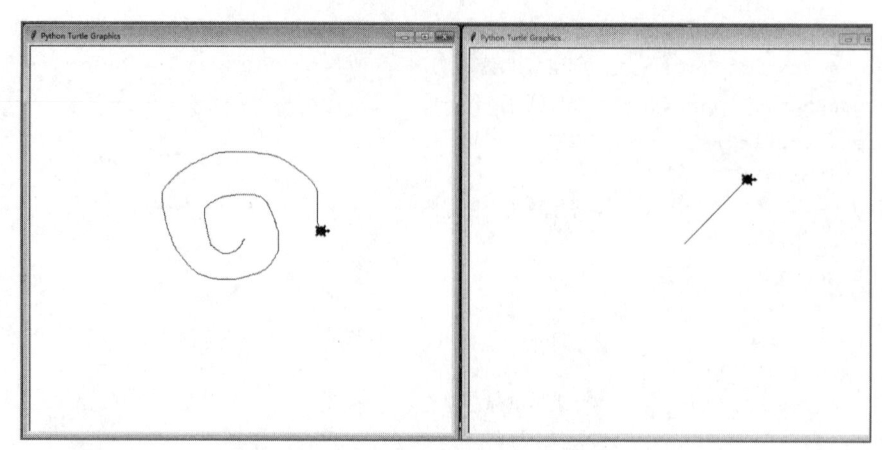

图 10-8 客户端和服务器端绘图结果

图 10-8 中左边的窗体是客户端，右边窗体是服务器端。客户端可以正常拖动海龟图标进行绘图，在服务器端的窗体中可以看到海龟图标被移动到(100,100)这个坐标位置，其轨迹线正是(0,0)到(100,100)的连线。

那为什么这里不直接在服务器端处理好收到的坐标数据，并按照坐标值修改海龟的绘图轨迹呢？要回答这个问题，先检查一下 PyCharm 的控制台里面显示的输出数据，如图 10-9 所示。

```
Run: PainterB
D:\workspace\pythonProject\venv\Scripts\python.exe D:/
启动socket服务，等待客户端连接...
收到的绘图坐标：(3.0, 4.0)
收到的绘图坐标：(2.0, 5.0)(2.0, 7.0)(2.0, 8.0)(2.0, 11.0)
收到的绘图坐标：(9.0, 38.0)(11.0, 42.0)
收到的绘图坐标：(12.0, 45.0)
收到的绘图坐标：(15.0, 51.0)
```

```
Run: PainterA
C:\install\Anaconda3\python.exe D:/
(3.0, 4.0)
(2.0, 5.0)
(2.0, 7.0)
(2.0, 8.0)
(2.0, 11.0)
(3.0, 18.0)
(4.0, 23.0)
```

图 10-9 客户端和服务器端收发时出现粘连的坐标数据

可以容易地发现，PainterA 客户端是正常按一组坐标值发送出去的，但服务器端有时候收到的是单组的坐标数据，有时候则是同时收到若干组的数据。其背后的原因，恰恰体现出网络通信的一个普遍现象，也就是无法保证发出的数据是如何被接收的，除非增加控制机制。比如客户端发出一个数据后，服务器端必须明确回复一个数据，然后客户端接着再发另一个数据，并按这一规则重复执行。

要解决这个问题，但不采取其他控制机制，就必须重新考虑发送和接收的数据格式，然后按照相同的数据格式处理数据，比如坐标值使用“x#y,”的格式会更加容易处理。这一过程，可以理解为客户端和服务器端双方所约定的一个“协议”。实际上如 HTTP、FTP 等标准协议跟这里描述的是类似的，都是一组事先约定好的通信规则，每种应用层的协议都有特定的数据格式。

（5）修改客户端的程序（PainterA.py），将发送的坐标值格式修改为类似“10#20,”的形式。在服务器端（PainterB.py）中，按照客户端发送的数据格式将坐标值解析出来，然后用它去同步更新海龟图标的位置。修改部分的代码如下。

① 替换 PainterA.py 程序中的 move_turtle()函数为下面的内容。

```
def move_turtle(x, y):
    t.goto(x, y)
```

```
        xy = "{}#{},".format(x, y)
        sock.sendall(xy.encode())  #将数据发送给服务器端
        print(xy)
```

② 替换 PainterB.py 程序中的 action()函数为下面的内容。

```
def action():
    ip_port = ('127.0.0.1', 8888)
    sock = socket.socket()  #创建套接字
    sock.bind(ip_port)  #绑定服务地址
    sock.listen(5)  #开始监听连接请求
    print('启动 socket 服务，等待客户端连接...')
    conn, address = sock.accept()  #等待连接，此处会自动阻塞
    while True:  #通过一个死循环不断接收客户端的数据，并回送信息
        data = conn.recv(1024).decode()  #接收客户端数据
        print("收到的绘图坐标：%s" % data)
        xys = data.split(",")      #将收到的坐标数据使用逗号分隔(可能是多组坐标值)
        for xy in xys:
            if len(xy) == 0:     #忽略空字符串
                continue
            m = xy.split("#")    #将每一组坐标值用#号进行分隔
            x = float(m[0])      #得到 x 坐标
            y = float(m[1])      #得到 y 坐标
            t.goto(x, y)
```

代码修改完毕，重新运行 PainterB.py 和 PainterA.py，应该可以得到任务描述中所看到的那种效果了。观察 PyCharm 控制台的输出，可以看到两边在通信时所收发的坐标数据内容，如图 10-10 所示。

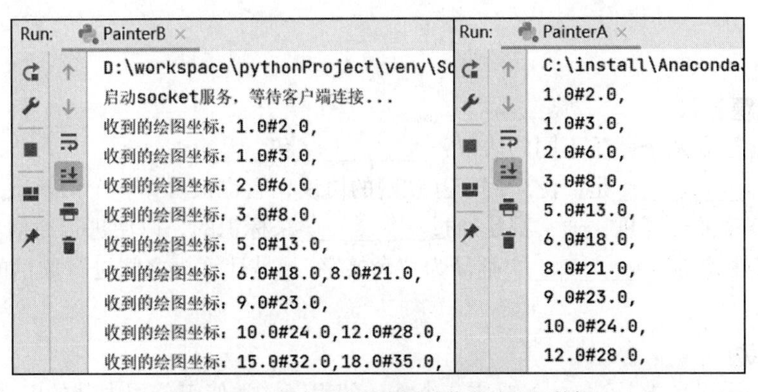

图 10–10 客户端和服务器端收发的坐标数据

拓展任务：网络爬虫

网络爬虫，也称作网络机器人，是指那些可以代替人力自动地在互联网中进行数据信息采集与整理的一类网络应用程序。使用 Python 提供的网络访问库，从网页上爬取有价值的数据信息。

10.5

综合实训 10——班级聊天室

10.6

实训项目背景：某班为方便交流，计划开发一个类似 QQ 群功能的聊天程序，以实现多人同时聊天的功能。考虑到不增加复杂性，所有数据交互直接在命令提示符窗口中进行。当在命令提示符窗口中输入文字信息发送给服务器时，服务器就把收到的信息转发至所有已连接到服务器上的客户端，从而达到多人群聊的目的。

编程任务：根据背景描述，分别编写一个客户端和一个服务器端程序。需要注意的是，每个客户端输入的内容发送给服务器端后，服务器端在此充当中转的角色，将信息转发至所有已连接的客户端。

提示：在服务器端启动监听后，若有一个新的客户端连接上来，则需要启动一个新线程并将其所创建的 socket 对象传递到线程中，同时将这个 socket 对象保存到列表数组中，然后继续循环监听新的客户端连接请求。

单元小结

本单元主要讲述了计算机网络的基本概念、TCP/IP 及网络协议的分层、IP 地址和端口、Socket 网络编程基本原理，以及通过 Socket 编写客户端和服务端网络应用的方法和流程。通过本单元的学习，学习者将对计算机网络有一个初步的理解，能够使用 Python 提供的各种库编写网络程序。

拓展练习

一、填空题

1. 在传输层有两个性质不同的协议：__________和__________。
2. 目前，__________是广泛应用于互联网的协议，它也被看作一个协议族。
3. 在网络中的计算机，通常都是通过__________来标识的，以便进行通信。
4. 在计算机领域，__________翻译为“套接字”，是计算机之间进行通信的一种约定或一种方式。

二、选择题

1. 在同一台设备上，（　　）对应一个唯一的程序，类似于公司内部的电话分机号码。

A. Socket　　B. IP 地址　　C. 端口　　D. 协议

2. 下列常见的协议中，不属于应用层的协议是（　　）。

A. ICMP　　B. HTTP　　C. FTP　　D. SMTP

3. 当计算机在互联网上进行通信时，其中包含的网卡设备属于（　　）。

A. 应用层　　B. 传输层　　C. 网络层　　D. 链路层

4. 下面选项属于合法 IP 地址写法的是（　　）。

A. "10.1.2"　　B. "192.168.1.1"

C. "192.168.1.256"　　D. "192.168.x.x"

5. HTTP 是常用的 Web 服务协议，它用到的端口是（　　）。

A. 443　　B. 25　　C. 80　　D. 8080

6. 在客户端和服务器端程序通信之前，需要先启动（　　）程序才能正常收发数据。

A. 客户端　　B. 服务器端　　C. 任意一端　　D. Socket

7. 如果用户滥用网络爬虫程序的话，对网络和服务器产生的后果可能是（　　）。

A. 服务器被破坏　　B. 网速变慢　　C. 磁盘空间不足　　D. 没什么影响

三、判断题

1. 计算机在通信时，使用 TCP/IP 就可以正常收发数据。（　　）

2. 计算机上配置的 IP 地址是可以重复的。（　　）

3. 端口号的取值范围为 0～65535，因此，可以在自己编写的网络程序中使用任意的端口号。（　　）

4. 使用 Socket 编写网络通信代码，应该先连接到服务端才能收发数据。（　　）

5. 使用 TCP 或 UDP 都可以实现可靠的网络通信。（　　）

6. IPv4 使用 4 个字节表示一个地址，IPv6 则使用 6 个字节表示一个地址。（　　）

四、简答题

1. 简述-TCP/IP 的数据处理流程。

2. 简述 Socket 网络编程中服务端的主要工作步骤。

第11单元

投票应用系统开发

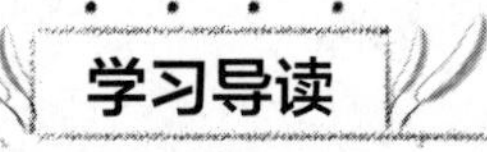

学习导读

Python 被广泛应用于各个领域，从简单的文字处理，到 Web 应用和游戏开发，再到数据分析等都可以见到 Python 的身影。随着网络的普及，Web 应用开发已成为开发人员的必备技能之一。Python 具备上百种 Web 框架，使用 Web 框架在 Python 中开发 Web 应用，可以极大地提高开发效率。Django 是 Python 中比较成熟的 Web 框架。Django 框架功能全面，各模块之间紧密结合。本单元通过开发一个简单的投票应用系统来讲解 Django 框架。

学习目标

1. 知识目标

- 掌握 Django 框架的概念、特点、目录结构。
- 掌握 Django 框架的项目和应用创建相关知识。
- 掌握 Django 框架的数据库相关知识。
- 掌握 Django 框架的后台管理系统相关知识。
- 掌握 Django 框架的视图的创建和使用。

2. 技能目标

- 能使用 Django 框架创建项目、添加应用。
- 能配置 Django 框架中的数据库，创建表格。
- 能配置 Django 框架的后台管理系统。
- 能使用 Django 框架创建视图。
- 能使用 HTML 编写简单页面。

3. 素质目标

- 培养学习者自主学习的能力。
- 培养学习者保护软件知识产权和自主创新意识。
- 培养学习者团队意识和沟通能力。

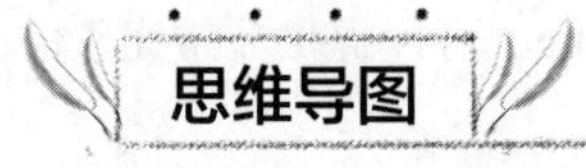

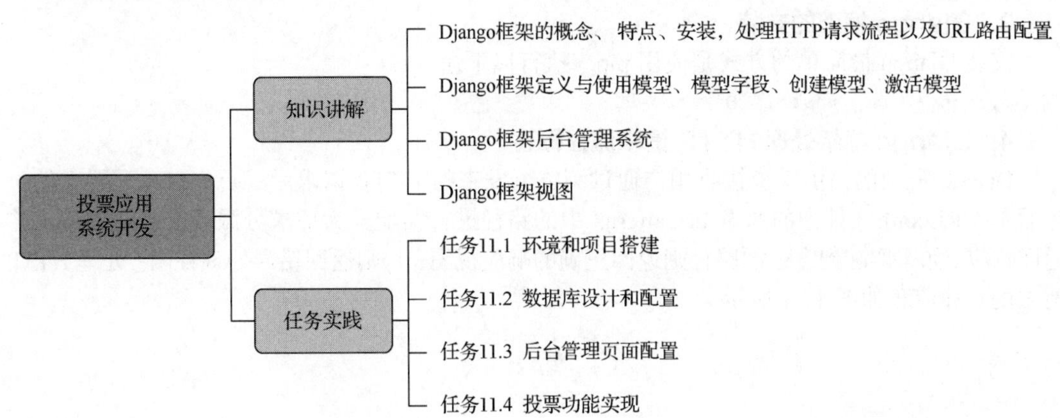

11.1

任务 11.1　环境和项目搭建

一、任务描述

本任务完成投票应用系统开发的第一部分，为后面的 3 个任务打基础，主要内容包括项目创建、投票应用创建和第一个视图编写。在完成任务后，可以使用 python manage.py runserver 运行项目，在浏览器中可以看见视图中定义的“Hello, world. You're at the polls index.”相关文字信息。

二、相关知识

1. Django 框架的概念

Django 是一个开放源代码的 Web 框架，由 Python 写成，采用 MTV（Model Template View，模型-模板-视图）的框架模式，起源于开源社区。使用这种框架，程序员可以方便、快捷地创建高品质、易维护、数据库驱动的应用程序。

2. Django 框架的特点

相对于 Python 的其他 Web 框架，Django 的功能几乎是最完整的。Django 定义了服务发布、路由映射、模板编程、数据处理的一整套功能。这也意味着 Django 模块之间紧密耦合。

Django 框架的主要特点如下。

（1）完善的文档：经过 10 余年的发展和完善，Django 官方提供了完善的在线文档，为开发者解决问题提供支持。

（2）集成 ORM 组件：Django 的 Model 层自带数据库 ORM（Object-Relational Mapping，对象关系映射）组件，这为操作不同类型的数据库提供了统一的方式。

（3）URL 映射技术：Django 使用正则表达式管理 URL（Uniform Resource Locator，统一资源定位符）映射，给开发者带来了极大的灵活性。

（4）后台管理系统：开发者只需通过简单的几行配置和代码就可以实现完整的后台数据管理 Web 控制台。

（5）错误信息提示：在开发调试过程中如果出现运行异常，Django 可以提供非常完整的错误信息帮助开发者定位问题。

3. Django 框架的安装

安装 Django 最简单的方式是使用 pip。执行以下命令：

```
python -m pip install Django==2.2
```

4. Django 框架处理 HTTP 请求流程概述

Django 框架的路由系统接收用户通过浏览器发来的 HTTP 请求后，首先加载配置文件，然后与 URLconf 文件中的变量 urlpatterns 中的路径进行匹配，为请求分派视图来处理请求并返回响应。如果匹配到合适的路径则返回正确的响应视图，否则返回错误处理视图。处理 HTTP 请求的具体流程如图 11-1 所示。

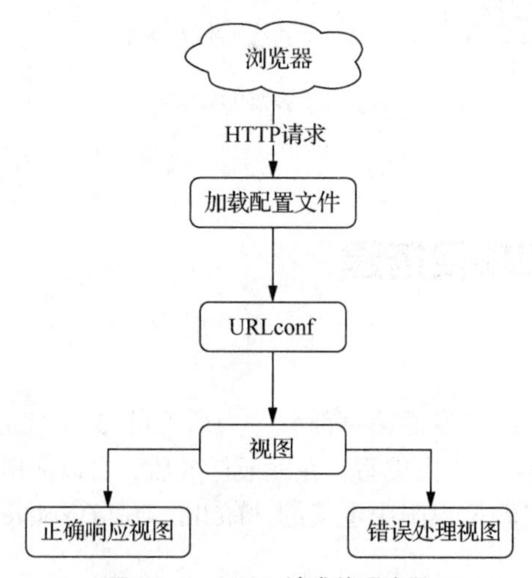

图 11-1　HTTP 请求处理流程

5. Django 框架 URL 路由配置

一个项目允许有多个 urls.py，但 Django 需要一个 urls.py 作为入口，这个特殊的 urls.py 就是根 URLconf（Uniform Resourse Locator configuration，路由配置），它由 settings.py 文件中的 ROOT_URLCONF 指定。

```
ROOT_URLCONF='chapter11.urls'
```

以上示例通过 ROOT_URLCONF 参数指定了 chapter11 目录下的 urls.py 作为根 URLconf。为保证项目结构清晰，开发人员通常在 Django 项目的每个应用下创建 urls.py 文件，在该文件中为每个应用配置子 URL。路由系统接收到 HTTP 请求后，先根据请求的 URL 地址匹配根 URLconf，以找到匹配的子应用，再进一步匹配子 URLconf，直到匹配完成，如图 11-2 所示。

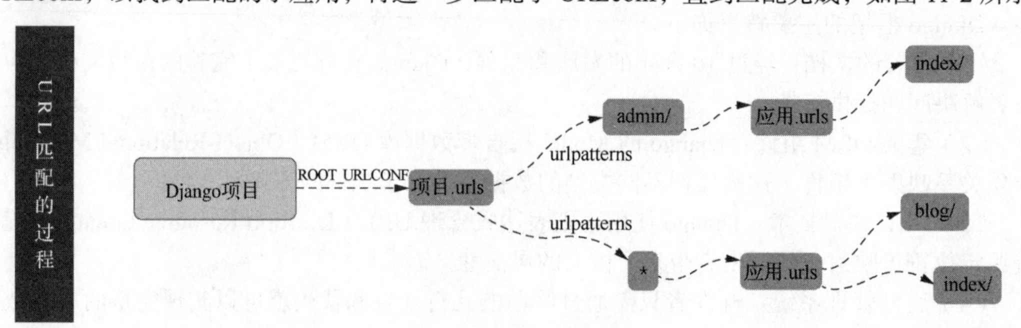

图 11-2　HTTP 请求 URL 匹配示例

6. 内置路由转换器

内置路由转换器可以显式地指定路由中参数的数据类型。Django 中内置了 5 种路由转换器，分别为 str、int、slug、uuid 和 path。

（1）str：匹配任何非空字符串，但不包含路由分隔符“/”。如果 URL 中没有指定参数类型，默认使用该类型。

（2）int：匹配 0 或任何正整数。

（3）slug：匹配由字母、数字、连字符和下画线组成的 URL。

（4）uuid：匹配一个 uuid。为了防止多个 URL 映射到同一页面中，该转换器必须包含连字符，且所有字母均为小写。

（5）path：匹配任何非空字符串，包括路由分隔符“/”。

在 urls.py 中分别使用 5 种路由转换器定义 URL 模式，示例如下：

```
urlpatterns = [
    path('str/<str:str_type>', views.str_converter),  #使用 str 转换器
    path('int/<int:int_type>', views.int_converter),  #使用 int 转换器
    path('slug/<slug:slug_type>', views.slug_converter),#使用 slug 转换器
    path('uuid/<uuid:uuid_type>',views.uuid_converter),#使用 uuid 转换器
    path('path/<path:path_type>', views.path_converter),#使用 path 转换器
]
```

三、任务分析

11.2

在创建 Django 项目之前，首先用 pip 命令安装 Django，选择安装 Django 的经典版本 2.0。本任务展示 Django 项目的基本流程，即创建项目、创建投票应用、编写第一个视图。

四、任务实现

1. 创建项目

创建项目需要做初始化设置，用自动生成的代码配置 Django project，即一个 Django 项目实例需要的设置项集合，包括数据库配置、Django 配置和应用程序配置。打开命令提示符窗口，将路径切换到放置代码的地方，然后执行以下命令：

```
django-admin startproject mysite
```

上述代码将会在当前目录下创建一个 mysite 目录，其内容如图 11-3 所示。

```
mysite/
    manage.py
    mysite/
        __init__.py
        settings.py
        urls.py
        asgi.py
        wsgi.py
```

图 11-3　mysite 目录

这些目录和文件的用途如下。

（1）最外层的 mysite/：根目录，是项目的容器，根目录名称对 Django 没有影响，可以自

行命名。

（2）manage.py：用于管理 Django 项目的命令行工具，在本任务中涉及使用命令行操作 Django 项目。

（3）里面一层的 mysite/：目录，包含项目文件，它是一个纯 Python 包。它的名字就是包名，在引用其内部文件时需要将其作为前缀（例如 mysite.urls）。

（4）mysite/__init__.py：一个空文件，用于标记该目录是一个 Python 包。

（5）mysite/settings.py：Django 项目的配置文件，包含对应用、数据库和静态文件的配置。

（6）mysite/urls.py：Django 项目的 URL 声明，类似于网站的“目录”。

（7）mysite/asgi.py：兼容 ASGI（Asynchronous Server Gateway Interface，异步服务器网关接口）的 Web 服务器的入口点。

（8）mysite/wsgi.py：兼容 WSGI（Web Server Gateway Interface，Web 服务器网关接口）的 Web 服务器的入口点。

检验 Django 项目是否创建成功，如果当前目录不是最外层的 mysite 目录，则切换到此目录，执行下面的命令：

```
python manage.py runserver
```

运行结果如图 11-4 所示。

```
Performing system checks...

System check identified no issues (0 silenced).

You have unapplied migrations; your app may not work properly until they are
applied.
Run 'python manage.py migrate' to apply them.

五月 06, 2022 - 15:50:53
Django version 4.0, using settings 'mysite.settings'
Starting development server at http://127.0.0.1:8000/
Quit the server with CONTROL-C.
```

图 11-4 运行结果

2. 创建投票应用

项目创建、配置完成后，在 manage.py 所在的目录下创建投票应用，以作为顶级模块导入，而非 mysite 的子模块。

确保处于 manage.py 所在的目录下，执行下面的命令创建一个应用：

```
python manage.py startapp polls
```

执行上述命令后创建了一个 polls 目录，该目录结构如图 11-5 所示，包括投票应用的全部内容。

```
polls/
    __init__.py
    admin.py
    apps.py
    migrations/
        __init__.py
    models.py
    tests.py
    views.py
```

图 11-5 polls 目录结构

3. 编写第一个视图

打开 polls/views.py，输入如下代码：

```
from django.http import HttpResponse
def index(request):
    return HttpResponse("Hello, world. You're at the polls index.")
```

这是 Django 中最简单的视图。如果想看见效果，需要将一个 URL 映射到该视图，这就是需要 URLconf 的原因。为了创建 URLconf，在 polls 目录下新建一个 urls.py 文件，如图 11-6 所示。

```
polls/
    __init__.py
    admin.py
    apps.py
    migrations/
        __init__.py
    models.py
    tests.py
    urls.py
    views.py
```

图 11-6　polls 目录

在 polls/urls.py 中，输入如下代码：

```
from django.urls import path
from . import views
urlpatterns = [
    path('', views.index, name='index'),
]
```

下一步工作是在根 URLconf 文件中指定创建的 polls.urls 模块。在 mysite/urls.py 文件的 urlpatterns 列表里插入 include()，代码如下：

```
from django.contrib import admin
from django.urls import include, path

urlpatterns = [
    path('polls/', include('polls.urls')),
    path('admin/', admin.site.urls),
]
```

函数 include()允许引用其他 URLconf。当 Django 遇到 include()时，它会截断与此项匹配的 URL 的部分，并将剩余的字符串发送到 URLconf，以便做进一步处理。

此时，index 视图已经被添加进 URLconf。通过以下命令验证是否正常工作：

```
python manage.py runserver
```

通过浏览器访问 http://localhost:8000/polls/，能够看见在 index 视图中定义的“Hello, world. You’re at the polls index.”如图 11-7 所示。

图 11-7　polls index 页面

11.3

任务 11.2　数据库设计和配置

一、任务描述

本任务完成投票应用系统开发的第二部分，主要是项目的数据库操作部分，包括数据库配置、模型创建和模型激活。为后续两个任务的数据展示和应用奠定基础。

二、相关知识

1. Django 框架定义与使用模型

Django 框架中的模型以类的形式定义，每个非抽象模型类对应一张数据表，模型类的每个属性对应数据表中的一个字段。模型类定义在应用的 models.py 文件中，并继承自 models.Model 类。

```
from django.db import models
class BookInfo(models.Model):
    name=models.CharField(max_length=20,verbose_name="")
    pub_date=models.DateField（verbose_name="发布日期）
    readcount=models.IntegerField（default=0，verbose_name="阅读量"）
    commentcount=models.IntegerField(default=0,verbose_name="")
    is_delete=models.BooleanField（default=False，verbose_name="逻辑删除"）
    def str:
return self.name
```

以上代码定义了模型类 BookInfo，其中包含 name、pub_date、readcount、commentcount、is_delete 这 5 个字段和一个函数。

只有将应用安装到 INSTALLED APPS 后，才可以对模型中定义的模型类进行映射。映射分为生成迁移文件和执行迁移文件两个步骤，如图 11-8 所示。

生成迁移文件

生成迁移文件是通过ORM框架生成执行数据库操作所需的SQL语句。

执行迁移文件

执行迁移文件则是执行迁移文件中的SQL语句。

图 11-8　生成迁移文件和执行迁移文件

（1）生成迁移文件

生成迁移文件的命令具体如下：

```
python manage.py makemigrations
```

（2）执行迁移文件

迁移文件生成之后，使用执行迁移文件命令生成对应的数据表。执行迁移文件的命令如下：

```
python manage.py migrate
```

2. 模型字段

模型中的字段分为字段类型和关系字段，字段类型用于定义字段的数据类型，关系字段用于定义模型之间的关联关系。

常用的字段类型如下。

- AutoField：用于定义可自增的整型字段。
- BooleanField：用于定义布尔类型的字段，值为 True 或 False。
- CharField：用于定义字符串类型的字段，通过必选参数 max_length 设置最大字符个数。
- DateField：用于定义格式为 YYYY-mm-dd 的日期字段。
- TimeField：用于定义格式为 HH:MM[:ss[.uuuuuu]]的时间字段。

- DateTimeField：用于定义格式为 YYYY-mm-dd HH:MM[:ss[.uuuuuu]]的日期时间字段，参数同 DateField。
- FileField：用于上传文件的字段，该字段不能作为主键，不支持 primary_key 参数。
- ImageField：用于上传图片类型文件的字段，继承自 FileField 类，包含 FileField 类的全部属性和方法。

关系数据库不仅定义了数据的组织形式，也定义了表间的关系。因此，Django 中的模型除了要定义表示数据类型的字段，还要定义表间关系。数据表之间的关系分为一对多、一对一和多对多这 3 种，Django 分别使用 ForeignKey、OneToOneField 和 ManyToManyField 关系字段类来定义这 3 种关系。

- ForeignKey 类：用于定义一对多关系，它包含两个必选参数 to 和 on_delete。其中，参数 to 表示接收与之关联的模型，参数 on_delete 用于设置关联对象删除后当前对象做何处理。
- OneToOneField 类：用来定义一对一关系，它继承了 ForeignKey 类，使用方式与 ForeignKey 类类似。OneToOneField 类需要添加一个与关联模型相关的位置选项。在定义一对一关系时，可将 OneToOneField 字段定义在任意模型中。
- ManyToManyField 类：用来定义多对多关系，它需要一个必选位置参数 to，该参数表示接收与当前模型关联的模型。与定义一对一关系类似，在定义多对多关系时，也可将 ManyToManyField 字段定义在任意模型中。

三、任务分析

11.4

Django 框架相比于其他框架，在创建模型和激活模型方面进行了极大的简化。在创建模型的过程中，Django 使用类定义表结构，表中每一个字段使用一个变量来定义。在激活模型的过程中，使用 Python 命令行生成迁移文件，使用迁移文件创建相应的数据库表格。

四、任务实现

1. 配置数据库

打开 mysite/settings.py，该文件包含 Django 项目的设置信息。通常，这个配置文件使用 SQLite 作为默认数据库。Python 内置了 SQLite，无须安装即可使用。如果开发真正的项目，需要使用更具扩展性的数据库，例如 MySQL。使用其他数据库，需要安装合适的 database bindings（数据库绑定），并修改设置文件中 DATABASES 'default'项目中的键值。

- ENGINE：可选值，其值有'django.db.backends.sqlite3'、'django.db.backends.postgresql'、'django. db.backends.mysql'或'django.db.backends.oracle'。
- NAME：数据库名称，如果使用 SQLite，数据库就是一个文件，在这种情况下，NAME 应该是此文件完整的绝对路径，包括文件名。默认值为 BASE_DIR/'db.sqlite3'，把数据库文件存储在项目的根目录中。

编辑 mysite/settings.py 文件之前，需设置 TIME_ZONE。

此外，关注一下文件头部的 INSTALLED_APPS 设置项，其中包括在项目中启用的所有 Django 应用。应用能在多个项目中使用，也可以打包后发布应用，供其他项目使用。

通常，INSTALLED_APPS 默认包括以下 Django 的自带应用。

- django.contrib.admin：管理员站点。
- django.contrib.auth：认证授权系统。

- django.contrib.contenttypes：内容类型框架。
- django.contrib.sessions：会话框架。
- django.contrib.messages：消息框架。
- django.contrib.staticfiles：管理静态文件的框架。

这些应用默认启用，是为了给常规项目提供方便。默认启用的应用需要至少一个数据表，所以，使用它们之前需要在数据库中创建一些表。运行以下命令：

```
python manage.py migrate
```

migrate 命令查看 INSTALLED_APPS 配置，并根据 mysite/settings.py 文件中的数据库配置和应用提供的数据库迁移文件，创建相应的数据库表。

2. 创建模型

在 Django 里写一个数据库驱动的 Web 应用的第一步是定义模型，也就是数据库和表的结构设计。在投票应用中，需要创建两个模型：问题 Question 模型和选项 Choice 模型。Question 模型包括问题描述和发布时间。Choice 模型有两个字段，即选项描述和当前得票数，每个选项属于一个问题。

这些概念可以通过一个类来描述。使用下面的代码来编辑 polls/models.py 文件：

```
import datetime
from django.db import models
from django.utils import timezone

class Question(models.Model):
    question_text = models.CharField(max_length=200)
pub_date = models.DateTimeField('date published')
def __str__(self):
      return self.question_text
def was_published_recently(self):
      return self.pub_date >= timezone.now() - datetime.timedelta(days=1)

class Choice(models.Model):
    question = models.ForeignKey(Question, on_delete=models.CASCADE)
    choice_text = models.CharField(max_length=200)
    votes = models.IntegerField(default=0)
    def __str__(self):
        return self.choice_text
```

每个模型都表示为 django.db.models.Model 类的子类。每个模型有许多类变量，一个类变量表示模型里的一个数据库字段。

每个字段都是 Field 类的实例，如字符字段表示为 CharField，日期时间字段表示为 DateTimeField。

每个 Field 类实例变量的名字（例如 question_text 或 pub_date）也是字段名，建议规范命名。在之后的 Python 代码里会用到它们，而数据库会将它们作为列名。

定义某些 Field 类实例需要参数，例如 CharField 需要一个 max_length 参数，该参数不仅可以用来定义数据库结构，也可以用来验证数据。Field 也可以接收多个可选参数。

在 Choice 模型中，使用 ForeignKey 定义了一个关系。每个 Choice 对象都关联到一个 Question 对象。Django 支持所有常用的数据库关系：一对多、多对多和一对一。

3. 激活模型

创建模型的代码给了 Django 很多信息，通过这些信息，Django 可以：

- 为这个应用创建数据库 schema（生成 CREATE TABLE 语句）；
- 创建可以与 Question 对象和 Choice 对象交互的 Python 数据库 API。

首先将 polls 应用安装到项目中，在 settings.py 文件的 INSTALLED_APPS 中添加设置。PollsConfig 类定义在文件 polls/apps.py 中，所以它的点式路径为'polls.apps.PollsConfig'。在文件 mysite/settings.py 的 INSTALLED_APPS 中添加点式路径，代码如下所示：

```
INSTALLED_APPS = [
    'polls.apps.PollsConfig',
    'django.contrib.admin',
    'django.contrib.auth',
    'django.contrib.contenttypes',
    'django.contrib.sessions',
    'django.contrib.messages',
    'django.contrib.staticfiles',
]
```

至此，Django 项目已包含 polls 应用。执行以下命令：

```
python manage.py makemigrations polls
```

结果如下：

```
Migrations for 'polls':
  polls/migrations/0001_initial.py
    - Create model Question
    - Create model Choice
```

通过执行 makemigrations 命令，Django 会检测模型文件的修改情况，并把修改的部分存储为迁移文件。迁移是 Django 对于模型定义（也就是数据库结构）的变化的存储形式，它们其实是项目中的一些文件，存储在 polls/migrations/0001_initial.py 里。

Django 有一个自动执行数据库迁移并同步管理数据库结构的命令，即 migrate 命令。与之相似的还有 sqlmigrate 命令，该命令可接收一个迁移名称，然后返回对应的 SQL 语句，并不作用于数据库：

```
python manage.py sqlmigrate polls 0001
```

输出结果如图 11-9 所示。

```
BEGIN;
--
-- Create model Question
--
CREATE TABLE "polls_question" (
    "id" serial NOT NULL PRIMARY KEY,
    "question_text" varchar(200) NOT NULL,
    "pub_date" timestamp with time zone NOT NULL
);
--
-- Create model Choice
--
CREATE TABLE "polls_choice" (
    "id" serial NOT NULL PRIMARY KEY,
    "choice_text" varchar(200) NOT NULL,
    "votes" integer NOT NULL,
    "question_id" integer NOT NULL
);
ALTER TABLE "polls_choice"
  ADD CONSTRAINT "polls_choice_question_id_c5b4b260_fk_polls_question_id"
    FOREIGN KEY ("question_id")
    REFERENCES "polls_question" ("id")
    DEFERRABLE INITIALLY DEFERRED;
CREATE INDEX "polls_choice_question_id_c5b4b260" ON "polls_choice"
("question_id");

COMMIT;
```

图 11-9　输出结果

注意以下几点。

（1）输出的内容与使用的数据库有关，使用的是 SQLite。

（2）数据库的表名是由应用名（polls）和模型名的小写形式（question 和 choice）连接而成。如有需要，可以自定义表名。

（3）主键（id）会自动创建。当然，也可以自定义。

（4）默认情况下，Django 会在外键字段名后追加字符串"_id"。同样，这也可以自定义。

（5）外键关系由 FOREIGN KEY 生成。

（6）执行 sqlmigrate 命令并没有真正在数据库中执行迁移。它只是把命令输出到屏幕上。

可以尝试执行 python manage.py check，以检查项目中的问题，并且在检查过程中不会对数据库进行任何操作。

执行如下 migrate 命令，在数据库中创建新定义的模型的数据表，结果如图 11-10 所示。

```
python manage.py migrate:
```

```
Operations to perform:
  Apply all migrations: admin, auth, contenttypes, polls, sessions
Running migrations:
  Rendering model states... DONE
  Applying polls.0001_initial... OK
```

图 11-10　新定义的模型的数据表

migrate 命令会选中所有未执行过的迁移（Django 通过在数据库中创建一个特殊的表 django_migrations 来跟踪执行过哪些迁移）并应用在数据库上，也就是将对模型的更改同步到数据库结构上。

迁移功能非常强大，可以在开发过程中持续改变数据库结构而不必重新删除和创建表，它专注于使数据库平滑升级而不会丢失数据。改变模型步骤如下。

（1）编辑 models.py 文件，改变模型。

（2）执行 python manage.py makemigrations，为模型的改变生成迁移文件。

（3）执行 python manage.py migrate，来应用数据库迁移。

数据库迁移被分解成生成和应用两个命令，以在代码控制系统上提交迁移数据并使其能在多个应用里使用。

11.5

任务 11.3　后台管理页面配置

一、任务描述

本任务完成投票应用系统开发的第 3 部分，包括后台管理员的创建和配置、模型的注册和视图的进一步编写。在正确完成任务后，可以在任务 11.4 中进一步完善项目功能。

二、相关知识

Django 框架后台管理系统

Django 项目的根 urls.py 文件中默认定义了一个"/admin/"路由，该路由指向 Admin。启动 Django 项目，在浏览器地址栏中输入 http://127.0.0.1:8000/admin/并按“Enter”键，页面会跳转到后台管理系统的登录页面，如图 11-11 所示。

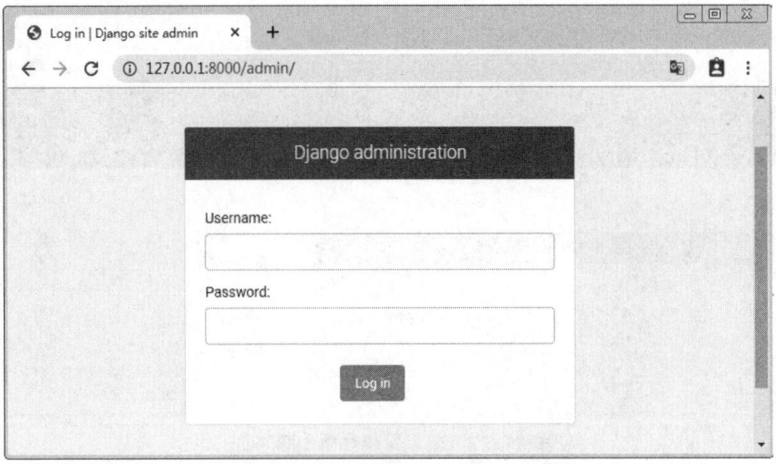

图 11-11　后台管理系统登录页面

登录后台管理系统需要输入管理员的用户名与密码，此时可在 Django Shell 中通过 python manage.py createsuperuser 命令创建管理员用户名与密码。

```
python manage.py createsuperuser
Username: Admin
Email address: Admin@xx.com
Password:                      #设置的密码为：Admin123
Password (again):
Superuser created successfully.
```

以上示例中的电子邮件可为空，密码长度至少为 8 个字符（非强制），输入的密码不会在屏幕上显示。创建完成后的管理员用户信息会存储在 auth_user 表中。

使用创建的用户名 Admin 登录，登录成功后会进入站点管理页面，如图 11-12 所示。

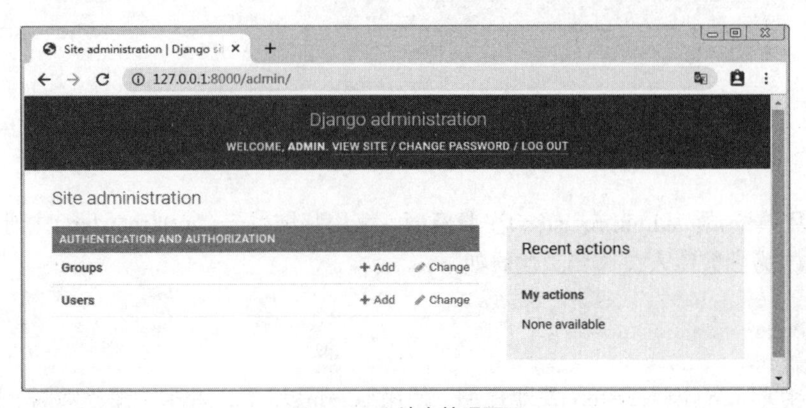

图 11-12　站点管理页面

通过以下两种方式可以将 Admin 系统的语言修改为中文。

（1）在 settings.py 文件中将配置项 LANGUAGE_CODE 的值设置为“zh-Hans”。

（2）在 settings.py 文件的配置项 MIDDLEWARE 中添加中间件“django.middleware.locale.LocaleMiddleware”。

系统语言设置完成后，刷新页面，可以看到站点管理页面的内容以中文显示，如图 11-13 所示。

图 11-13 站点管理页面（中文）

如果希望后台管理系统呈现自定义的模型数据，需在应用的 admin.py 文件中将模型注册到后台系统。可以通过以下两种方式注册模型，运行结果如图 11-14 所示。

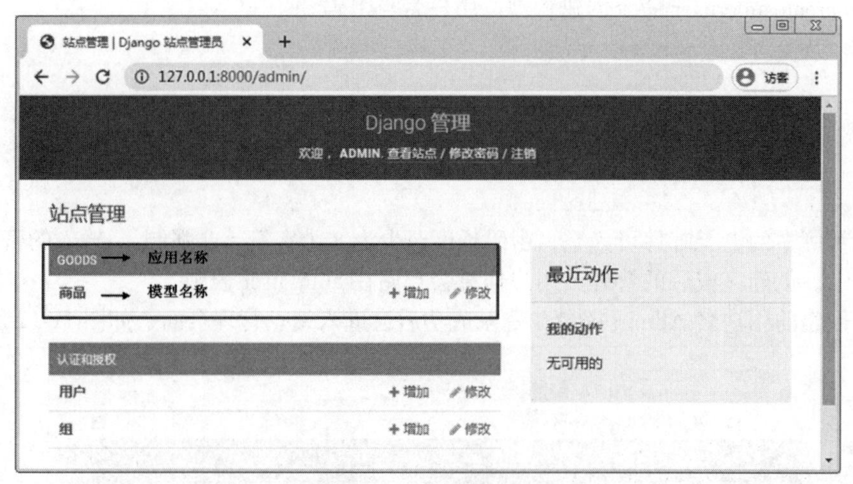

图 11-14 站点管理页面

（1）使用装饰器@admin.register()注册模型。使用装饰器@admin.register()注册模型时，需要将模型名作为参数传入装饰器。代码如下：

```
from django.contrib import admin
from .models import Goods
@admin.register(Goods)
```

（2）使用 admin.site.register()注册模型。使用 admin.site.register()注册模型时，同样需要将注册的模型名作为参数传入。代码如下：

```
admin.site.register('Goods')
```

“站点管理”中显示的应用名称为 GOODS，可以通过以下操作将其设置为中文。

（1）在 goods 应用的__init__.py 文件中添加如下设置。

```
default_app_config = 'goods.apps.GoodsConfig'
```

（2）在 goods/apps.py 文件中使用 verbose_name 设置应用的名称。

```
from django.apps import AppConfig
class GoodsConfig(AppConfig):
    ...
    verbose_name = '商品信息'
```

刷新页面可以看到“GOODS”变更为“商品信息”，如图 11-15 所示。

使用后台管理系统可以对数据进行添加、删除和修改等操作。

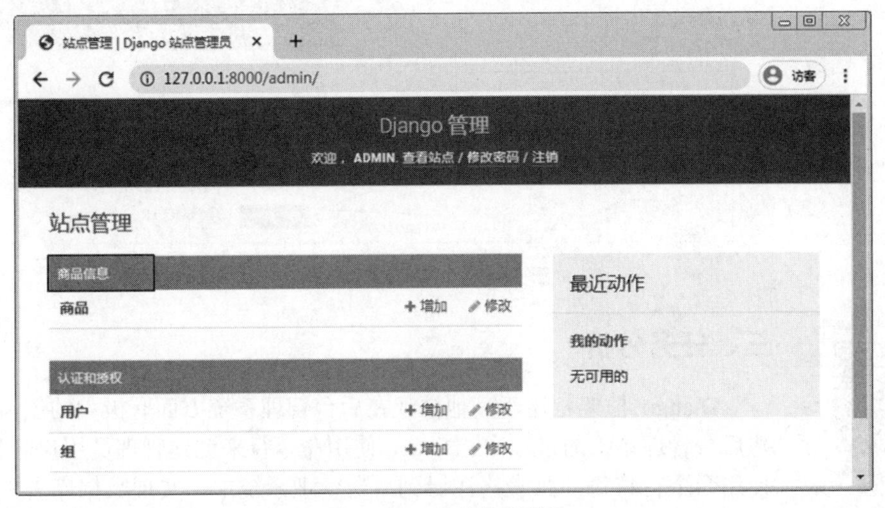

图 11–15　商品信息页面

（1）添加数据

单击“增加信息”按钮，跳转到增加商品页面，输入商品信息，单击“保存”按钮，回到站点管理页面，可以看到商品列表中新增一条信息，如图 11-16 所示。

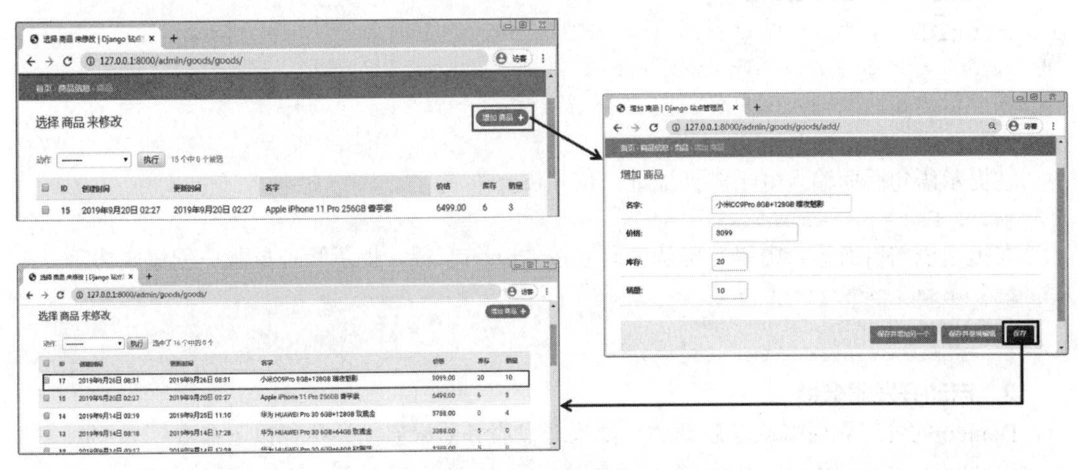

图 11–16　添加数据

（2）删除数据

在“动作”列表中选择“删除所选的商品”，单击“执行”按钮，跳转到删除确认页面，单击“是的，我确定”按钮，删除记录，如图 11-17 所示。

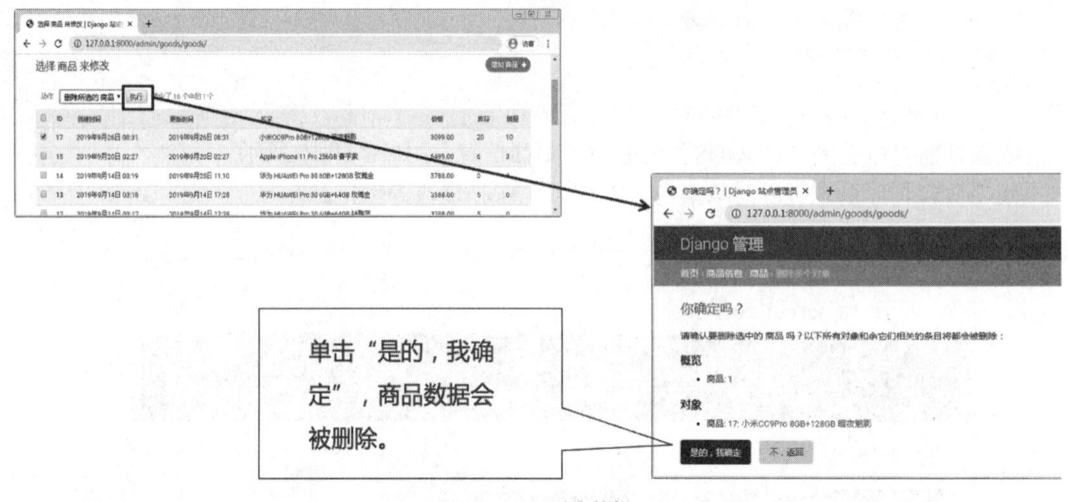

图 11-17　删除数据

三、任务分析

Django 框架相比于其他框架在后台管理系统方面有极大的创新。在创建后台管理系统的过程中，Django 使用命令行来创建管理员用户名和密码，使用命令行将每一张表格注册到后台管理系统中，实现数据库表格数据的增加、删除、查询和修改功能，该过程只需要少量代码即可完成，适合快速搭建项目。

四、任务实现

1. 创建一个管理员账号

首先创建一个能登录站点管理页面的账号，执行以下命令：

```
python manage.py createsuperuser
```

在提示语句后面输入用户名，按“Enter”键：

```
Username: admin
```

在提示语句后面输入电子邮件地址，按“Enter”键：

```
Email address: admin@example.com
```

在提示语句后面输入密码并确认密码，按“Enter”键，提示管理员账户创建成功。

```
Password: **********
Password (again): *********
Superuser created successfully
```

2. 启动开发服务器

Django 的管理界面默认是启动的，如果开发服务器未启动，执行以下命令：

```
python manage.py runserver
```

打开浏览器，访问本地的“/admin/”目录，如 http://127.0.0.1:8000/admin/。可以看见管理员登录界面，如图 11-18 所示。

翻译功能默认是开启的，如果设置了 LANGUAGE_CODE，登录界面将用设置的语言显示。

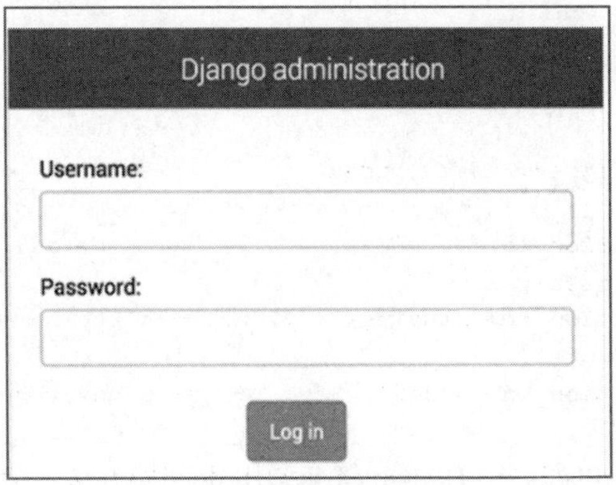

图 11–18　管理员登录界面

3. 进入站点管理页面

使用新创建的管理员账户登录，进入 Django 管理页面的索引页，如图 11-19 所示。索引页中包含组、用户等可编辑内容，它们是由 django.contrib.auth 提供的。

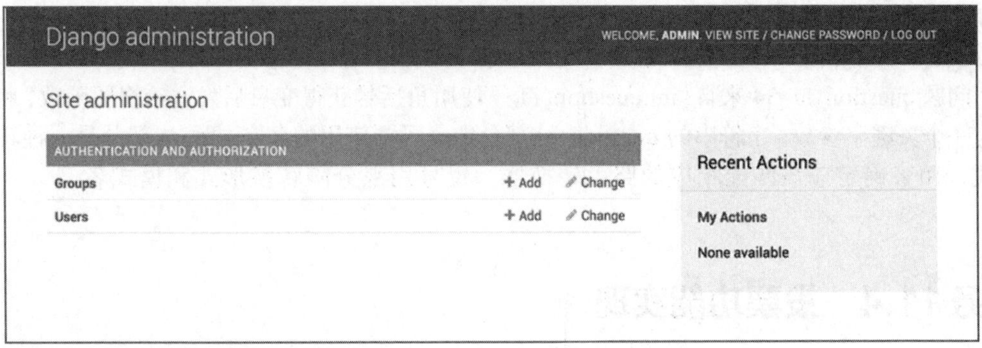

图 11–19　Django 管理页面的索引页

4. 向管理页面中加入投票应用

从图 11-19 可知，投票应用没有在索引页面显示，需要将 Question 和 Choice 添加到后台管理。打开 polls/admin.py 文件添加如下代码：

```
from django.contrib import admin
from .models import Question,Choice
admin.site.register(Question)
admin.site.register(Choice)
```

5. 在管理页面中加入投票应用

在 polls/views.py 中添加更多视图。视图函数必须有一个 request 参数，需要返回一个 HttpResponse 类的对象：

```
def detail(request, question_id):
    return HttpResponse("You're looking at question %s." % question_id)
def results(request, question_id):
    response = "You're looking at the results of question %s."
    return HttpResponse(response % question_id)
def vote(request, question_id):
    return HttpResponse("You're voting on question %s." % question_id)
```

把新定义的视图添加到 polls.urls 模块中，需要添加几个 url()函数调用：

```
from django.urls import path
from . import views
urlpatterns = [
    # ex: /polls/
    path('', views.index, name='index'),
    # ex: /polls/5/
    path('<int:question_id>/', views.detail, name='detail'),
    # ex: /polls/5/results/
    path('<int:question_id>/results/', views.results, name='results'),
    # ex: /polls/5/vote/
    path('<int:question_id>/vote/', views.vote, name='vote'),
]
```

将浏览器地址转到"/polls/34/"，Django 将会调用 detail()方法，会看到展示在 URL 里问题 ID。再将浏览器地址转到"/polls/34/vote/"和"/polls/34/results/"，会看到暂时用于占位的结果和投票页。

当请求网站的某一页面时，如"/polls/34/"，Django 会载入 mysite.urls 模块，这是因为在配置项 ROOT_URLCONF 中进行了设置。然后，Django 会寻找名为 urlpatterns 的变量并且按序匹配正则表达式。在找到匹配项'polls/'后，截掉匹配的文本（"polls/"），将剩余文本（"34/"）发送至'polls.urls'做进一步处理。剩余文本与'<int:question_id>/'相匹配，Django 以如下形式调用 detail():

```
detail(request=<HttpRequest object>, question_id=34)
```

问题 question_id=34 来自<int:question_id>。使用角括号获得变量后发送给视图函数，将其作为一个关键字参数。字符串的 question_id 部分定义了要使用的名字，而 int 部分是一种转换形式，用来确定应该匹配相应的路由转换器。冒号用来分隔转换形式和模式名。

任务 11.4 投票功能实现

11.7

一、任务描述

本任务完成投票应用系统开发的第 4 部分，也是最后一部分，主要包括更多视图的编写、render 函数的调用、模板系统的使用、空间命名和表单的使用等。在正确完成本任务后，项目实现了基本的投票功能，学习者可以尝试使用本项目进行投票实验。

二、相关知识

Django 框架视图

在 Django 框架中，视图用于处理 HTTP 请求，并返回响应。下面是视图的基本结构：

```
def view_name(request, *arg = None, **kwargs = None):
    ......
return HttpResponse(response)
```

（1）view_name：视图名称。

（2）request：必选参数，接收请求对象（HttpRequest 类的实例）。

（3）*args 和**kwargs：可选参数，用于接收 URL 中的额外参数。

（4）HttpResponse(response)：返回的响应对象（HttpResponse 类或其子类的实例），视图

本质上是一个 Python 函数。

为了处理 HTTP 请求，可以在应用的 views.py 文件中，定义一个返回当前日期时间的视图 curr_time()。

```
from django.http import HttpResponse
import datetime
def curr_time(request):
    now = datetime.datetime.now()
    response = "<html><body>It is %s.</body></html>" % now
    return HttpResponse(response)
```

以上视图将页面的样式以硬编码形式写在了代码中，使用这种方式有两个弊端。

（1）若要修改视图返回的页面样式，必须修改 Python 代码。

（2）若页面内容较多，视图会非常“臃肿”。

Django 建议将页面样式放在模板文件之中，在视图文件中向模板传输数据。将视图 curr_time()中的样式代码放在 time.html 中，具体代码如下。

```
<!DOCTYPE html>
<html lang="en">
<head>
    <meta charset="UTF-8">
    <title>当前时间</title>
</head>
<body>
It is {{now}} .
</body>
</html>
```

修改 views.py 文件中的视图代码。

```
def curr_time(request):
    t = loader.get_template("time.html")  #加载模板
    now = datetime.datetime.now()         #获取当前日期时间
    context = {                           #上下文字典
        'now': now,
    }
    response = t.render(context, request) #渲染模板
    return HttpResponse(response)
```

三、任务分析

Django 框架在视图和前端功能完善等方面有独特的写法，可以通过模型对象和函数对数据库表格中的数据进行增加、删除、查询和修改，可以使用 render()函数向前端页面传输数据和模板，使用表单来提交投票数据等。

四、任务实现

11.8

1. 编写更多的视图

每个视图必须完成两件事：返回一个包含被请求页面内容的 HttpResponse 对象，或者抛出一个异常，如 Http404。

视图可以从数据库里读取记录，可以使用一个模板引擎（如 Django 自带的，或者其他第三方的），可以生成一个 PDF 文件，可以输出一个 XML，可以创建一个 ZIP 文件，可以做任

何想做的事，可以使用任何想用的 Python 库。Django 只要求返回一个 HttpResponse 对象，或者抛出一个异常。

使用 Django 自带的数据库 API 很方便，如在 index()函数中插入代码，展示数据库中按发布日期排序的最近 5 个投票问题，以空格分隔：

```
Polls/views.py
from django.http import HttpResponse
from .models import Question
def index(request):
     latest_question_list = Question.objects.order_by('-pub_date')[:5]
     output = ', '.join([q.question_text for q in latest_question_list])
     return HttpResponse(output)
```

在上述代码中，页面的设计写在视图函数中。如果想改变页面的样子，需要修改 Python 代码。而使用 Django 的模板系统，只要创建一个视图，就可以将页面的设计从代码中分离出来。

首先，在 polls 目录中创建一个 templates 目录，Django 会在该目录中查找模板文件。

项目的 TEMPLATES 配置项描述了 Django 如何载入和渲染模板。默认的设置文件设置了 DjangoTemplates 后端，并将 APP_DIRS 设置成 True。该选项的设置会让 DjangoTemplates 在每个 INSTALLED_APPS 文件夹中寻找“templates”子目录。

在 templates 目录中，再创建一个目录 polls，然后在其中新建一个文件 index.html。换句话说，模板文件的路径是 polls/templates/polls/index.html。因为“app_directories”模板加载器是通过上述描述的方法配置的，所以 Django 可以引用 polls/index.html 这一模板。

将下面的代码输入刚刚创建的模板文件：

```
polls/templates/polls/index.html
{% if latest_question_list %}
     <ul>
     {% for question in latest_question_list %}
          <li><a href="/polls/{{ question.id }}/">{{question.question_
text }}</a></li>
     {% endfor %}
     </ul>
{% else %}
     <p>No polls are available.</p>
{% endif %}
```

然后，更新一下 polls/views.py 里的 index()来使用模板：

```
polls/views.py
from django.http import HttpResponse
from django.template import loader
from .models import Question
def index(request):
     latest_question_list = Question.objects.order_by('-pub_date')[:5]
     template = loader.get_template('polls/index.html')
     context = {
          'latest_question_list': latest_question_list,
     }
     return HttpResponse(template.render(context, request))
```

上述代码的作用是，载入 polls/index.html 模板文件，并且向其传输一个上下文（context）。这个上下文是一个字典，它将模板内的变量映射为 Python 对象。

用浏览器访问“/polls/”，将会看见一个无序列表，其中列出了添加的“What’s up”投票问题，问题中的链接指向这个投票的详情页。

2. 一个快捷函数：render()

载入模板，填充上下文，再返回由它生成的 HttpResponse 对象是一个常用的操作流程。于是 Django 提供了一个快捷函数 render()，用它来重写 index()：

```
Polls/views.py
from django.shortcuts import render
from .models import Question
def index(request):
    latest_question_list = Question.objects.order_by('-pub_date')[:5]
    context = {'latest_question_list': latest_question_list}
    return render(request, 'polls/index.html', context)
```

可以看出，这里不再需要导入 loader 和 HttpResponse。但是，如果需要用到其他函数（如 detail()、results()和 vote()），还是需要导入 HttpResponse。

3. 抛出 Http 404 异常

以下代码用于处理投票详情视图，显示指定投票的问题标题。

```
Polls/views.py
from django.http import Http404
from django.shortcuts import render
from .models import Question
#...
def detail(request, question_id):
    try:
        question = Question.objects.get(pk=question_id)
    except Question.DoesNotExist:
        raise Http404("Question does not exist")
    return render(request, 'polls/detail.html', {'question': question})
```

这里有个新原则，如果指定问题 ID 所对应的问题不存在，这个视图就会抛出 Http404 异常。

稍后讨论需要在 polls/detail.html 里输入什么，但是如果想试试上面这段代码是否能正常工作，可以暂时把下面这段代码输进去，这样就可以测试了。

```
Polls/templates/polls/detail.html
{{ question }}
```

4. 使用模板系统

在前面的任务中，detail()向模板传输了上下文变量 question，下面是 polls/detail.html 模板内的代码：

```
polls/templates/polls/detail.html
<h1>{{ question.question_text }}</h1>
<ul>
{% for choice in question.choice_set.all %}
    <li>{{ choice.choice_text }}</li>
{% endfor %}
</ul>
```

模板系统统一使用点号来访问变量的属性。在示例{{question.question_text}}中，首先 Django 尝试对 question 对象使用字典查找（即使用 obj.get(str)操作），如果失败就尝试使用属性查找（即 obj.str 操作），结果成功了。如果这一操作也失败的话，将会尝试使用列表查找（即 obj[int]操作）。

在{%for%}循环中发生的函数调用：question.choice_set.all 被解释为 Python 代码 question.

choice_set.all()，它会返回一个可迭代的 Choice 对象，这一对象可以在{%for%}标签内部使用。

5. 去除模板中的硬编码 URL

在前面的任务中，polls/index.html 中编写投票链接使用的是硬编码。对于一个包含很多应用的项目来说，硬编码和强耦合的链接修改起来是十分困难的。

```
    <li><a href="/polls/{{ question.id }}/">{{ question.question_text }}</a></li>
```

然而，在 polls.urls 的 url()函数中通过 name 参数为 URL 定义了名字，可以使用{%url%}标签代替它，代码如下：

```
    <li><a href="{% url 'detail' question.id %}">{{ question.question_text }}
</a></li>
```

这个标签的工作方式是在 polls.urls 模块的 URL 定义中寻找具有指定名字的条目。具有名字'detail'的 URL 是在如下语句中定义的：

```
    # the 'name' value as called by the {% url %} template tag
    path('<int:question_id>/', views.detail, name='detail'),
```

如果想改变投票详情视图的 URL，如改成 polls/specifics/12/，不需要在模板内修改任何代码（包括其他模板），只需在 polls/urls.py 中做以下改动：

```
    # added the word 'specifics'
    path('specifics/<int:question_id>/', views.detail, name='detail'),
```

6. 为 URL 名称添加命名空间

本项目只有一个应用 polls，在 Django 实际项目开发中，可能会有 5 个，10 个，20 个，甚至更多应用。Django 如何分辨重名的 path()函数呢？举个例子，polls 应用有 detail 视图，另一个博客应用也有同名的视图。Django 如何知道{%url%}标签到底对应哪一个应用的 path()函数呢？通过在根 URLconf 中添加命名空间可以解决这个问题。在 polls/urls.py 文件中稍做修改，通过 app_name 设置命名空间：

```
    polls/urls.py
    from django.urls import path
    from . import views
    app_name = 'polls'
    urlpatterns = [
        path('', views.index, name='index'),
        path('<int:question_id>/', views.detail, name='detail'),
        path('<int:question_id>/results/', views.results, name='results'),
        path('<int:question_id>/vote/', views.vote, name='vote'),
    ]
```

现在，编辑 polls/index.html 文件，将：

```
    polls/templates/polls/index.html
    <li><a href="{% url 'detail' question.id %}">{{ question.question_text }}
</a></li>
```

修改为指向具有命名空间的 path()函数：

```
    polls/templates/polls/index.html
    <li><a href="{% url 'polls:detail' question.id %}">{{ question.question_text }}
</a></li>
```

7. 编写一个简单的表单

更新一下在上一个节中编写的投票详细页面的模板（polls/detail.html），让其包含一个 HTML（Hypertext Markup Language，超文本标记语言）的<form>元素：

```
    polls/templates/polls/detail.html
    <form action="{% url 'polls:vote' question.id %}" method="post">
    {% csrf_token %}
```

```
    <fieldset>
        <legend><h1>{{ question.question_text }}</h1></legend>
    {% if error_message %}<p><strong>{{ error_message }}</strong>
    </p>{% endif %}
        {% for choice in question.choice_set.all %}
            <input type="radio" name="choice" id="choice {{ forloop.counter }}"
value="{{ choice.id }}">
            <label for="choice{{ forloop.counter }}"> {{ choice.choice_text }}
</label><br>
        {% endfor %}
    </fieldset>
    <input type="submit" value="Vote">
    </form>
```

（1）上面的模板在 Question（问题）的每个 Choice（选项）前添加一个单选按钮。每个单选按钮的 value 属性是对应的各个 Choice 的 ID。每个单选按钮的 name 是“choice”。这意味着，当有人单击一个单选按钮并提交表单提交时，它将发送一个 POST 数据 choice=#，其中#为选择的 Choice 的 ID。

（2）将表单的 action 设置为{%url 'polls:vote' question.id%}，并设置 method="post"。使用 method="post"（而不是 method="get"）是非常重要的，因为提交这个表单的行为将改变服务器端的数据。当创建一个改变服务器端数据的表单时，使用 method="post"。

（3）forloop.counter 指示 for 循环已经循环多少次。在创建一个 POST 表单（它具有修改数据的作用）时，需要小心跨站请求伪造。Django 自带了一个非常有用的防御系统，所有针对内部 URL 的 POST 表单都应该使用{%csrf_token%}模板标签。

创建一个 Django 视图来处理提交的数据，然后为投票应用创建一个 URLconf，代码如下：

```
    polls/urls.py
    path('<int:question_id>/vote/', views.vote, name='vote'),
```

前面的任务中创建了一个 vote()函数的虚拟实现，现在创建一个真实的版本。将下面的代码添加到 polls/views.py 中：

```
    from django.http import HttpResponse, HttpResponseRedirect
    from django.shortcuts import get_object_or_404, render
    from django.urls import reverse
    from .models import Choice, Question
    # ...
    def vote(request, question_id):
        question = get_object_or_404(Question, pk=question_id)
        try:
            selected_choice = question.choice_set.get(pk=request.POST['choice'])
        except (KeyError, Choice.DoesNotExist):
            # Redisplay the question voting form.
            return render(request, 'polls/detail.html', {
                'question': question,
                'error_message': "You didn't select a choice.",
            })
        else:
            selected_choice.votes += 1
            selected_choice.save()
            # Always return an HttpResponseRedirect after successfully dealing
            # with POST data. This prevents data from being posted twice if a
            # user hits the Back button.
```

```
        return HttpResponseRedirect(reverse('polls:results', args=
(question.id,)))
```

需要说明如下。

（1）request.POST 是一个类字典对象，可以通过关键字的名字获取提交的数据。request.POST['choice']以字符串形式返回选择的 Choice 的 ID。request.POST 的值是字符串。

注意，Django 还以同样的方式提供 request.GET 以访问 GET 数据。

（2）如果在 request.POST['choice']中没有提供 choice，POST 将引发一个 KeyError。上面的代码会检查 KeyError，如果没有给出 choice 将重新显示 Question 表单和一个错误信息。

（3）在增加 Choice 的得票数之后，代码返回一个 HttpResponseRedirect 而不是常用的 HttpResponse，HttpResponseRedirect 只接收一个参数，即用户将要被重定向的 URL。

正如上面的 Python 注释指出的，在成功处理 POST 数据后，应该是返回一个 HttpResponseRedirect。

（4）在这个例子中，在 HttpResponseRedirect 的构造方法中使用 reverse()函数。这个函数避免了在视图函数中硬编码 URL。它需要给出想要跳转的视图的名字和该视图所对应的 URL 模式中需要给该视图提供的参数。在本例中，使用在 URLconf 中定义的 path，reverse()将返回一个这样的字符串：

```
    '/polls/3/results/'
```

（5）其中 3 是 question.id 的值。重定向的 URL 将调用'results'视图来显示最终的页面。

当有人对 Question 进行投票后，vote()将请求重定向到 Question 的结果界面。视图代码如下：

```
    polls/views.py
    from django.shortcuts import get_object_or_404, render
    def results(request, question_id):
        question = get_object_or_404(Question, pk=question_id)
        return render(request, 'polls/results.html', {'question': question})
```

这里唯一不同的是模板的名字，创建一个 polls/results.html 模板：

```
    Polls/templates/polls/results.py
    <h1>{{ question.question_text }}</h1>

    <ul>
    {% for choice in question.choice_set.all %}
        <li>{{ choice.choice_text }} -- {{ choice.votes }} vote{{ choice.votes|
pluralize }}</li>
    {% endfor %}
    </ul>
    <a href="{% url 'polls:detail' question.id %}">Vote again?</a>
```

通过浏览器中访问/polls/1/，然后为 Question 投票。可以看到一个投票结果页面，并且在每次投票之后都会更新。如果提交时没有选择任何 Choice，会看到错误信息。

单元小结

本单元主要介绍了使用 Django 框架开发投票应用系统的过程，分成 4 个任务，任务 11.1 讲解环境的搭建以及项目和应用的创建等知识；任务 11.2 讲解数据库的设计和配置，使用命令提示符窗口生成迁移文件并使用迁移文件生成数据库中的表格等知识；任务 11.3 讲解后台管理系统的管理员和相关表格的配置等知识；任务 11.4 实现投票功能，讲解视图和模板功能的完善等知识。在 4 个任务中融合相关知识的讲解，通过该项目的实现，学习者应该对 Django 框架有了初步了解。

拓展练习

一、填空题

1. Django 生成迁移文件的命令是__________。
2. Django 使用__________架构，该架构包含模型、模板和视图。
3. Django 是使用 Python 语言编写的一个开源的__________框架。
4. Django 框架中的__________负责实现业务逻辑。
5. 使用__________方法可查看 Django 版本。

二、单选题

1. 下列选项中，哪个选项符合 Django 视图的开发理念？（　　）
   A. 简洁　　B. 松耦合
   C. 使用请求对象　　D. 以上全部
2. 下列关于 Django 版本的描述，说法错误的是（　　）。
   A. 在选择 Django 版本时一定要选择最新的
   B. Django 对 Python 版本存在依赖关系
   C. 选择 Django 时应尽量选择长期支持版
   D. Django 1.11 将于 2020 年 3 月终止支持
3. 下列关于应用的描述，说法错误的是（　　）。
   A. 一个 Django 项目中可以包含多个应用
   B. 一个 Django 项目中只能有一个应用
   C. 应用创建后，需要激活才能使用
   D. 创建项目使用 startapp 命令
4. 关于使用模型的描述，说法错误的是（　　）。
   A. 若要将模型映射到数据库中，需要将相应的应用激活
   B. 迁移文件中包含模型信息
   C. 如果在定义模型类时没有指定主键，Django 会自动创建 id 字段作为主键
   D. 生成的数据表名与模型类名相同
5. 下列关于 MTV 架构说法错误的是（　　）。
   A. 模型层用于定义数据模型，封装对数据层的访问
   B. 模板层负责将页面呈现给用户
   C. 视图层负责调用模型和模板，实现业务逻辑
   D. 模板文件存储在 templates 目录中，该目录由 Django 自动创建

三、判断题

1. HttpResponse 类不能返回异常响应。（　　）
2. 在定义多对多关系时，可将 ManyToManyField 字段定义在任意模型中。（　　）
3. Django 会根据请求的 URL 响应对应的视图。（　　）

4. Django 可以使用 pip 进行安装。 （ ）
5. 使用 Django 创建的项目名称应避免与 Python 或 Django 关键字重名。 （ ）

四、简答题

1. 简述类视图相较于类函数的优点。
2. 简述 render()函数的功能。
3. 简述 Django 框架处理 HTTP 请求的具体流程和步骤。